普通高等教育智能飞行器系列教材

人工智能在飞行器智能诊断中的应用

卿新林　万方义　张春林　沈　勇　编著

科　学　出　版　社

北　京

内 容 简 介

本书全面介绍现代航空飞行器在智能诊断领域的前沿技术及其应用。书中涵盖了智能感知技术、数据处理与特征提取技术、机器学习与故障诊断技术、深度学习与状态评估技术、小样本下飞行器关键部件故障智能诊断与预测，以及飞行器跨设备迁移智能诊断等内容。通过系统的阐述和丰富的案例，本书展示了人工智能技术在当今飞行器健康管理领域的重要应用价值。

本书适合作为高等院校航空航天类专业教材，也适合飞行器设计、制造和维护的工程师和研究人员阅读，还可供对人工智能在特定领域应用感兴趣的学者参考。

图书在版编目 (CIP) 数据

人工智能在飞行器智能诊断中的应用 / 卿新林等编著. –– 北京: 科学出版社, 2024.12 –– (普通高等教育智能飞行器系列教材) –– ISBN 978-7-03-080820-2

I. V47-39

中国国家版本馆 CIP 数据核字第 2024XE3981 号

责任编辑: 潘斯斯　张丽花 / 责任校对: 王　瑞
责任印制: 师艳茹 / 封面设计: 迷底书装

科 学 出 版 社 出版
北京东黄城根北街 16 号
邮政编码: 100717
http://www.sciencep.com
北京九州迅驰传媒文化有限公司印刷
科学出版社发行　各地新华书店经销

*

2024 年 12 月第 一 版　开本: 787×1092　1/16
2024 年 12 月第一次印刷　印张: 12
字数: 280 000

定价: 80.00 元

序

星河瑰丽，宇宙浩瀚。从辽阔的天空到广袤的宇宙，人类对飞行、对未知的探索从未停歇。一路走来，探索的路上充满了好奇、勇气和创新。航空航天技术广泛融入了人类生活，成为了推动社会发展、提升国家竞争力的关键力量。面向"航空强国""航天强国"的战略需求，如何培养优秀的拔尖人才十分关键。

"普通高等教育智能飞行器系列教材"的编写是一项非常具有前瞻性和战略意义的工作，旨在适应新时代航空航天领域与智能技术融合发展的趋势，发挥教材在人才培养中的关键作用，牵引带动航空航天领域的核心课程、实践项目、高水平教学团队建设，与新兴智能领域接轨，革新传统航空航天专业学科，加快培养航空航天领域新时代卓越工程科技人才。

该系列教材坚持目标导向、问题导向和效果导向，按照"国防军工精神铸魂、智能飞行器领域优势高校共融、校企协同共建、高层次人才最新科研成果进教材"的思路，构建"工程单位提需求创背景、学校筑基础拔创新、协同提升质量"的教材建设新机制，联合国内航空航天领域著名高校和科研院所成体系规划和建设。系列教材建设团队成功入选了教育部"战略性新兴领域'十四五'高等教育教材体系建设团队"。

在教材建设过程中，持续深化国防军工特色文化内涵，建立了智能航空航天专业知识和课程思政育人同向同行的教材体系；以系列教材的校企共建模式为牵引，全面带动校企课程、实践实训基地建设，加大实验实践设计内容，将实际工程案例纳入教材，指导学生解决实际工程问题、增强动手能力，打通"从专业理论知识到工程实际应用问题解决方案、再到产品落地"的卓越工程师人才培养全流程，有力推动了航空航天教育体系的革新与升级。

希望该系列教材的出版，能够全面引领和促进我国智能飞行器领域的人才培养工作，为该领域的发展注入新的动力和活力，为我国国防科技和航空航天事业发展作出重要贡献！

中国工程院院士　侯晓

前　言

在当今这个技术日新月异的时代，人工智能已经成为推动社会进步和科技创新的关键力量。同时，人工智能逐渐成为推动飞行器发展的强大引擎，将成为我国现代化航空工业体系中不可或缺的关键部分。正如党的二十大报告指出："坚持面向世界科技前沿、面向经济主战场、面向国家重大需求、面向人民生命健康，加快实现高水平科技自立自强。"发展和应用人工智能，推进人工智能在飞行器领域的研究与应用，既关乎国家安全、军事实力，也直接影响到民用航空的安全与效率，与每个人的出行安全息息相关。本书正是在这样的背景下应运而生，旨在为读者提供一个全面、深入的视角，以了解人工智能技术如何应用于现代飞行器的智能诊断。

本书的编写团队由具有深厚理论教学经验的高校教师和具有丰富实践经验的工程师组成。本书从工程实际需求出发，结合健康管理技术的最新发展，系统地介绍了飞行器智能诊断的各个方面。本书不仅涵盖了健康管理领域的重要理论与关键技术，列举了众多工程实例以加深读者理解，还配有相关代码供读者学习，让读者在理论学习与案例实践中提升工程能力。

全书分为7章，具体内容如下。第1章介绍人工智能的基本概念、发展历程，以及智能诊断与健康管理的基础知识。通过对飞行器智能诊断系统的概述，读者可以了解到这些系统的功能、演变过程以及它们在实际应用中的现状。第2章深入探讨状态感知技术、智能传感器和感知传感器网络及优化。这些技术是飞行器智能诊断系统的"眼睛"和"耳朵"，它们能够实时监测飞行器的状态，为后续的数据处理和分析提供基础数据。第3章是数据处理的核心环节，包括数据预处理、特征提取、数据降噪以及信息融合等。这些技术是智能诊断的基石，它们能够从海量的数据中提取出有价值的信息，为故障诊断和状态评估提供支持。第4章和第5章分别介绍机器学习和深度学习在飞行器故障诊断和状态评估中的应用。这两章内容不仅涵盖了经典的机器学习算法，还探讨了深度学习模型在处理复杂数据和提取深层次特征方面的优势。第6章和第7章分别讨论在小样本下的智能诊断，以及跨设备迁移诊断的挑战和解决方案，展示了如何应用人工智能技术解决当前飞行器故障诊断领域的工程热点问题。

书中部分图片配有彩图，案例提供源代码下载，思考题配有参考答案，读者可以扫描二维码进行查看或下载相关内容。

随着技术的不断进步，人工智能将在飞行器智能诊断领域发挥越来越重要的作用。通过本书的学习，读者不仅能够掌握飞行器智能诊断关键技术，还能够提升解决工程实际问题的综合能力。

若书中存在疏漏之处，恳请广大读者提出宝贵的建议。

编　者
2024 年 7 月

目　　录

第 1 章

绪　论

　　随着技术的发展，飞行器系统的组成愈加复杂，导致其安全性、可靠性、故障诊断与预测、健康管理以及维修保障等问题越来越受到人们的重视[1]。系统的维修方式经历 3 个阶段，即事后维修 (breakdown maintenance)、预防性维修 (time-based preventive maintenance) 和基于状态的维修 (又称视情维修，condition-based maintenance)。视情维修因具有后勤保障规模小、经济可承受性好、自动化、高效率以及可避免重大灾难性事故等显著优势而具有很好的前景。实现飞行器的视情维修要求系统本身具备对自身故障进行诊断和对健康状态进行管理的能力[2]。

　　然而，随着飞行器功能和性能的不断提升，飞行器系统组成越来越复杂，在飞行器全生命周期中产生的各类数据呈现数据结构复杂、数据规模庞大、数据种类庞杂等特点，传统的数据分析手段和算法模型难以实现对飞行器全生命周期数据的充分挖掘，严重制约了飞行器故障诊断系统的功能发挥[3]。

　　21 世纪以来，随着人工智能技术快速发展，各类智能算法不断涌现，并在大量推理决策场景中得到了良好的应用[4]。在飞行器诊断领域，通过引入各类智能推理算法来精确评估飞行器的健康和故障状态，在故障发生前对其故障进行预测，并结合可利用的资源信息提供一系列的维修保障措施以实现飞行器的视情维修成为一种可能[5]。

1.1　人工智能概述

　　人工智能 (artificial intelligence，AI) 是指通过计算机程序或机器来模拟、实现人类智能的技术和方法。它使计算机具有感知、理解、判断、推理、学习、识别、生成、交互等类人智能的能力，从而能够执行各种任务，甚至在某些方面超越人类智能的表现[6-8]。

　　人工智能的未来充满了无限的可能性。随着技术的不断进步，AI 将在日常生活中发挥更加重要的作用，变得更加个性化和智能化。

　　人工智能的发展历程可以详细划分为多个阶段，每个阶段都有其标志性的技术进步和代表性事件。

1. 起步与早期探索 (20 世纪 40~50 年代)

1943 年，美国神经科学家沃伦·麦卡洛克 (Warren McCulloch) 和逻辑学家沃尔特·皮茨 (Walter Pitts) 提出神经元的数学模型，为人工智能的发展奠定了生物学基础。随着对神经系统的深入了解和计算机技术的快速发展，1956 年，在美国达特茅斯学院举行的人工智能夏季研讨会上，"人工智能"这一术语被首次提出，标志着人工智能学科的诞生。

2. 初期高潮与反思 (20 世纪 60~70 年代初)

机器定理证明、跳棋程序等一系列令人瞩目的成果应运而生，掀起了人工智能发展的第一个高潮。在这一时期符号主义成为主流学派，强调通过符号操作实现人工智能。但由于计算力及理论等的匮乏，一些不切实际的研发目标未能实现，导致人工智能的发展进入低谷期。

3. 应用发展期 (20 世纪 70~80 年代)

20 世纪 70 年代，专家系统逐渐兴起，开始推动人工智能的应用发展。专家系统开始模拟人类专家的知识和经验以解决特定领域的问题，实现了人工智能从理论研究走向实际应用的重要突破。而以机器学习 (特别是神经网络) 为代表的人工智能算法开始探索不同的学习策略和方法，进一步推动了人工智能学科的逐渐复苏。

4. 平稳发展期 (20 世纪 90 年代至 21 世纪第一个十年)

20 世纪 90 年代，网络技术特别是互联网技术快速发展，加速了人工智能的创新研究，使其进一步走向实用化。1997 年，IBM 的"深蓝"超级计算机在国际象棋比赛中战胜了世界冠军加里·卡斯帕罗夫 (Garry Kasparov)，充分展示了人工智能在决策领域的潜力。

5. 蓬勃发展期 (2011 年至今)

2011 年，随着大数据、云计算、物联网等信息技术的发展，以深度神经网络为代表的人工智能技术迎来了飞速发展。各种深度学习的应用层出不穷，在图像分类、语音识别、知识问答、无人驾驶等领域深度学习技术都取得了快速的突破，使得人工智能迎来了爆发式增长的新高潮。2012 年，谷歌的无人驾驶汽车在加利福尼亚州进行了测试，标志着人工智能在自动驾驶领域的研究进入实际应用阶段。2016 年，谷歌的 AlphaGo 围棋程序战胜了世界围棋冠军李世石，进一步证明了深度学习技术在推理决策领域的强大能力。

近年来，人工智能取得了令人瞩目的进步，深刻地改变了人们的生活和工作方式。其中，ChatGPT 作为一款强大的语言模型，展现了自然语言处理领域的最新成果。

6. 人工智能的未来展望

虽然当前的人工智能系统在特定任务上取得了显著进展，但通用人工智能 (即能够处理多种任务的智能系统) 的研究仍处于起步阶段。未来，随着技术的不断进步和理论的深化，通用人工智能有望实现突破。

同时可以看到，随着人工智能技术的广泛应用，其伦理和规范问题也日益受到关注。如何在促进技术发展的同时保障人类利益和权益，将成为未来人工智能研究的重要议题。

1.2 智能诊断

智能诊断是利用人工智能技术，通过对大量数据的分析和处理，自动进行诊断的过程。它主要依托于智能传感、大数据分析、深度学习、自然语言处理、数字孪生等先进技术，对海量数据进行分析和处理，从而实现对监测对象的精准诊断。这些技术共同构成了智能诊断系统的核心，使其能够模拟人类的思考方式，实现自主学习和诊断决策能力。

1.2.1 智能诊断的技术基础

智能诊断的应用范围广泛，特别是在飞行器健康管理领域，它已成为一种革命性的诊断和决策支持手段。在状态感知、故障诊断、趋势分析、寿命预测、维护决策支持、使用决策支持等方面，智能诊断都发挥着重要作用。智能诊断技术经历了从基于规则的专家系统到基于机器学习的智能诊断系统的演变，目前正朝着深度学习、强化学习等更高级的人工智能技术方向发展。

智能诊断的过程通常包括以下几个步骤。

(1) 信息收集：收集与诊断对象相关的各种数据，包括历史故障信息、全生命周期监测数据、实时监测数据、FMECA/FTA 等设计资料、维护维修手册、内外场维护维修记录等。

(2) 数据预处理：对收集到的数据进行清洗、去噪、归一化等预处理，以提高数据的质量和可用性。

(3) 智能分析：基于人工智能技术对数据进行分析和挖掘，发现其中的规律和特征，为诊断提供有力支持。

(4) 特征提取：从预处理后的数据中提取出有助于后续诊断、预测、评估的特征信息。

(5) 模型构建及训练：利用统计分析、机器学习、神经网络、深度学习、迁移学习等算法构建诊断、预测、评估等核心算法模型，对提取出的特征信息进行学习和训练。

(6) 智能决策：将模型的诊断、预测和评估结果输出为智能诊断分析报告，并生成相应的维护维修建议和使用决策建议，供飞行器使用人员和维护维修人员参考。

智能诊断技术在飞行器健康管理中的应用依赖于多种先进技术的综合支持，包括智能传感技术、大数据分析技术、多模态数据融合技术以及数字孪生技术等。这些技术相互协作，共同构成了智能诊断系统的坚实基础。

1. 智能传感技术

智能传感技术是现代科技领域中一个重要的研究方向，它融合了传感器技术和微处理机技术，使传感器在具备传统的单一物理信号采集功能基础之上，进一步融合了数据处理、数据分析、数据传输等功能，从而具备更高的智能化水平。智能传感技术主要包括智能传感器技术、压缩感知技术、边缘计算技术等。

1) 智能传感器技术

智能传感器技术是在传统传感器技术的基础上，通过引入微处理机技术，使传感器不仅能感知外界环境参数，还能进行数据处理、存储、通信以及自适应控制等。这种技术的出现极大地增大了传感器的应用范围，并提高了其数据处理能力，推动了智能诊断的发展。

智能传感器主要由传感器模块、微处理器模块、通信模块组成。其原理是首先通过传感器模块完成环境参数的采集，并将采集到的模拟信号通过模数转换器转换为数字信号，然后经过微处理器模块进行数据处理和存储，最后通过通信模块将处理后的数据传输到外部设备或系统。在这个过程中，微处理器模块起着至关重要的作用，它负责整个智能传感器的控制、数据处理和通信等功能。

智能传感器在传统传感器的基础之上，集成了数据处理和传输功能，因此相较于传统传感器，智能传感器具备高精度、高可靠性与高稳定性、高信噪比与高分辨率等特点。

2) 压缩感知技术

压缩感知 (compressed sensing，CS) 技术是一种在信号采集、传输、处理领域中广泛应用的新型信号重构和压缩技术。该技术由 Donoho、Candes、Terres Tao 等提出，挑战了传统的奈奎斯特 (Nyquist) 采样定理，为信号采集技术带来了革命性的突破[9]。

压缩感知技术采用非自适应线性投影来保持信号的原始结构，以远低于奈奎斯特频率对信号进行采样。通过数值最优化算法，该技术能够准确重构出原始信号，即使在采样数据量远低于传统采样定理要求的情况下，也能实现信号的精确恢复。这种技术在信号处理和数据捕获领域展现出了巨大的潜力和优势。

压缩感知技术可以应用于声音、振动、图像等各类信号数据的采集传输中，在保证重构信号质量的前提下，减少数据采集的总量，有数据采集高效性、数据存储和传输低成本、应用广泛等特点。

3) 边缘计算技术

边缘计算 (edge computing，EC)[10] 技术是一种分布式计算范式，它将数据处理、应用程序运行、内容缓存和服务交付等功能从中心化的数据中心或云环境推向网络的边缘，即更接近数据源或传感器端的地方。这种计算模式旨在降低延迟、提高带宽效率、增强数据隐私和安全性，并允许在离线或网络条件不佳的情况下继续运行服务。在智能诊断系统中引入边缘计算技术，将会降低数据传输的延迟，减轻数据传输带宽压力，增强数据隐私和安全性，提升系统的自主性和可靠性。

2. 大数据分析技术

大数据分析技术[11]是指利用先进的计算机技术和工具,对海量数据进行收集、存储、处理和分析,以发现其中的规律和隐藏在数据中的价值,其原理主要涉及数据收集和清洗、数据存储和处理、数据分析和挖掘等方面。具体来说,大数据分析技术通过提取数据中的信息,揭示数据中的规律和趋势,为决策和创新提供支持和参考,主要包括云计算技术、机器学习技术、统计分析技术、自然语言处理技术等。

1) 云计算技术

云计算 (cloud computing,CC)[12] 技术是一种基于互联网的新兴的计算模式和服务模式,正在深刻地改变着数据分析和数据服务方式。通过这项技术,用户可以随时通过网络获取、配置和使用计算资源和服务,这些资源和服务包括服务器、存储、数据库、软件等,并且具备高度的可用性、可扩展性和灵活性。云计算的核心是将计算资源、数据存储和应用服务等大数据分析资源作为一种可流通的核心资源,通过互联网实现上述资源的共享。

2) 机器学习技术

机器学习技术是一种计算机通过数据学习并自动改进算法的技术,其核心思想是使用数据来训练计算机算法,使其能够自动地从数据中学习并改进自己的性能,从而发现数据中的规律和模式,并用这些规律和模式来做出预测或决策。从涉及的领域分,机器学习包含多种常用的算法,如回归算法、神经网络、支持向量机、聚类算法、决策树、朴素贝叶斯等。

3) 统计分析技术

统计分析 (statistical analysis,SA)[13] 技术是一种运用数学、统计等方法和理论,对大量数据进行收集、加工、整理、分析和解释的技术体系,旨在揭示数据背后的规律和趋势,为科学决策和预测未来提供必要的依据。统计分析以数据为基础,通过各种统计方法来理解和解释现实世界问题。

4) 自然语言处理技术

自然语言处理 (natural language processing,NLP)[14] 技术是大数据领域的一个重要分支,在非结构化数据领域中进行数据分析处理,旨在使计算机能够理解、解析、生成和处理人类语言。NLP 技术通过模拟人类的语言理解和分析能力,完成人机交互、信息提取、语义分析等任务。它的核心是先将自然语言转换为计算机可读的形式,然后利用各种算法和模型进行语义理解、信息提取和文本生成等工作,从而使计算机能够像人类一样理解和处理自然语言,包括理解语言的含义、上下文、情感等,以及生成自然流畅的文本。

3. 多模态数据融合技术

1) 多层级数据融合技术

多层级数据融合技术[15]是一种将来自多个传感器、信息源或数据集的多份数据进行综合处理的技术,该技术通过去除冗余数据,在多个层级上对数据进行自动分析、综合处理。它不仅关注数据的整合，还强调在不同层级上的数据处理和优化，从而组合出更有效、更符合用户需求的数据，为决策和评估提供重要支持。

2) 知识图谱技术

知识图谱 (knowledge graph，KG)[16] 技术是一种用于表示实体及其关系的数据结构，它可以被计算机理解和推理，实现结构化数据、半结构化数据和非结构化数据的融合，核心在于将实体和关系建模成图的节点和边，从而实现对知识的高效存储和处理。利用知识图谱技术可实现非结构化数据的结构化表示、融合处理多源数据。

实体：知识图谱中的基本组成单元，表示一种实际存在的对象，如人、地点、组织、事件、物品等。

知识图谱的构建通常包括以下几个步骤。

(1) 数据收集：从各种数据源中收集与实体相关的数据。

(2) 实体识别：从文本、图像等非结构化数据中识别出实体。

(3) 关系抽取：确定实体之间的关系，并将其建模为图中的边。

(4) 知识融合：将不同来源的知识进行整合，解决实体冲突和关系冲突。

(5) 知识推理：利用推理技术，推导出新的知识和关系。

4. 数字孪生技术

数字孪生 (digital twin，DT)[17] 技术是一种前沿的仿真与优化技术方法，它利用计算机技术和建模技术将物理世界中的实体或系统以数字化的形式进行建模，创建出一个与之相对应的虚拟实体 (即"数字孪生体")，虚拟实体不仅包含了物理实体的几何结构、物理属性等基本信息，还能够实时反映物理实体的运行状态、性能参数等动态信息，通过在虚拟环境中进行仿真、分析、优化，来实现对物理世界的精准控制和优化，如图 1-1 所示[18]。

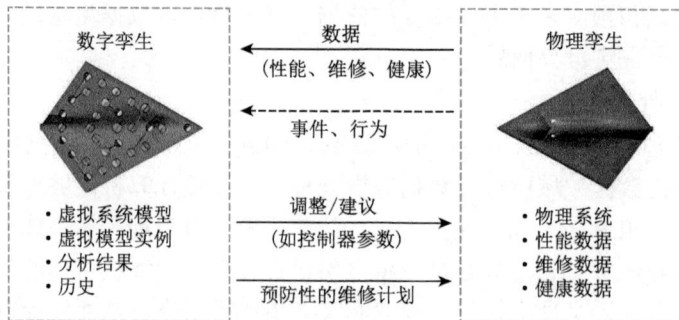

图 1-1   数字孪生技术

1.2.2 智能诊断的优势

智能诊断在健康管理领域的应用具有提高故障诊断准确性和效率、预防性维修减少停机时间、降低全生命周期使用成本、提升飞行器使用效率和安全性、提供数据驱动的决策支持，以及提升自动化和智能化水平等显著优势。

(1) 提高故障诊断准确性和效率：智能诊断系统能够基于大量历史数据和实时数据，

通过复杂的算法模型进行精准分析，准确识别设备故障类型和位置。相比传统的人工诊断方法，智能诊断能够迅速响应飞行器的各类故障，缩短故障排查时间，减少生产中断。

(2) 预防性维修减少停机时间：通过对飞行器运行数据的实时监测和分析，智能诊断系统能够预测飞行器可能发生的故障，提前安排维修计划，从而实现飞行器的预防性维修，减少由突发故障导致的非计划性停飞。

(3) 降低全生命周期使用成本：智能诊断能够准确指导维护维修工作，避免不必要的部件更换和过度维修，从而降低维修成本。同时，基于预防性维修的需求，飞行器使用维修人员可以优化备件库存，减少备件积压和浪费，从而进一步降低飞行器的全生命周期使用成本。

(4) 提升飞行器使用效率和安全性：通过减少故障停机时间和优化飞行器的使用和维护流程，智能诊断能够显著提升飞行器的使用效率。同时，基于智能诊断技术能够及时发现并处理飞行器已经发生或将要发生的故障，防止故障扩大造成更严重的安全事故，保障了飞行器的使用安全。

(5) 提供数据驱动的决策支持：智能诊断系统通常能够提供直观的数据可视化界面，帮助管理人员和使用决策人员快速了解飞行器的当前健康状态和故障情况。同时，基于数据分析的结果，智能诊断系统能够为管理层提供决策支持和使用建议，优化飞行器的梯次使用情况。

(6) 提升自动化和智能化水平：智能诊断系统能够实现对飞行器的自动化监测，减少人工干预，提高监测的准确性和实时性。随着技术的不断进步，智能诊断系统将逐步实现更加智能化的功能，如模型的自适应学习及自我优化、维护建议自主推送等。

这些优势共同推动了飞行器智能化水平的提高。然而，智能诊断在健康管理领域中的应用仍面临着以下挑战。

1. 数据问题

(1) 数据质量参差不齐：飞行器在设计、制造、试验、使用、维护等全生命周期中产生的数据往往存在噪声、缺失值或不准确的信息，这直接影响智能诊断系统的准确性和可靠性。

(2) 数据量需求巨大：智能诊断系统需要大量的数据来训练和优化模型，但数据的收集、存储和处理成本高昂。

(3) 数据可访问性受限：由于知识产权、商业秘密保护等，许多有价值的数据无法被广泛共享和利用，限制了智能诊断技术的发展空间。

2. 算法局限性问题

(1) 模型过度拟合：智能诊断模型在训练数据上表现优异，但在未知数据上可能表现欠佳，这限制了模型的泛化能力。

(2) 透明度和可解释性不足：许多智能诊断模型，尤其是深度学习模型，其决策过程难以被人类理解和信任，给调优和错误诊断带来了困难。

(3) 算法适应性差：飞行器的多样性和复杂性要求智能诊断算法具备高度的适应性

和灵活性，但当前算法在这方面仍有待提升。

3. 归因解释难题

(1) 黑箱特性：智能诊断技术的黑箱特性使得人们难以了解其决策过程，从而难以确定其判断的准确性。

(2) 信任度问题：由于无法清晰解释诊断结果，飞行器的各相关方可能对智能诊断系统的信任度不足，影响其在实际型号中的应用。

4. 技术集成难题

(1) 技术兼容性问题：将智能诊断技术有效集成进现有的飞行器使用和维护保障系统中，需要解决技术兼容性问题，这可能需要大幅度修改现有的系统和流程。

(2) 成本问题：尽管从长远来看智能诊断能够节省成本，但初期的投入对于许多飞行器用户来说仍然是一个考验。

5. 权责归属问题

(1) 信息安全保护：在智能诊断中，如何确保个人和企业的隐私信息不被泄露和滥用是一个重要问题。

(2) 责任归属：当智能诊断系统出现错误时，如何界定责任归属是一个复杂的问题，需要建立明确的伦理指导原则和责任分配机制。

6. 技术成熟度不足

当前智能诊断技术仍处于快速发展阶段，技术成熟度不足可能导致在实际应用中出现问题。由于技术和市场的双重不确定性，飞行器的各类用户对智能诊断技术的接受度可能较低，影响其推广应用。

为了应对这些挑战，需要持续进行技术创新，加强数据管理和算法优化，提升技术集成能力，加强隐私保护和责任归属管理，从而推动技术的成熟发展和型号应用。

1.3　飞行器智能诊断系统

飞行器及其各系统、部件、组件、设备、模块和零件的健康信息和智能诊断模型的设计是建立智能诊断系统的基础，也是系统能否实现的根本所在。智能诊断系统是以计算机技术为核心的网络技术、信息技术、测试技术和人工智能技术等领域技术的高度综合。智能诊断概念的引入，首先是对飞行器的设计、测试与验证技术提出了空前的挑战。飞机自主后勤保障系统的运行及其各后勤保障要素之间的信息共享是依赖功能强大的 JDIS 信息网络系统的支持的。飞行器各元器件、零部件、系统的原始信息的感知是依赖于传感器和以人工智能为基础的测试技术来实现的。从功能划分和模块化设计的角度分析，智能诊断系统需要数据采集、数据处理、状态检测、健康评估、故障预测及决策的六个基本功能。

1.3.1 飞行器智能诊断系统的演变过程

飞行器智能诊断系统的演变过程是人们认识和利用自然规律过程的一个典型反映，即从对故障和异常事件的被动反应，到主动预防，再到事先预测和综合化管理。

智能诊断系统的起源可以追溯到 20 世纪五六十年代。当时，航空航天领域极端的环境和使用条件驱动了最初的可靠性理论、环境试验和系统试验以及质量方法的诞生。随着宇航系统负载型的增加，设计不充分、制造误差、维修差错和非计划事件等各种原因造成故障率增加，迫使专家在 70 年代创造出新的方法来监视系统状态，预防异常属性，导致机上关键故障响应方法的出现，如故障保护和冗余管理。随后出现了诊断故障源和故障原因技术，从而诞生了故障预测方法。

随着时间的推移，研究人员越来越认识到必须将这些不同的方法和技术综合起来。于是，到了 20 世纪 90 年代初，综合诊断技术开始在美国国防部及陆、海、空三军中盛行，并在美军新一代武器装备如 F-22 战斗机、M1A2 主战坦克和 SSN-21 攻击核潜艇研制中得到采用。此后不久，NASA 引入了类似的术语，即"综合系统健康管理"(ISHM)。在 NASA 术语中使用"综合"的动机就在于解决将"系统级"与各个不同分系统分割开的问题。以往各个分系统都是在其各自学科领域内处理各自的故障问题，没有从系统的角度加以全面、综合地考虑。通过强调从系统角度考虑问题，将 ISHM 限定为一种新的系统问题，代替过去将注意力放在分系统上。

20 世纪 90 年代，主要由于联合攻击战斗机 (JSF) 的自主后勤保障 (AL) 新需求，预测成为飞机系统监视的重点，相关技术研究也成为重点关注的领域，监视功能也逐渐集成了维修计划、维修管理和后勤保障功能。于是，飞行器智能诊断系统发展为具有对故障提前预警功能的系统。

21 世纪以来，随着人工智能、大数据分析、空地数据传输等技术的快速发展，飞行器智能诊断系统逐渐向飞行器全生命周期使用与维护决策支持功能发展，逐渐形成了数据实时互联互通、使用与维护决策快速生成、远程诊断与健康管理服务支持等功能，已经成为具有飞行器全生命周期健康管理服务支持的系统。

智能诊断系统是在传统的状态 (健康) 监控和故障诊断技术基础上发展起来的。随着系统和设备的性能和复杂性的增加以及信息技术的发展，飞行器智能诊断系统的发展经历了外部测试、机内测试 (BIT)、测试性设计、综合诊断、预测与健康管理、智能运维决策支持的发展演变过程。在应用层次上，从过去的部件和分系统级发展到现在的覆盖整个平台各个主要分系统的系统集成级。

1. 由外部测试到机内测试

早期的系统比较简单，由彼此独立的模拟系统构成，其故障诊断主要采用人工测试，维修测试人员的经验和水平起着重要作用。航电系统为分立式结构，依靠人工在地面上利用专用或通用测试设备检测和隔离飞机中的问题 (外部测试)。外部测试设备需要和被测对象连接，获取其状态信息之后才能进行测试和诊断。对于一些重要的系统和设备，如飞机上的各系统和设备，操作人员需要实时了解其运行状态，以便有故障时能及时采取措施，所以需要被测系统本身具有一定的自测试能力，这就产生了嵌入式的机内测试。BIT 最初是为了警告飞行员有重要部件出现了关键故障，后来又称为支持机械师查找故障的助手。早期的 BIT 只检测几个主要参数，由人工判断是否为故障，故障隔离则由外部测试设备来完成。后来，由于技术的进步，系统和设备复杂程度增加，检测故障也更困难，因而要求有更强的 BIT 能力，部件的小型化，特别是计算机技术的广泛应用，为 BIT 发展提供了有利条件，机内测试能力得到迅速发展，并出现了能够自动检测和隔离故障的机内测试设备 (BITE)。

2. 测试性设计

随着外部测试和机内测试的发展，产生了测试性设计问题。对于复杂的系统和设备，其故障诊断需要综合运用外部测试和机内测试能力才能实现最佳的诊断能力。而要进行外部测试，被测系统要能够方便地与外部测试设备连接，以提供充分的状态信息；要进行机内测试，必须首先把 BIT/BITE 设计到被测系统中。因此，需要对被测系统进行测试性设计。1985 年，美国国防部颁布了军用标准《电子系统和设备的可测试性大纲》(MIL-STD-2165)，把测试性作为与可靠性、维修性同等重要的产品设计要求，规定了电子系统和设备各研制阶段应实施的测试性设计、分析与验证要求及实施方法，标志着测试性成为一门与可靠性、维修性并列的独立学科。

3. 综合诊断

20 世纪七八十年代，复杂装备在使用中暴露出测试性差、故障诊断时间长、BIT 虚警率高、使用与保障费用高、维修人力不足等各种问题，引起美、英等国军方和工业部门的重视。美军及工业界分别针对自动测试设备 (ATE)、技术资料、BIT 及测试性等诊断要素相继独立地采取了很多措施，力图解决这些使用和保障问题，但结果不理想。经过深入研究，发现问题的根源在于各诊断要素彼此独立工作，缺少综合；而且除测试性和 BIT 外，其他诊断要素都是在主装备设计基本完成后才开始设计的。从解决现役装备保障问题的角度出发，美国国防部颁布军用标准和国防部指令，强调采用"综合后勤保障"的途径来有效解决武器装备的保障问题。在此过程中，"诊断"问题成为贯彻综合后勤保障的瓶颈。美国安全工业协会 (现在美国国防工业协会 (NDIA)) 于 1983 年首先提出了"综合诊断"的设想，对构成武器装备诊断能力的各要素进行综合，并获得了美国军方的认可和大力提倡。

综合诊断通常定义为通过考虑和综合测试性、自动和人工测试、维修辅助手段、技术信息、人员和培训等构成诊断能力的所有要素，使武器装备诊断能力达到最佳的结构化设计和管理过程。其目的是以最少的费用来实现最有效的检测、隔离装备内已知的或预期发生的所有故障，来满足装备任务要求。综合诊断不是一项新技术或技术组合，也不是一个产品，而是一种系统工程过程。综合诊断的实施必须从装备设计开始，并贯穿于其全生命周期的各个阶段。综合诊断实施的基本途径在于"综合"，即通过有效的组织和配置使各组成单元成为一个整体协同的作用，具体包括各诊断要素的综合、各维修级别的综合和全生命周期各阶段的综合三方面内容。

美国国防部从 20 世纪 80 年代中期开始相继实施了一系列综合诊断研究计划，并于 1991 年 4 月颁布了军用标准《综合诊断》(MIL-STD-1814)，把综合诊断作为提高新一代武器系统的诊断能力和战备完好性，降低使用与保障费用的一种有效途径。综合诊断策略在 20 世纪 80 年代中后期开始研制的新一代装备 (空军 F-22、海军的攻击核潜艇 SSN-21、陆军的主战坦克 MIA2 等) 及在研的 F-35(JSF) 飞机上得到应用。90 年代后，英、法等欧洲发达国家及俄罗斯也效仿美国的做法，提倡在武器装备中通过采用类似综合诊断系统方案的综合维修系统来实现最大的故障检测和隔离能力，以提高武器装备的战备完好性，降低全生命周期费用。

冷战结束后，随着美军军费的缩减及现役装备老化问题日益突出，美军和工业界都认识到影响综合诊断推广应用的主要障碍是缺少一个针对综合诊断的开放系统方法。于是，在 1999 年，美国国防部长办公厅 (OSD) 启动了"综合诊断开放系统方法演示验证"(OSAIDD) 研究计划，探讨统一的、通用的综合诊断功能实现方法的可行性，以降低费用，增加互用性，加快引入新技术。该项目通过军、民领域内具有不同测试和诊断特征的 10 个典型案例的深入研究和演示验证，最终提出一种基于信息的综合诊断开放式体系结构，并制定了实施路线图。

4. 预测与健康管理

自 20 世纪 90 年代末以来，随着信息技术突飞猛进地发展和广泛应用，综合诊断系统向测试、监控、诊断、预测和维修管理一体化方向发展，并从最初侧重于考虑电子系统扩展到电子、机械、结构、动力等各种主要分系统都考虑到，形成综合的诊断、预测与健康管理系统的时机已经成熟。总的来说，PHM 系统是在需求牵引、技术推动下，借助 JSF 项目的研制契机而诞生的。

随着系统复杂性、信息化和综合化程度大幅度提高，飞行器维修保障工作重点已由传统的以机械修复为主，逐步转变为以信息的获取、处理和传输并做出维修决策为主。以往的事后维修和定期维修已经无法很好地满足现代战争和武器装备对保障的要求，在这种情况下，美军 20 世纪 90 年代末引入民用领域的 CBM，作为一项战略性的保障策略，其目的是对飞行器状态进行实时的或近实时的架空，根据飞行器的实际状态确定最佳的维修时机，以提高飞行器的可用度和任务的可靠性，这些需要借助 PHM 技术来实现。另外，大容量存储、高速度传输和处理、信息融合、MEMS、网络等信息处理技术和高新技术的迅速发展，意味着允许在机上实时完成更多的数据存储和处理功能，消除过多依赖地面站来处理信息的需要，为 PHM 能力创造了条件；90 年代中期启动的 JSF 项目提出了经济承受性、杀伤力、生存性和保障性四大支柱目标，并因此提供了自主式保障方案，借此机遇诞生了比较完善的、高水平的 PHM 系统。

5. 智能运维决策支持

21 世纪以来，随着物联网、人工智能、大数据分析等技术的快速发展，机载 (又称机上) 监测范围不断扩大，数据传输能力不断增强，全生命周期数据愈加完备，模型的数据分析处理能力不断增强，推动智能诊断系统由单纯的面向故障的诊断预测逐渐向面向全生命周期使用的智能运维决策支持转变，例如，空中客车公司的 Skywise 等系统可实现对所有用户的全生命周期远程运营支持能力。

1.3.2 飞行器智能诊断系统的功能划分

智能诊断系统的基本功能由数据采集与传输、数据处理、状态监测、健康评估、故障预测、决策支持六大主要功能组成，以下进行逐一介绍。

1. 数据采集与传输

数据采集与传输是指系统通过传统传感器、智能传感器以及数据总线进行通信，从而实现数据的采集。

2. 数据处理

数据处理是指实现对来自传感器与控制系统的输入数据获取并处理的功能，既包括专用的功能状态正常与否的指示，也包括依照设定的特征空间提取数据的内容特征，通常提供如滤波、平均、统计分析、谱分析等功能。

3. 状态监测

状态监测是指将特征数据与给定的期望值或运行门限进行比较，输出枚举型的状态指示 (如低、中、高等)。也可以根据设定的运行阈值输出报警信号，在获取适当数据的条件下，还能够评估运行环境状态 (当前运行状态或使用环境状态)。主要输入为经过信号处理后的来自各传感器及控制系统的数据，输出为关于部件或子系统的状态/条件。

4. 健康评估

健康评估是指根据状态监测信息和历史的状态及评估值，确定系统、子系统或部件的当前健康状态。该功能通过持续融合来自状态监测以及其他健康评估部分的多个信息源的数据，诊断并报告检测部分和子系统的健康状态，并据此进行故障隔离。

5. 故障预测

故障预测是指根据系统、子系统或部件的当前健康状态、使用条件、模型和推理的能力，以一定的可信度，产生对系统、子系统或部件在给定使用工作包线和工作应力下的剩余使用寿命的估计。该功能是对系统、子系统或部件在使用工作包线和工作应力下的剩余使用寿命进行估计。使用工作包线和工作应力可参照预先设定的强度或直接对运行强度进行估计得出。

6. 决策支持

决策支持是指触发一些运行支持和自主保障系统，如任务/运行能力评估和计划、维修规划和维修资源管理等。决策支持包含操作和支持系统，如任务/操作性能评估和规划、维修推理机及维修资源管理，为维修资源管理和其他监视综合健康管理系统的性能和有效性的处理过程提供支撑。

在智能诊断系统的六个基本功能中，数据采集与传输、数据处理及状态监测主要由机载系统实现，其余三个基本功能的工作分别由机载系统和地面系统完成。对于初步的故障或状态评估，由机载系统承担；对于系统级的详细测试分析以及部件与部件之间的复杂故障分析，由机载系统配合地面系统来完成。智能诊断系统全部的六个功能都可在地面系统中实现，通过有线和无线网络系统，地面系统可以实时得到每次任务的完整的数据及信息，从而进行全面的部件级、系统级和整机的故障诊断、预测和使用寿命的仿真评估与设计完善，并为维护维修和使用提供决策支持。

1.3.3　飞行器智能诊断系统的通用架构

飞行器智能诊断系统在物理上采用层次化结构和分布式机制，可分为机载和地面两大部分；在逻辑上采用分层智能推理结构，且机上系统的功能层次结构设置与地面系统相对应，主要分为成员级、区域级与平台级，针对不同的功能子系统(如发动机系统、结构、机电管理系统等)，设计专门的区域管理器，高层数据融合统一在飞机管理器中进行。地面系统对机载系统的结论进行综合、判别和决策，其中决策支持工具在自主保障信息系统中实现，飞行器智能诊断为决策支持系统提供必要的辅助决策数据和信息，如图 1-2 所示。

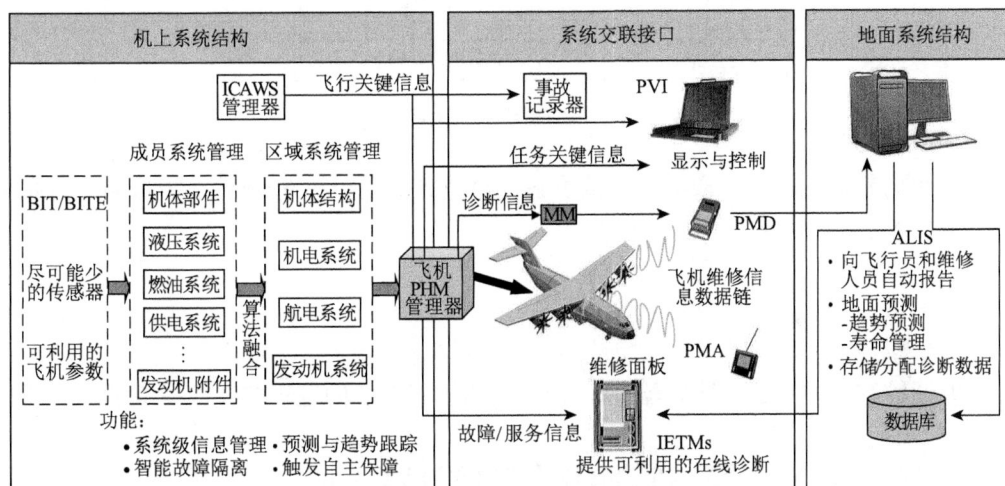

图 1-2　飞行器智能诊断系统架构

ICAWS-综合告警系统；BIT/BITE-机内测试/机内测试设备；PVI-人机接口；MM-大容量内存；
PMD-便携式存储装置；IETMs-交互式电子技术手册；PMA-便携式维修辅助设备；ALIS-自动化后勤信息系统

下面从机载系统、地面系统以及系统交联接口三方面简要概述。

1. 机载系统

图 1-3 为机载系统的体系结构。

该体系结构实现了成员级 PHM、区域级 PHM 和平台级 PHM 三个层次的集成。各个层次 PHM 之间提供独立的、标准的软/硬件接口形式。

1) 功能层次架构

机上系统的功能层次架构如下。

(1) 成员级：分布在飞机各分系统部件中的软、硬件监控程序作为识别故障的信息

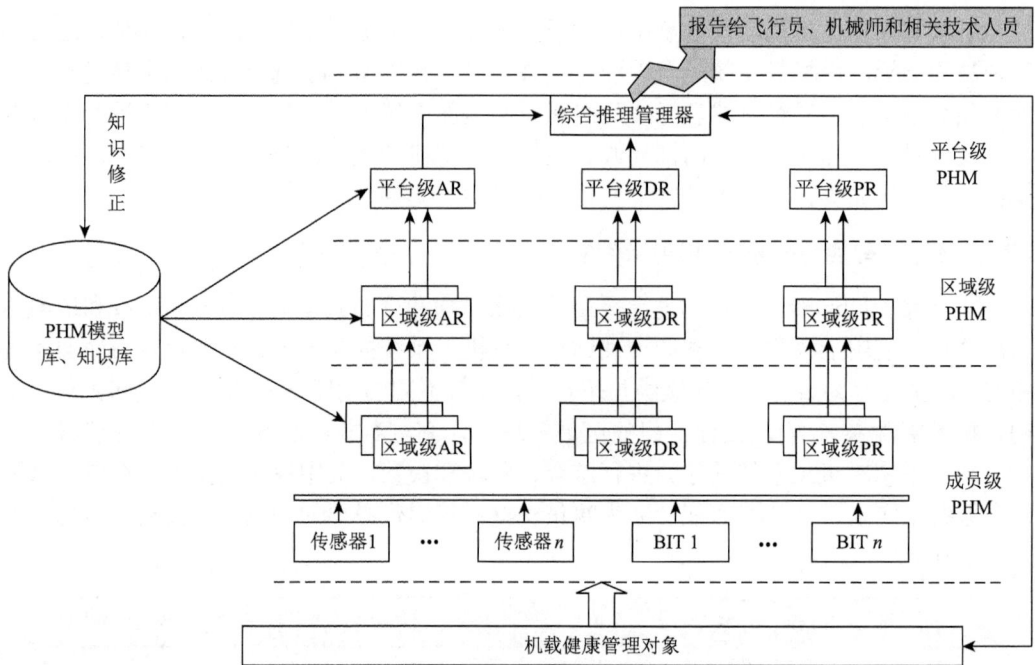

图 1-3　机载系统的体系结构

源，借助传感器、机内测试/机内测试设备、模型等实现子系统/部件故障检测，将有关信息直接提交给中间层的区域管理器。

成员级主要完成的功能如下。

① BIT、对比测试及超标测试。

② 诊断预测功能的数据采集、故障识别的信息源。

③ 通过综合控制器、传感器及子系统管理/控制功能的逻辑实现成员级故障诊断与健康管理功能。

④ 与区域级的故障诊断与健康管理功能的数据发送接口。

(2) 区域级：各区域管理器具有信号处理、信息融合和区域推理机的功能，是连续监控飞机相应分系统运行状况的实时执行机构。区域管理器是连接飞机管理器 AV 故障诊断与健康管理系统与子系统的嵌入式处理机及子系统部件的"故障诊断与健康管理传感器"的接口。

区域级主要完成的功能如下。

① 确认故障报告，过滤虚警及评价间歇故障。

② 根据跨系统的关联信息，运用推理模型实现增强的故障检测和隔离。

③ 预计即将发生的硬件故障(本层有限的案例)，评价系统当前的和预测的能力。

④ 支持告警咨询的产生、综合及管理。

⑤ 管理系统/子系统的 BIT 启动。

⑥ 跟踪系统配置和耗损品状态。

⑦ 报告当前的和预测的状态/系统性能、消耗品状态、配置信息及故障诊断与健康

管理数据。

⑧ 按照飞机系统物理结构划分为发动机故障诊断与健康管理区域管理器、机电故障诊断与健康管理区域管理器、航电系统故障诊断与健康管理区域管理器、结构故障诊断与健康管理区域管理器。

⑨ 各区域管理器将区域故障信息经过整理后传送给更高层的飞机管理器软件模块。

(3) 平台级：飞机健康管理器结合了智能信息融合、管理及传输能力，对分布于全机各区域管理器的推理机进行管理控制，通过机载的推理机网络处理故障诊断与健康管理数据，实现机上故障诊断与健康管理系统的最高层次的综合功能，并作为机上故障诊断与健康管理系统与地面故障诊断与健康管理系统之间的接口。

平台级主要完成的功能如下。

① 执行跨系统故障数据综合。

② 进行飞机系统能力的综合评价。

③ 管理故障诊断与健康管理系统处理的优先权。

④ 管理故障诊断与健康管理系统软件配置和故障诊断与健康管理数据存储。

⑤ 管理故障诊断与健康管理系统信息发布传输。

⑥ 发布测试命令请求。

⑦ 具有启动数据下行链路的能力，以便当战局允许时，在飞行中通过机载数据链支持地面快速地完成任务。

⑧ 经战术数据链、地面局域网、人机接口进行飞机系统数据信息的下载。

⑨ 存储当前和预测的状态/系统性能、耗损品状态、配置信息及其他相关的故障诊断与健康管理数据。

2) 机上推理架构

机载系统主要由可扩展的推理机系统和综合推理管理器 (IRM) 组成，对于飞机上的每个分系统，采取 3 种分离的推理机，分别是异常检测推理机 (AR)、故障诊断推理机 (DR) 和故障预测推理机 (PR)。

(1) 异常检测推理机：用于对异常行为进行分类。异常检测推理机收集非额定数据，以便以后对故障诊断或预测推理机进行更新。

(2) 故障诊断推理机：用于隔离故障和失效的诊断，它记录来自分系统的各种不同的诊断输入，以确定故障的原因。该推理机的训练方法与现有飞机中的诊断推理机采用的方法相同。每个分系统的故障模式和影响分析的详细资料被编程输入到该推理机中。

(3) 故障预测推理机：依靠来自分系统的所有预测输入来预计分系统组成部件的剩余使用寿命。预测推理机的原理是鉴于每个部件具有包括其变异性在内的额定寿命曲线，根据部件在寿命曲线上所处的位置，就能确定该部件继续执行功能的时间长度。

(4) 综合推理管理器：一个有效的智能诊断系统的关键在于能够有效管理异常、诊断和预测信息，提供从外场可更换单元、子系统级到系统级的健康状态信息。IRM 正是实现系统集成的关键所在。IRM 利用来自所有推理机的输入来最佳地表征系统的状态，确定故障发生可能的先后顺序，并推荐必要的维修措施，同时能够将诊断和预测信息报告给工程技术人员、维修人员和飞行员等。

3) 机上信息传输

从信息的传输来看，机载系统的体系结构包括三种信息流。

(1) 纵向数据流：从模块/单元获取传感器信息、BIT 信息，经过各个层次的推理和分析，得到整个飞机系统的健康状态，并对系统中发生的故障进行及时处理。从传感器、BIT 经过成员级、区域级到平台级，是一个从数据、信息到知识的流动过程。

(2) 横向数据流：在同一处理层次上，对于一个特定的部件/子系统来说，对低一层传送的数据分别进行融合处理，完成异常检测、故障诊断和故障预测等分析。

(3) 反馈信息流：包括控制反馈信息流和知识反馈信息流。控制反馈使系统成为一个控制的闭环系统，实现系统的降级重构；知识反馈则使系统成为能够学习的闭环环境。

2. 地面系统

飞机的地面故障诊断与健康管理系统是自主保障信息系统的组成要素，通过与飞机的不同接口 (数据链、地面局域网等) 连接下载、接收机载状态数据和诊断数据，通过各种算法进行数据分析、识别、推理、判读等处理，以及数据综合和积累，并进行飞机系统的状态监控、故障定位、趋势分析与飞机健康状态的管理，将机上系统的诊断信息、状态与健康信息等转化为地面系统可直接判读的维修保障工作指令，与自主保障信息系统的 PMA、动态资源管理系统、响应系统等进行处理结果、数据信息交互，触发自主保障。

地面系统与机载系统相对应，对发动机系统、机电系统、航电系统、结构等进行地面故障诊断与健康管理功能处理。

地面故障诊断与健康管理系统主要由中央数据库、专家系统和接口系统构成，如图 1-4 所示。

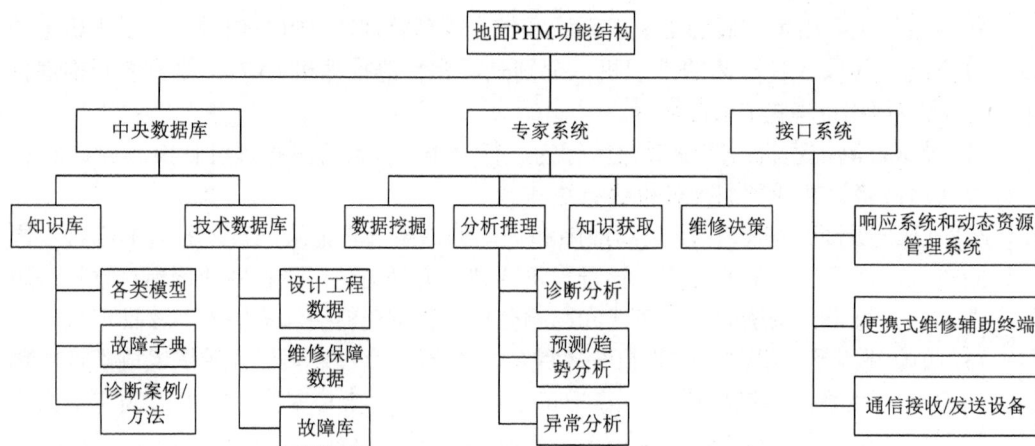

图 1-4　地面故障诊断与健康管理系统结构

基于机载系统信息数据，地面系统可实现如下功能。

(1) 实现飞机平台综合故障诊断与健康管理系统和自主保障信息系统的地面故障诊断与健康管理系统接口控制，提供维护人机接口服务。

(2) 机上故障诊断与健康管理系统数据及相关使用维护、保障数据的提取、处理和发送，以及上传与下载，支持使用和维修、保障、训练计划的实施。

(3) 基于机上故障诊断与健康管理系统的综合信息，判断飞机的安全性，支持飞行任务计划的编制与调整，实施技术状态管理。

(4) 综合分析不同飞行员的飞行报告，确认、核实报告的准确性，确认分析故障，确定维修工作项目。

(5) 结合机群历史日志、维修数据，分析整个机群的使用状态，支持机群的维修计划的编制与调整。

(6) 判定地面异常情况及故障，管理飞机健康状态。

(7) 积累处理飞机部件的寿命消耗情况，执行部件使用情况跟踪与设备材料状态评价，评估预测部件剩余使用寿命。

(8) 基于实时监控数据的收集、分析与积累，提供地面故障诊断、预测、趋势分析及机群的寿命管理。

(9) 提供智能帮助环境及知识发掘工具，开发基于地面数据链的故障诊断与健康管理软件，构建与完善故障诊断与健康管理知识库，为飞机提供一个更强的诊断能力。

(10) 触发、激活自主保障系统，利用自主保障信息系统中的自主反应机制和动态资源管理器来触发常规保障活动。

3. 系统交联接口

系统交联接口是故障诊断与健康管理系统的数据显示、交换、传输、处理及管理的保证，系统交联接口主要包含人机接口、数据接口。

1) 人机接口

人机接口完成对飞机相关 PHM 信息的查看、管理和控制功能，实现与飞行员、维护人员的交互，支持机上处置与地面维护保障。人机接口包括以下两个。

(1) 座舱人机接口：向飞行员提供操控飞机的操作界面，可以通过该接口向飞行员提供飞机基本功能、系统状态、关键飞行参数、健康状态信息、损耗评估显示以及故障信息的告警显示。

(2) 地面维护接口：向地面维护人员提供操控飞机的集中操作界面，提供与地面维护辅助 (如 PMA) 的接口、机载故障诊断与健康管理数据下载接口，以及维护人员执行故障隔离和系统状态检测等地面维护控制的接口。

2) 数据接口

数据接口加强了机载系统与飞行员/维修人员/飞机人机接口的综合，提供了从全机故障诊断与健康管理系统到飞机系统，以及从飞机系统到自主保障系统的数据智能传输，实现了机载故障诊断与健康管理数据及相关使用维护、保障数据的提取、处理和发送，以及上传与下载，支持使用和维修保障。根据数据类型、范围、数据传输途径和时机，数据接口有以下方式。

(1) 数据链：将机载系统与地面系统连接。当飞机飞行时，在允许及不影响任务执行的情况下，启动数据下行链路，通过数据链实现故障诊断与健康管理数据信息的实时下传，促使地面维护人员提前准备备件、检测设备、人员及其相关的保障资源，支持地面快速地完成任务。

(2) 地面综合数据管理局域网：飞机着陆后，维修人员可利用便携式维修辅助 (PMA) 和地面维护站，在地面局域网环境下，以有线或无线方式，连接机上的维修控制终端 (如 MIP)，访问机上存储的故障诊断与健康管理数据。维修人员可以通过机上数据链等建立飞机数据管理系统与基地各有关单位的网络节点之间的互联，使得数据通过飞机数据管理系统、人机接口、基地网络的互联进行远程无线信息共享和互操作，从而实现地面通信，并进行地面处理分析，确定维修需求及后续任务计划安排的影响。

1.3.4 飞行器智能诊断系统的应用现状

1. 直升机 HUMS 系统

直升机健康与使用监测系统 (health and usage monitoring system，HUMS)[19] 是一个集航空电子设备、地面支持设备及机载计算机监视诊断产品于一体的复杂系统，已成为现代先进直升机广泛采用的重要系统之一。它由机载和地面两部分组成。机载部分由监测传感器、数据采集处理单元、显示存储单元等组成，对直升机的使用和飞行状态参数，以及直升机的旋翼系统、传动系统、机体、发动机等关键部件的振动参数进行采集、分析、记录、显示，一旦出现故障，就发出告警，使驾驶员对出现的情况及时做出处理，以保障直升机的飞行安全。地面部分由维护管理系统、专家系统及数据库等组成，负责提取、显示、存储、分析直升机的完好性与使用信息，进一步判断直升机各关键部件的故障产生部位及原因并提供维护决策报告，支持地面维护人员做到视情及时进行维修。HUMS 功能结构如图 1-5 所示。

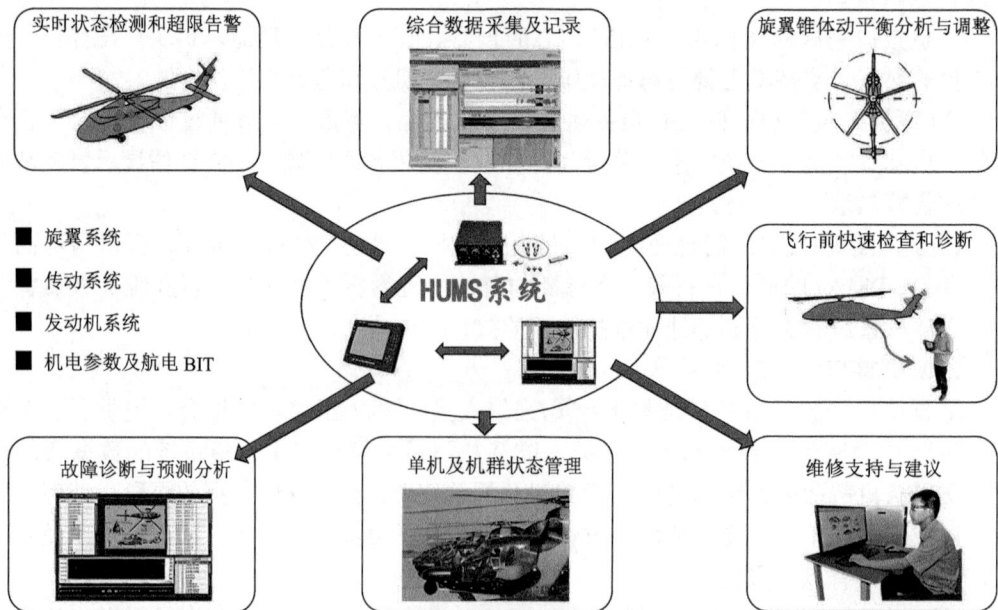

图 1-5 HUMS 功能架构

2. 固定翼飞机 PHM 系统

故障预测与健康管理 (prognostics and health management，PHM)[20] 系统是指利用传感器、测试诊断技术和信息管理技术来监控、预测和管理设备的健康状态，并实现与维修资源管理等上层应用系统集成的系统。其核心是利用成熟的故障诊断技术进一步开展失效预测，通过对传感器数据进行融合，实现设备的健康预测和管理。

PHM 系统是现代飞机系统综合设计和使用中的一个重要功能组成部分。飞机 PHM 系统从物理结构上通常分为机载 PHM 系统和地面 PHM 系统两大部分，从逻辑上采用分层智能推理结构，且机载 PHM 的推理结构的设置与地面 PHM 的推理结构相对应。通过机载 PHM、地面 PHM 共同完成下列功能：故障检测与隔离、故障预测、故障影响评定、故障修复验证、故障选择性报告 (仅供飞行员使用，其余信息通报给维修人员)、剩余使用寿命预计、部件使用情况跟踪、部件寿命消耗情况积累处理、性能降级趋势跟踪、辅助决策和维修资源管理、信息融合与推理机管理、与保障系统之间的信息交换等。

3. 发动机 EHMS 系统

发动机健康管理系统 (engine health management system，EHMS)[21] 是利用各种传感器的集成，并借助各种算法和智能模型来监测、诊断、预测发动机性能状态的系统。利用 EHMS 技术可以提高飞行安全性和进行视情维修。

目前，飞机发动机出现的故障现象主要包括：性能故障，如发动机推力下降、耗油量增加、排气温度过高、空中熄火等；结构强度故障，如共振疲劳、热疲劳损伤、蠕变与疲劳交互作用损伤现象等；附件系统故障，如油滤堵塞、油管破裂、油泵故障等。

针对上述发动机所产生的故障现象，EHMS 通过对发动机分别进行气路健康管理、结构健康管理和机械系统健康管理等不同层面的健康管理，来实现对发动机的运行状态管理和故障及寿命预测。气路健康管理主要是对发动机进行气路性能监测、部件诊断和性能预测分析，有效防止发动机推力的减少和耗油量的增加，提高发动机性能。结构健康管理主要通过振动信号监测发动机的结构工作状态，避免由发动机性能退化引起的二次损伤；通过气路碎屑监测实现故障预警和故障跟踪；通过部件寿命管理最大限度地科学利用部件的使用寿命。机械系统健康管理主要采用滑滑油监测方法对由发动机中大量齿轮、轴承、传动轴等机械旋转部件组成的机械系统进行健康状态监测。

由于航空发动机一般工作在高温、高压、高速旋转和振动的环境下，因此其性能必然逐步退化。从健康管理角度出发，为了能使发动机长期稳定地保持良好的工作状态，必须对其核心部件的性能和总体功能进行状态监测，由于发动机的任何非额定工作都能导致其输出参数的变化，因此可以根据各部件的工作特征来表征发动机的性能。据此，EHMS 通过监测发动机中能够反映部件故障或健康状态的性能特征参数 (如电流、电压、压力、温度、流量、转速、振动等) 来监测部件的健康状态，并进行测量、采集、处理和分析。通常，EHMS 主要由数据管理、健康状态分析、故障诊断和发动机寿命分析四大工作模块组成，完成对发动机的机械系统和气路热力系统的监测与诊断、传感器故障诊断隔离以及发动机整体健康状态和工作寿命预测等任务。EHMS 通过各模块的协调工作主要完成以下功能。

实时监测发动机的各技术参数是否在正常工作范围，若发现存在参数超限，则输出故障告警信息。

诊断发动机及其部件故障，确保航空发动机的安全可靠性。通过 EHMS 诊断分析发动机故障原因，提出故障解决方案。

预测发动机及其各核心部件的健康状态和寿命，及时发现发动机性能衰退和部件故障失效。通过分析 EHMS 存储记录各技术参数的时域或频域变化趋势，预测发动机故障出现的可能性和时间段，决策发动机参与任务的可能性和更换发动机或其他部件的最佳时间。

EHMS 通过预测发动机性能变化趋势、部件故障发生时机及剩余使用寿命，采取必要措施来缓解发动机的性能衰退、部件故障/失效的决策和执行过程，可显著提升发动机的性能，降低发动机的使用、维修保障费用，从而提高发动机的安全性和可靠性。

4. 商用客机 CMS 系统

在商用客机领域，通常采用中央维护系统 (central maintenance system，CMS) 记录分析故障数据，以向维护人员提供故障报告，帮助其定位到 LRU。早期 CMS 在使用状况监控方面功能相对简单，仅局限于飞机飞行日志，后期 CMS 则须监测管理部件的使用状况，根据其计算部件的剩余使用寿命及使用性，采取更换管理。CMS 主要用于收集、记录、分析来自发动机系统、飞机机电系统 (如燃油、供电、液压、环控等系统) 和航电系统 (如大气数据计算机、导航、通信、气象雷达等系统) 各部件的故障、状态和配置信息，提供故障监测、分析、诊断、预测和记录，并完成数据的存储和检索。机上各部件的故障、状态信息通过机上显示系统提供给飞行员，还可以通过数据卡或便携式维护访问终端进行数据下载，供地面外场维修和分析。

本 章 小 结

本章首先介绍了人工智能的发展历程，以及飞行器健康管理的重要性，并探讨了从传统的事后维修、预防性维修到基于状态的维修的转变，强调了视情维修在提高后勤保障效率和减少重大事故中的关键作用。随着航空技术的发展，飞行器系统的复杂性不断增加，对飞行器的安全性、可靠性、健康管理和维修保障提出了新的挑战。

在智能感知技术方面，强调了机器学习和专家系统在飞行器健康管理中的应用以及这些技术如何提高飞行器的智能化水平和自主性。

智能诊断与健康管理是健康管理的核心，本章详细讨论了智能诊断技术的概念、技术基础，介绍了智能传感技术、大数据分析技术、多模态数据融合技术在智能诊断中的应用，以及数字孪生技术在飞行器健康管理中的潜力。

最后，探讨了飞行器智能诊断系统的演变过程、通用架构和应用现状，展示了智能诊断系统在直升机、固定翼飞机、发动机和商用客机中的应用。

思　考　题

1.1　智能诊断模型在训练过程中可能会遇到哪些算法局限性？这些局限性如何影响模型的泛化能力和可解释性？请提出至少两种改进方法。

1.2　飞行器智能诊断系统的物理结构和逻辑结构分别是什么？

1.3　飞行器智能诊断系统如何实现故障诊断和健康管理？

1.4　以直升机完好性与使用监测系统为例，请说明智能诊断系统在实际飞行器中的应用情况。

1.5　随着人工智能技术的不断发展，智能诊断在飞行器健康管理领域将面临哪些新的机遇和挑战？

参 考 文 献

[1]　李爱军, 章卫国, 谭键. 飞行器健康管理技术综述[J]. 电光与控制, 2007, 14(3): 79-83.

[2]　PRAJAPATI A, BECHTEL J, GANESAN S. Condition based maintenance: a survey[J]. Journal of quality in maintenance engineering, 2012, 18(4): 384-400.

[3]　李智, 姜悦, 蔡斐华, 等. 数据驱动的飞行器智能故障诊断系统研究[J]. 计算机测量与控制, 2021, 29(1): 50-53.

[4]　ZHANG Z L. Big data analysis with artificial intelligence technology based on machine learning algorithm [J]. Journal of intelligent & fuzzy systems, 2020, 39(5): 6733-6740.

[5]　AZAD A, MANOOCHEHRI M, KASHI H, et al. Comparative evaluation of intelligent algorithms to improve adaptive neuro-fuzzy inference system performance in precipitation modelling[J]. Journal of hydrology, 2019, 571: 214-224.

[6]　HUNT E B. Artificial intelligence[M]. Cambridge: Academic Press, 2014.

[7]　RAMESH A N, KAMBHAMPATI C, MONSON J R, et al. Artificial intelligence in medicine[J]. Annals of the royal college of surgeons of England, 2004, 86(5): 334-338.

[8]　FETZER J H. What is artificial intelligence?[M]. Berlin: Springer, 1990.

[9]　ELDAR Y C, KUTYNIOK G. Compressed sensing: theory and applications[M]. Cambridge: Cambridge University Press, 2012.

[10]　CHEN J S, RAN X K. Deep learning with edge computing: a review[J]. Proceedings of the IEEE, 2019, 107(8): 1655-1674.

[11]　程学旗, 靳小龙, 王元卓, 等. 大数据系统和分析技术综述[J]. 软件学报, 2014, 25(9): 1889-1908.

[12]　ANTONOPOULOS N, GILLAM L. Cloud computing: principles, systems and applications.[M]. Berlin: Springer, 2010.

[13]　COX D R, LEWIS P A W. The statistical analysis of series of events[M]. Dordrecht: Springer Netherlands, 1966.

[14]　CHOWDHARY K R. Natural language processing[J]. Fundamentals of artificial intelligence, 2020, 37(1): 603-649.

[15]　徐毅, 金德琨, 敬忠良. 数据融合研究的回顾与展望[J]. 信息与控制, 2002, 31(3): 250-255.

[16]　CHEN Z, WANG Y H, ZHAO B, et al. Knowledge graph completion: a review[J]. IEEE access, 2020, 8: 192435-192456.

[17]　PYLIANIDIS C, OSINGA S, ATHANASIADIS I N. Introducing digital twins to agriculture[J]. Computers and electronics in agriculture, 2021, 184: 105942.

[18]　刘亚威. 面向飞行器结构健康管理的数字孪生及应用研究综述[J]. 测控技术, 2022, 41(1): 1-10.

[19]　ROMERO R, SUMMERS H, CRONKHITE J. Feasibility study of a rotorcraft health and usage monitoring system (HUMS): results of operator's evaluation[R]. Washington: Petroleum Helicopters, Inc., Lafayette, LA; National Aeronautics and Space Administration, 1996.

[20]　ZIO E. Prognostics and health management (PHM): where are we and where do we (need to) go in theory and practice[J]. Reliability engineering & system safety, 2022, 218: 108119.

[21]　ROEMER M J, BYINGTON C S, KACPRZYNSKI G J, et al. An overview of selected prognostic technologies with application to engine health management[J]. Turbo expo: power for land, sea, and air, 2006, 42371: 707-715.

第 2 章

智能感知技术

2.1 状态感知技术

飞机状态感知技术是对飞机运行状态的实时监测和分析，旨在判断飞机及其各系统/部件是否正常工作或存在异常情况，并为后续的维修和保障提供数据支持[1]。

飞机状态感知技术通过集成先进的传感器网络、数据采集与处理单元以及智能分析算法，对飞机的各项运行状态参数进行实时收集和分析。这些参数包括飞行状态参数(包括高度、速度、方向、机体倾斜角度、发动机温度、油量和电池电量等)、系统性能参数 (包括载荷、应力应变、温度、振动、电压等)、环境参数 (包括环境温度、湿度、气压等)。通过不间断地追踪飞机及其关键部件的上述运行状态参数，实时监控飞机及其系统/部件当前的健康状态，并对发生的异常情况及时告警，向机组人员和地面维修人员及时反馈，从而支持其准确掌握飞机的状态。

随着航空技术的不断进步和航空市场的快速发展，状态感知技术正朝着应用融合、感知智能化、集成化发展。

2.1.1 状态感知对象

1. 机械系统

(1) 发动机系统。

转子系统：转换能量以驱动飞行。

供油系统：输送燃料至燃烧室。

空气进气系统：引入空气与燃料混合。

燃烧室：燃料与空气混合燃烧。

排气系统：排出燃烧后气体。

(2) 机翼系统。

机翼：产生升力。

襟翼：调整翼面后缘位置以改变升力。

(3) 飞行操纵系统。

主操纵系统：操纵升降舵、方向舵和副翼。

中央操纵机构：位于驾驶舱内，由驾驶员直接操纵。

辅助操纵系统：操纵辅助操纵面以改善性能。

(4) 传动系统：传输发动机动力至旋翼、螺旋桨等。

(5) 制动系统。

轮式制动：通过制动器减速。

减速伞：着陆时通过展开减速。

(6) 其他机械系统：起落架、燃油、液压、环境控制等系统，共同确保飞机正常运行与飞行安全。

2. 电子电气系统

飞机电子电气系统是一个高度集成、复杂且关键的系统体系，涵盖了多个关键子系统，这些系统共同协作以确保飞机的正常运行和飞行安全。同时，飞行器向全电、多电飞机发展的趋势更进一步凸显了电子电气系统的重要性。飞行器的电子电气系统主要包括电气系统和航电系统。

1) 电气系统

电气系统是飞机上不可或缺的重要组成部分，它是供电系统与各类用电设备的总称。电气系统包括以下几项。

(1) 供电系统：又称电源系统，为飞机上各种用电设备提供电源。机上供电使用单线制，即使用一条导线供电，回路由金属机身作为地线。控制开关使用电子式或电磁式，使整个系统安全可靠、重量减轻。

(2) 配电系统：又称飞机配电线路系统，包括导线组成的电网、各种配电器件及监控和检查仪表。

(3) 用电系统：包括电动机、仪表、照明系统、加热设备等几类。电动机用于启动发动机、操纵控制面、为液压机构提供动力源；仪表用电是机上要求最高的电源，要求供压稳定；照明系统满足机内操作和夜间航行时机外灯光的各种需要；加热设备主要用于防冰和厨房食品加温。

2) 航电系统

飞机电子系统：为完成飞行任务所需要的各种机载电子设备，主要分为通用系统(包括无线电通信、导航、飞行控制、综合显示、雷达等)和专用系统(电子战、敌我识别等)。

(1) 无线电通信系统：由发射机、接收机、天线、电源、控制盒、送话器(或电键)和受话器组成，用于飞机间的通信联系。

(2) 导航系统：用于确定飞机瞬时位置，并引导飞机沿着一定的航线飞行。导航系统按获得导航信息的方式不同，可分为无线电导航、惯性导航、卫星导航等多种类型。

(3) 飞行控制系统：用来全部或部分地代替飞行员控制和稳定飞机的角运动和重心运动，改善飞行品质。该系统具有自动驾驶仪功能，并能实现航迹控制、自动导航、地形跟随等多种功能。

(4) 综合显示系统：电子综合显示仪，用于集中显示飞行参数和导航信息。

(5) 雷达系统：执行不同任务的飞机装备不同功能的雷达，如射击瞄准雷达、轰炸瞄准雷达、监视雷达等。

(6) 电子战系统：用于搜索、截获、定位、记录和分析敌方电子设备辐射的电磁能量，并由计算机确定对抗方案。

(7) 敌我识别系统：用于区分敌我飞机，防止误击。

此外，随着飞机技术的不断发展，飞机电子电气系统还不断向数字化、综合化和模块化方向发展[2]。例如，A380 和波音 787 等先进飞机采用了基于开放式结构和模块化设计的综合模块化航空电子系统 (IMA)，实现了驾驶舱和客舱电子系统的全面综合，使航空电子体系更加完整和协调。

3. 飞机结构

飞机的结构复杂且精密，主要由以下几个主要部分组成。

1) 机身

机身是飞机的主体部分，连接着机翼、尾翼和起落装置等。它不仅承载着乘员、货物和各种设备，还将飞机的其他部件连接成一个整体。机身的主要材料包括铝合金、钛合金和复合材料等，这些材料的选择旨在实现轻量化与高强度的平衡。商用客机的机身通常包括前机身、中机身和后机身三个部分，其中中机身是客机机身最大的部分，机翼和发动机也固定在中机身上。

2) 机翼

机翼是飞机的关键部件之一，主要用于产生升力以支持飞机在空中飞行。它固定在机身的左右两侧，并可以安装发动机和燃油箱等设备。机翼的材料通常为铝合金，内部有许多支撑结构以确保其强度和刚性。机翼上安装有副翼和襟翼等控制面，用于实现飞机的滚转和升降等操纵动作。

3) 尾翼

尾翼包括水平尾翼 (简称平尾) 和垂直尾翼 (简称立尾)。水平尾翼由固定的水平安定面和可动的升降舵组成，用于控制飞机的俯仰运动。垂直尾翼包括固定的垂直安定面和可动的方向舵，用于控制飞机的偏转运动。尾翼的作用是保证飞机的稳定性和操纵性。

4) 起落装置

起落装置是飞机在地面停放、滑行以及起飞和降落时的主要支撑部分。它通常由减震支柱和机轮组成，有的飞机还配备浮筒或雪橇以适应不同的起降环境。起落装置还具备吸收飞机着陆和滑行时撞击能量的功能，并能在地面滑行时操纵飞机的方向。

2.1.2　状态感知参数及传感器

航空装备都是由不同类型的系统构成的，通常包括机械系统、电子电气系统等。为了对装备及其系统进行实时的状态感知，首先必须依据一定的原则对不同类型系统的状态参数进行分析和选取。通常而言，不同类型的系统具有多种反映其性能或状态变化的监测参数，对装备的性能和可靠性的影响也各有不同。武器装备状态和技术性能的变化可通过多个状态参数来表现，可分为功能参数、结构参数和响应参数三大类。典型的参数有速度、加速度、位移、扭矩、转速、功率、噪声、温度等[3,4]。

1. 机械系统

机械系统主要考虑振动、噪声、转速、压力等参数，典型的机械部件，如天线旋转底盘、齿轮传动机构、减速器、天线升降机构、旋转及锁紧机构等，在长期的使用过程中会由于形状或材料的性能、组织发生变化，丧失其既定的功能，即发生机械故障，继而技术指标发生显著改变，达不到规定的要求，如发动机功率降低、传动系统失去平衡且噪声增大、工作机构能力下降、润滑油消耗增加等。机械系统常见的损伤/失效模式有四种，即磨损、腐蚀、变形和断裂。各种损伤/失效模式均有其产生的条件、特征及判断依据，而且通常是多种模式并存。依据状态特征参数选取的原则，结合复杂武器装备机械类部件的故障模式和故障特征，可选取的用于机械系统状态监测的参数有振动、噪声、转速、液压回路压力和流量、油液参数等。

1) 振动

当机械内部出现异常时，一般都会随之出现振动增大和工作性能的变化。据统计，60%以上的机械故障都与振动有关。复杂武器装备中存在着大量旋转或往复运动的系统或部件，如发动机、传动箱、变速箱、发电机/电动机、泵/马达等，由于原始制造误差、运动部件的间隙和摩擦或者运动部件不平衡力的存在，在执行设计功能工作时，会同步产生振动，且随着部件的磨损，其表面产生的剥落、裂缝或故障会使振动进一步加剧。振动监测技术是在信号传感、信号采集和信号分析等技术综合应用的基础上，通过振动监测系统获取系统的振动状态信息，并提取故障特征值，来判别系统运行状态正常与否的一项技术。通常采用压电式振动加速度传感器、惯性式速度传感器或电涡流式位移传感器来获取装备及其关键系统执行功能时伴随表现出的振动信号。在直升机发动机和传动装置的状态评估与故障诊断中采用的振动加速度传感器已经取得了较好的结果。

2) 噪声

在武器装备生产制造和运用过程中，由机器转动、气体排放、工件撞击与摩擦所产生的噪声主要包括空气动力噪声、机械性噪声和电磁性噪声等。利用噪声信号可以对机器故障进行诊断，尤其是对发动机这类往复式机械，可以实现整体式诊断。发动机由于轴系的扭振转速的波动、载荷的变化、各气缸的状态差异、地面激励突变等，运动状态变化较大，导致发动机各部分的振动状态差异也很大。通常采用声学测量仪器来获取装备运行时产生的噪声，声学测量仪器包括传声器、声级计、频率分析仪、校准器及附件，如风罩、鼻锥无规入射校准器等。传声器是把声能转变为电能的变换器。常用的传声器有动圈式、压电式和电容式三种类型。电容式传声器具有性能稳定、频响平直、灵敏度高、体积小及对所在声场影响小的优点，所以在噪声检测中，电容式传声器得到了广泛应用。

3) 转速

转速与装备的运行状态有着非常密切的关系，它不仅表明了装备的负荷，而且当装备发生故障时，通常转速也会有相应的变化。因此，转速通常是旋转机械状态监测与故障诊断中比较重要的参数。监测旋转机械转速的方法之一是获取与转速同步的脉冲信号，工程中常用键相位传感器获取原始脉冲信号，只要测得两个脉冲的时间，就可以求得转子的瞬时转动角速度或频率。装备上常用的转速传感器根据测速原理的不同，可分为光电式传感器、磁电式传感器、霍尔传感器和激光转速传感器。

4) 液压回路压力和流量

液压回路压力和流量是反映液压设备工作特性的两个最基本参数，通常有两种方式：一是考察液压设备中压力和流量的平均值；二是考察压力和流量的瞬时值，即压力脉动和流量脉动。平均值只能从宏观上反映液压设备的工作状态，对故障不敏感。压力脉动和流量脉动则能从微观上反映液压设备的工作状态，对故障比较敏感。目前对液压回路压力和流量的测量主要采用非介入式超声波流量计和介入式涡轮流量计。

5) 油液参数

油液黏度、密度、介电常数等参数的变化，油液中不同尺寸颗粒的含量，磨损金属元素含量等，都能从不同角度反映油液自身特性和装备状态的变化；相应地，会有不同的传感器来感知这些参数的变化，为装备的状态评估提供有效的数据信息。油液中的微粒物质和油液状态包含了装备零部件磨损状况、损伤状况、工作状态及系统污染程度等多方面信息，因此对具有代表性的油液样品进行分析，便可以实现装备的不解体状态监测与故障诊断。

2. 电子电气系统

电子电气系统主要考虑温度、电压、电流等参数，电子电气系统的组成包括半导体器件、集成块、接触件、焊接件、线圈、扼流圈、变压器、电阻器和电容器等。这类部件的绝大部分故障在本质上都是由元器件失效引起的，某种程度上可以说各种元器件的失效模式就是电子电气部件的故障模式。依据状态特征参数的选取原则，结合复杂武器装备电子电气部件的故障模式和故障特征，可确定电子电气部件状态监测特征的参数主要有温度、电压和电流等[5]。

1) 温度

无论是电子电气系统中的发电机绕组、电感/电感等部(元)件，还是装备发动机的润滑油，以及液压系统的作业介质液压油，在正常工作过程中都会伴随着温度的变化，尤其是系统出现堵塞、散热效率下降等故障时，都会伴随着润滑油、液压油和电动机轴承或壳体温度的显著增高；反过来讲，温度信号可反映装备关键系统运行状态的变化。常用的温度传感器分为接触式和非接触式两大类，前者包括铂电阻式温度传感器、热电偶温度传感器、金属丝热电阻温度传感器及热敏电阻温度传感器等，后者包括红外点温仪和红外热像仪等。

2) 电流和电压

电子电气设备的主要工作参数包括发电机的电流和电压、蓄电池的工作电流和电压、装备电启动时的电流和电压等，通过对这些参数进行检测与分析，可以判断电气设备的工作状态及其性能退化情况。

3. 飞机结构

飞机结构主要考虑应力、应变等参数,飞机结构健康监测的参数多种多样,涵盖了应力与应变、温度、位移、振动、湿度与腐蚀、声学与电磁参数以及化学场参数等多个方面。这些参数的全面监测和综合分析对于保障飞机结构的完整性和安全性、评估飞机结构的健康状况、及时发现潜在损伤并制定相应的维护计划具有重要意义。

为了实现飞机结构健康监测,通常需要在结构上布置大量的光纤、应变片等传感器组成阵列或网络。这些传感器可以实时或定期地采集上述监测参数的数据,并通过先进的信号处理算法和数据分析技术来提取信号特征参数、评估结构状态、定位损伤位置并预测损伤扩展趋势。同时,还需要结合结构的物理模型和数学模型进行综合分析,以提高监测的准确性和可靠性。

1) 应力与应变

应力指单位面积上所承受的力,是评估结构受力状态的重要指标。应变指物体在受到外力作用时,其尺寸和形状发生相对变化的物理量。通过监测应力与应变,可以了解结构在受力过程中的变形情况,进而判断结构的健康状况。

2) 温度

温度是影响飞机结构材料性能和结构完整性的重要因素。通过监测结构关键部位的温度变化,可以及时发现因温度变化而引起的结构损伤或性能下降。

3) 位移

位移是指结构在受力或其他外部因素作用下产生的位置变化。监测位移可以了解结构的整体变形情况,对于评估结构的稳定性和安全性具有重要意义。

4) 振动

振动是飞机在飞行过程中不可避免的现象。通过监测结构的振动特性(如频率、振幅等),可以分析结构的动力学特性,进而判断结构是否存在损伤或故障。

5) 湿度与腐蚀

湿度是影响飞机结构腐蚀速率的重要因素。通过监测结构关键部位的湿度变化,可以评估结构的腐蚀风险,并采取相应的防腐措施。腐蚀监测包括对腐蚀损伤的直接检测,例如,通过传感器监测腐蚀产物的生成或结构材料的厚度变化等。

6) 声学与电磁参数

声学参数,如声发射信号、超声信号等,可以用于监测结构中的裂纹扩展等损伤过程。电磁参数则可以用于监测结构中的金属裂纹等损伤,因为金属裂纹会影响其电磁特性。

7) 化学场参数

在某些情况下,还需要监测结构周围的化学场参数,以评估环境因素对结构的影响。例如,通过监测氯离子浓度等参数可以评估结构在海洋环境下的腐蚀风险。

4. 新型传感技术

1) 量子传感技术

量子传感技术是当前三大量子技术领域的核心发展方向之一,是量子信息感知与获取的重要物理实现基础。量子传感技术是利用量子力学原理，特别是量子叠加态、量子纠缠等特性，实现对物理量的高精度测量和感知的技术。它基于微观粒子的量子态与待测物理量之间的耦合作用，通过测量量子态的变化来推断待测物理量的信息。

量子传感技术的发展历史悠久，其起源可以追溯到量子理论建立之前。然而，随着量子理论和信息技术的不断发展，量子传感技术的概念和技术外延也在不断拓展。特别是近几十年来，随着激光技术、非线性光学技术、半导体激光器技术等关键技术的突破，量子传感技术取得了显著进展，并逐渐从理论走向实际应用。

量子传感技术的核心在于对微观粒子量子态的制备、操控和探测。量子态制备是将微观粒子的状态转化为可用于传感的状态，例如，制备压缩态、纠缠态等特殊量子态。这通常需要利用光场、磁场、碰撞等物理手段对微观粒子进行状态初始化和初态制备。量子态操控是通过精确控制外部条件 (如光场、磁场等) 来操控微观粒子的量子态，使其按照预定的方式演化。这要求具备高精度的控制技术和设备。量子态探测是利用高灵敏度的探测设备对微观粒子的量子态进行测量，从而获取待测物理量的信息。这通常需要采用先进的探测技术和算法来提高测量精度和稳定性。

量子传感技术相比传统传感技术具有显著优势，包括更高的测量精度、更低的噪声水平和更强的抗干扰能力。然而，量子传感技术也面临一些挑战，如制备和控制量子系统的技术难度较高、对环境条件要求苛刻以及成本较高等问题。这些问题需要通过不断的技术创新和工艺改进来解决。随着量子技术的不断发展和进步，量子传感技术将在更多领域发挥重要作用。

2) 纳米传感技术

纳米传感技术是基于纳米材料和纳米技术发展起来的一种先进传感技术，是指利用纳米材料 (如纳米粒子、纳米管、纳米线、纳米薄膜等) 的特殊性质和现象，以及纳米技术制作而成的传感器[6]。这些纳米材料具有高比表面积、独特的光学性质、良好的扩散性能、良好的热导和热容性质、奇异的力学和磁学性质等特点，使得纳米传感器能够实现高灵敏度、高精度的检测和测量。

纳米传感技术的关键核心主要有以下三个方面。

(1) 纳米材料制备：制备出具有特定结构和性质的纳米材料，如纳米粒子、纳米管、纳米线等，这些材料是构成纳米传感器的基础。

(2) 纳米结构设计：通过合理的纳米结构设计，使得纳米传感器能够充分发挥纳米材料的优势，提高传感性能。

(3) 纳米技术集成：将纳米传感器与其他电子元器件进行集成，形成具有特定功能的传感器系统，以满足实际应用需求。

纳米传感器的工作原理主要基于以下纳米材料的特性和现象实现。

(1) 表面增强拉曼散射 (SERS)：纳米传感器表面的纳米颗粒可以增强周围物质的拉曼散射信号，通过监测这种增强效应，可以对环境中的微量物质进行高灵敏度的检测[7]。

(2) 量子效应：纳米材料中的量子效应，如量子点发光和电子量子隧穿效应，可用于测量和检测。通过控制纳米材料的大小和组成，可以调控其发光波长和电导率，从而实现对物质的测量和检测。

(3) 表面等离激元共振 (SPR)：纳米金属材料对光的激发会引起等离子体共振现象。当样品溶液中的分子与纳米金属表面相互作用时，共振效应会发生变化，从而可以测量样品中的浓度和性质。

(4) 气敏效应：纳米材料的表面高度敏感性使得其可以对气体进行高灵敏度的检测。纳米传感器利用纳米材料与气体分子之间的相互作用来实现气体的检测和测量。

随着纳米技术和传感技术的不断发展，纳米传感技术将朝着更加微型化、经济化、精准化、灵活化和节能化的方向发展。具体来说，未来的纳米传感器将具有更高的灵敏度、更低的功耗、更小的尺寸和更强的集成能力，以满足更加复杂和多样化的应用需求。同时，随着新型纳米材料和纳米技术的不断涌现，纳米传感技术的应用领域也将不断拓展和深化。

2.2　智能传感器

2.2.1　智能传感器的主要类型及实现途径

目前，智能传感器的实现是沿着传感技术发展的三条途径进行的：① 利用计算机合成，即智能合成；② 利用特殊功能材料，即智能材料；③ 利用功能化几何结构，即智能结构。

1. 基于智能合成的智能传感器

智能合成表现为传感器装置与微处理器的结合，这是目前的主要途径。

按传感器与计算机的合成方式，目前的传感技术沿用以下三种具体方式实现智能传感器[8]。

1) 非集成化实现

非集成化智能传感器是将传统的基本传感器、信号调理电路、带数字总线接口的微处理器组合为一个整体而构成的智能传感器系统。这种非集成化智能传感器是在现场总线控制系统发展形势的推动下迅速发展起来的。自动化仪表生产厂家原有的一套生产工艺设备基本不变，附加一块带数字总线接口的微处理器插板，并配备能进行通信、控制、自校正、自补偿、自诊断等的智能化软件，从而实现智能传感器功能。这是一种最经济、最快速建立智能传感器的途径。

2) 集成化实现

集成化智能传感器是采用微机械加工技术和大规模集成电路工艺技术，利用硅作为基本材料来制作敏感元件、信号调理电路以及微处理器单元，并把它们集成在一块芯片上构成的。集成化实现使智能传感器达到了微型化、结构一体化，从而提高了精度和稳定性。

3) 混合实现

要在一块芯片上实现智能传感器系统存在着许多棘手的问题。根据需要与可能，可将系统各个集成化环节 (如敏感单元、信号调理电路、微处理器单元、数字总线接口) 以不同的组合方式集成在两块或三块芯片上，并装在一个外壳里。

2. 基于智能材料的智能传感器

基于智能材料的智能传感器是传感技术与智能材料相结合的产物，它们共同形成了一种具有高度智能化的传感系统。基于智能材料的智能传感器是指利用智能材料 (具有感知、计算和反馈能力的材料) 的特性，如形状记忆、电致变形、磁致变形等，与传感技术相结合，实现对物理量 (如温度、压力、应力、应变等) 的智能感知、处理和反馈的系统。其原理是基于智能材料的应力-应变关系、弹性模量变化、介电常数变化等特性。基于智能材料的传感器通过将这些物理量的变化转化为电信号或数字信号，并基于内置的处理单元 (如微处理器或数字信号处理器) 进行滤波、放大、校准等处理，来提高数据的准确性和可靠性。最终，处理后的数据被输出给用户或其他系统，用于监测、控制或决策。

基于智能材料的智能传感器能够自主感知并响应外界环境的变化，实现智能化的监测和控制功能。这种高度智能化的控制模式使得传感器在复杂环境中具有更强的适应性和可靠性。同时，由于智能材料对外界刺激的响应速度快，能够实时感知并将其转化为可量化的信号，提高了传感器的灵敏度和准确度。而内置的处理单元能够对原始数据进行优化处理，进一步提升了数据的准确性。智能材料具有形状记忆、电致变形等多种特性，这使得基于智能材料的智能传感器能够实现多参数、多维度的感知和测量。未来的传感器将能够同时感知多个物理量，并提供更加全面和准确的数据反馈。加之部分智能材料具有较高的耐磨、耐腐蚀等特性，能够在恶劣环境下长时间稳定工作，延长了传感器的使用寿命。此外，智能材料还具有良好的可塑性和柔韧性，能够满足不同形状和工作环境的需求。

3. 基于智能结构的智能传感器

通过选择具有特定功能的材料，并结合优化的几何结构，可以设计出具有高性能、高可靠性和高稳定性的传感器[9]。基于智能结构的智能传感器设计中，功能材料的选择和应用至关重要。在设计过程中，选择具有特定物理、化学或生物特性的功能材料实现对特定环境参数的高灵敏度、高选择性检测，在此基础之上，通过对传感器结构进行合理的几何设计，优化传感器的敏感元件与被测对象之间的相互作用，提高传感器的灵敏度和响应速度。主要的智能结构优化设计的方法有微结构设计和阵列化设计两种。

1) 微结构设计

微结构设计是指将传感器的功能材料以金字塔形、微柱形、微球形等微结构形式进行设计构建，增加传感器功能材料和被测对象之间的接触面积，从而提升传感器的检测精度和灵敏度。

2) 阵列化设计

阵列化设计是指将多个传感器元件以阵列形式排列，可以实现对空间分布参数的多点检测。这种设计不仅提高了传感器的检测精度，扩大了其覆盖范围，还增强了传感器的抗干扰能力和稳定性。

在实际的传感器设计中往往采用上述两种设计方法的结合，例如，智能压力传感器通过在柔性基底或介电层上构建微结构 (如金字塔形、微柱形、微球形等)，来增加活性层的接触面积，在压力作用下能产生较大的电阻或电容变化率。同时，结合阵列化设计开展传感器元件的设计，实现对压力分布的高精度、高灵敏度检测。这种传感器在结构健康监测领域具有广泛的应用前景。

基于智能结构的传感器设计是智能传感器的实现路径之一，是将功能材料和几何结构优化相结合的一种综合设计方法，旨在提升传感器的性能，并扩大其应用范围。随着材料科学和微纳加工技术的不断发展，这种设计方法将在更多领域得到应用和推广。

2.2.2　智能传感器的技术基础

1. 微机电系统

微机电系统 (micro-electro-mechanical systems，MEMS) 是一种融合了微电子和机械工程技术的微型器件和系统，是指通过微型传感器、执行器、控制器等元件，实现机械结构与电子系统的微型化、集成化和智能化的技术[10]。MEMS 技术起源于 20 世纪 60 年代，随着微电子技术、微机械加工技术的不断进步，MEMS 技术得到了快速发展。如今，MEMS 技术已成为世界瞩目的重大科技领域之一，涉及电子、机械、材料、物理学、化学、生物学、医学等多种学科与技术[11]。与传统的传感器相比，基于 MEMS 技术设计的传感器器件体积小、重量轻，通常尺寸在微米或毫米级别。同时通过将多个功能单元集成在一块芯片上，可以提高系统的可靠性、稳定性和响应速度，降低传感器功耗，从而实现高效、精准地控制和测量。

2. 智能材料

智能材料是一种能感知外部刺激，进行判断并适当处理且本身可执行的新型功能材料。作为继天然材料、合成高分子材料、人工设计材料之后的第四代材料，智能材料是现代高技术新材料发展的重要方向之一，它将支撑未来高技术的发展，使传统意义下的功能材料和结构材料之间的界线逐渐消失，实现结构功能化、功能多样化。

智能材料具有多种功能特征，主要包括传感功能、反馈功能、信息识别与积累功能、响应功能、自诊断功能、自修复功能和自适应功能。这些功能使得智能材料能够感知环境 (包括内环境和外环境) 刺激，对之进行分析、处理、判断，并采取一定的措施进行适度响应。

智能材料根据功能特征可以划分为感知材料和响应/驱动材料两大类，应用于智能传感器的主要是智能材料中的感知材料。顾名思义，感知材料即为对外界的刺激具有感知作用的材料。感知材料种类繁多，包括电感材料、光敏材料、湿敏材料、热敏材料、气敏材料、光导纤维、声发射材料、形状记忆材料、磁致伸缩材料、压电材料、电阻应变材料等，不同种类的材料可支持不同种类传感器的制造。例如，光敏材料特制参数随外界光辐射或温度变化而明显改变，可用于实现电磁波谱的选择特性、复合材料的强度特性检测等；形状记忆材料具有"记忆"效应，能在加热升温后恢复变形前的原始形状，可用于温度的检测；压电材料可响应施加的机械应力产生电荷，可用于应力传感等领域。

随着材料学和制造技术的不断进步，智能材料的发展趋势将更加高性能化、多功能化、复合化、精细化和智能化。未来，智能材料将在更多领域得到广泛应用，为人类社会带来更多创新和改变。

2.2.3　智能传感器的发展趋势

1. 系统化

系统化指不把传感器或传感技术作为一种单独器件或技术考虑,而是按照信息论和系统论要求,应用工程研究方法,强调传感器或传感技术发展的系统性和协同性。

将传感器置于信息识别和处理技术的一个重要组成部分,将传感技术与计算机技术、通信技术协同发展,并且必须系统地考虑传感技术、计算机技术、通信技术之间的独立性、相容性、依存性。而智能网络化传感器正是这种发展趋势的主要标志之一。

2. 微型化

在自动化和工业应用领域,要求传感器本身的体积越小越好。

传感器的微型化是指敏感元件的特征尺寸为毫米 (mm)、微米 (μm)、纳米 (nm) 级。这类传感器具有尺寸上的微型性和性能上的优越性、要素上的集成性和用途上的多样性、功能上的系统性和结构上的复合性。

微型化的传感器不仅仅是其特征尺寸的缩微或减小,更是一种有新机理、新结构、新作用和新功能的高科技微型系统。其制备工艺涉及 MEMS 技术、IC 技术、激光技术、精密超细加工技术等。

3. 数字化、智能化

随着现代化的发展,传感器的功能已突破传统的功能,其输出不再是单一的模拟信号,而是经过微机处理后的数字信号,有的甚至带有控制功能,这就是所说的数字传感器[12]。

传感器的智能化是指传感器具有记忆、存储、思维、判断、自诊断等人工智能功能。技术发展表明:数字信号处理器将推动众多新型下一代传感器产品的发展。随着 5G 通信、大数据、AR、VR、云计算等技术的发展,以及机器人自动驾驶、人工智能等新技术的应用,世界从原有的电子时代进入智能时代,传感器也迎来一个新的智能化时代。

智能传感器广泛应用于消费电子、新型高端汽车、工业检测与控制、智能医用、智能农业、智能交通等领域。

美国圣何塞的 Accenture 实验室研究出一种称为"智能尘埃"的传感器。该传感器极其微小,能测量温度、湿度、光等参数,该传感器中嵌入了微处理器、软件代码、无线通信系统,可以喷洒到树上或其他物体上,当检测到异常时,能发出信号,对所在地区进行监测。

4. 微功耗无源化

传感器多为非电量向电量的转化,工作时离不开电源,在野外现场或远离电网的地方,往往用电池或太阳能供电,研制微功耗的无源传感器是必然的发展方向,既能节省能源,又能提高系统寿命。

5. 网络化

网络化是指传感器在现场实现 TCP/IP 协议，使现场测控数据就近登录网络，在网络所能及的范围内实时发布和共享信息。要使网络化传感器成为独立节点，关键是网络接口标准化。目前已有"有线网络化传感器"和"无线网络化传感器"。

无线传感器网络是由布设在无人值守的监控区内具有通信与计算能力的微小传感器节点组成，根据环境自主完成指定任务的"智能"自治测控网络系统。无线传感器网络是一种测控网络。

6. 高精度化

随着自动化生产程度的提高，对传感器的要求也在不断提高，必须研制出灵敏度高、精确度高、响应速度快、互换性好的新型传感器以确保生产自动化的可靠性。

7. 高可靠性、宽温度范围

传感器的可靠性直接影响到电子设备的抗干扰等性能，研制高可靠性、宽温度范围的传感器将是永久性的方向。发展新兴材料 (如陶瓷) 传感器将很有前途。

2.3 感知传感器网络及优化

2.3.1 传感器网络概述

随着传感技术和计算机网络技术的进步，包括网络接口、信号处理技术的发展，开发具有网络接口的智能状态感知传感器，并把它们组网用于分布式测量与控制已成为可能并逐步升温。通过把多个智能传感器联网，可以组成高精度、功能强大的机上状态感知网络，而且成本低，安装配置、升级和维护方便。随着智能化、网络化水平的不断提升，传感器网络的状态感知能力越来越强大，使其具备更加完备的监测能力，在飞行器智能诊断领域有了越来越广泛的应用。

传感器网络[13] 是由一组传感器以有线或无线方式构成的状态感知网络，其目的是协同地感知、采集和处理传感器系统覆盖的监测范围中感知对象的信息，并发布给观察者。从上述定义可以看到，传感器、感知对象和观察者是传感器网络的 3 个基本要素；有线或无线是传感器之间、传感器与观察者之间的通信方式，用于在传感器与观察者之间建立通信路径；协同地感知、采集、处理、发布感知对象的信息是传感器网络的基本功能。

典型的传感器网络结构由主控计算机、传感器总线与总线控制器以及传感器节点组成。主控计算机通过传感器总线控制器与传感器总线上的多个节点通信并实现上层监控和决策功能。每个节点包含一个或多个传感器/执行器以及总线接口模块，节点间的通信方式可以是对等的 (peer-to-peer) 或主从的 (master-slave)。传感器总线控制器主要管理总线上的通信，比如，设置节点上传感器的采样速率以及周期性地诊断与检测传感器工作状态等。传感器总线是一种标准的双向数据与控制总线，针对不同的具体应用而种类繁多，常称作设备级控制网、现场总线以及现场网络等。

得益于信息技术的飞速发展，特别是传感技术、计算机技术和通信技术的不断进步，各种传感器的功能不断增强，应用范围不断拓宽，传感器网络领域不断吸收这些最新的技术，逐渐在向更高效的系统、更小的体积、更简单的连接、更低的成本发展。20 世纪 50 年代以来，传感器网络经历了三个比较明显的发展阶段。

第一代传感器网络是由传统传感器组成的测控系统，采用点对点传输的接口规范，如二线制 4~20mA 电流和 1~5V 电压标准。这种系统曾经一度在测控领域广为应用，但由于其布线复杂、成本昂贵、抗干扰性差，已逐渐淡出市场。

第二代传感器网络是基于现场总线的传感器网络。现场总线是智能化现场设备和主控系统之间全数字、开放式、双向的通信网络。现场总线技术利用数字信号代替了传统的 4~20 mA 模拟信号，大大减少了传感器与主控系统的连线以及通信带宽，有效降低了系统成本与复杂度，特有的分层体系结构实现了分布式智能。

第三代传感器网络是现在正蓬勃发展的新一代传感器网络，是由大量分布式传感器节点组成的面向任务的网络，它结合智能传感技术、现代网络及通信技术、分布式信息处理技术等多领域技术，由智能传感器对目标进行实时监测及嵌入式信息处理，并通过无线通信网完成自动化的感知。

传感器网络与通常的计算机网络最大的不同在于，一个传感器节点由它的空间位置和传感器类型来共同确定，而一个普通的计算机网络节点只由唯一标识符确定。而且传感器网络具有更好的容错性、实时性和对环境变化的自适应能力。与传统传感器和传统测控系统相比，传感器网络具有明显的优势。它采用点对多点的传感器总线甚至无线连接，大大减少了电缆连线，在传感器节点端即合并了模拟信号调理、数字信号处理和网络通信功能，节点具有自检功能，系统性能与可靠性明显提升而成本明显缩减。

2.3.2 飞行器常用的传感器网络总线

随着电子技术的发展，传感器网络总线技术也不断地发展和完善，呈现出种类繁多、各具特色的局面。现代飞行器智能诊断系统较为常用的几种传感器数据传输总线分别为 ARINC429 总线、RS-422 总线、1553B 总线等，而比较新型的总线有 AFDX 总线。下面简要介绍以上几种常用总线。

1. ARINC429 总线

ARINC429 是一种航空电子总线，是美国航空无线电公司 (ARINC) 制定的航空数字总线传输标准[14]，定义了航空电子设备和系统之间相互通信的一种规范。它将飞机的各系统间或系统与设备间通过双绞线互连起来，是各系统间或系统与设备间数字信息传输的主要路径，是飞机的神经网络。该规范是在 ARINC419 的基础上立草的，但又独立于 ARINC419。过去许多航空设备采用的航空电子总线种类各异 (ARINC453、ARINC461/568、ARINC573、ARINC575、ARINC582)，很难互相兼容。现代飞机电子系统要求各机载航空设备使用统一的航空电子总线，以方便系统集成。ARINC429 就是在这种需要下形成的规范。ARINC429 具有接口方便、数据传输可靠的特点。

ARINC429 总线目前已经是航空领域应用最广泛的航空电子总线，例如，空中客车公司的 A310/A320、A330/A340 飞机,波音公司的 727、737、747、757 和 767 飞机等使用的都是 ARINC429 总线。另外,ARINC429 也在导弹、雷达等领域得到了应用。

2. RS-422 总线

RS-422[15] 全称是"平衡电压数字接口电路的电气特性",它定义了接口电路的特性,是由美国电子工业协会 (EIA) 制定并发布的。RS-422 由 RS-232 发展而来,为解决 RS-232 通信距离短、容易产生电平偏移、抗干扰能力差、速率低等问题,RS-422 定义了一种平衡通信接口,将传输速率提高到 10 Mbit/s,传输距离延长到 4000 ft (1 ft = 0.3048 m)(速率低于 100 Kbit/s 时),并允许在一条平衡总线上连接最多 10 个接收器。RS-422 是一种单机发送、多机接收的单向、平衡传输规范,被命名为 TIA/EIA-422-A 标准。

RS-422 具有通信硬件成本低、通信距离远、抗干扰性能强等特点,所以在远距离点对点通信、一对多通信中得到广泛的应用。例如,在航电各个系统内部的各个模块之间的串口数据传输有很大一部分通过 RS-422 总线来完成。

3. 1553B 总线

1553B 总线 (时分式指令/响应多路传输总线) 是一种广播式分布处理的计算机网络,如图 2-1 所示,网络上可挂接 32 个终端,所有的终端共享一条消息通路,任一时刻网络中只有一个终端在发送消息,传送中的消息可以被所有终端接收,实际接收的终端通过地址来识别。网络结构简单,终端的扩展十分方便,任一终端 (除总线控制器外) 的故障都不会造成整个网络的故障,总线控制器则可以通过备份来提高可靠性。但是网络对总线本身的故障比较敏感,因此通常采用双冗余度总线。

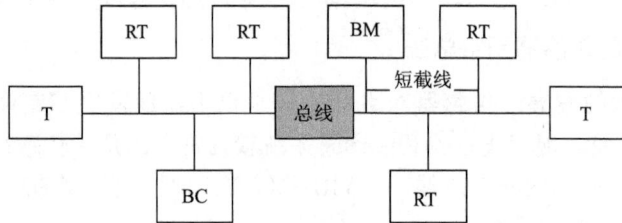

图 2-1 1553B 总线结构

在以 MIL-STD-1553B 总线为架构的综合航空电子系统中,MIL-STD-1553B 总线系统控制着系统的功能、各个分系统的工作方式、信息流的变化、故障的处理与显示、系统通信的重构,实时检查每一个分系统的运行状态。许多飞机航空电子系统的信息综合及功能是各个分系统通过 MIL-STD-1553B 总线系统的通信实现的。

1553B 总线在航空电子总线网络中占有重要的地位。它是联合式航空电子系统的支柱,20 世纪 70 年代以后的军用飞机几乎都采用了 1553B 总线来连接机载电子设备。在美国最新型的第四代战机 F-22、F-35 中,尽管倡导综合式航空电子,在飞机管理和外挂物管理等子系统中仍然使用该总线。不仅在航空电子,它在舰船、坦克装甲车、导弹和卫星等平台上也都有广泛的运用。我国以 1553B 总线为基础,于 1987 年颁布了与美军标 MIL-STD-1553B 相应的标准 GJB289A-97。20 世纪 90 年代,1553B 数据总线在我国开始应用，并在第三代战机中作为飞机内部的数据传输总线。

4. AFDX 总线

AFDX (avionics full duplex switched ethernet，航空电子全双工交换式以太网) 是为在航空子系统之间进行数据交换而定义的一种协议 (IEEE 802.3 和 ARINC664Part7) 标准，是在 ARINC429 和 1553B 基础之上的一种总线通信协议规范 (ARINC664)[16]。

1) AFDX 网络的性能和协议

AFDX 网络的主要性能如下。

(1) 网络：多终端的不同参数通过一个配置表，这个配置表在启动时加载入交换机。

(2) 全双工：物理互连介质是双绞线，它的发送和接收通道是分开的。

(3) 交换网络：采用星型布局结构，管理方便，容易扩展，星型网络虽然需要的线缆比总线型多，但布线和连接器比总线型要便宜。此外，星型拓扑可以通过级联的方式很方便地将网络扩展到很大的规模。每一个交换机最多能连接 24 个终端。而交换机又可以通过级联来构建更大的网络。

(4) 特定性：网络通过采用虚拟链路和固定带宽，采用特定的、点对点的网络 (该网络是模拟确定性，点对点网络，通过使用虚拟链路，并保证带宽)。

(5) 冗余性：双通道设计提供了比单通设计更高的可靠性。

(6) 性能：这个网络使用 10 Mbit/s 或者 100 Mbit/s。默认的模式是 100 Mbit/s。

AFDX 网络各层依据的协议如下。

(1) 物理及链路层：以太网协议 (IEEE 802.3 标准)。

① 物理介质，用于传输计算机之间的以太网信号。

② 介质访问控制规则。

③ 以太帧，由一组标准比特位构成，用于传输数据。

(2) 网络层：IP 协议。

数据都以 IP 数据包格式传输，对 IP 提供不可靠 (unreliable)、无连接 (connectionless) 的数据包传送服务。

(3) 传输层：UDP 协议。

UDP 是一个简单的面向数据包的传输层协议：进程的每个输出操作都正好产生一个 UDP 数据包，并组装成一份待发送的 IP 数据包。UDP 是面向非连接的协议，它不与对方建立连接，而是直接把数据包发送过去。

(4) Virtual Link(虚拟链路，VL)。

VL 是一个概念上的通信对象。VL 定义了一个逻辑上单向的连接，从一个源终端系统到一个或多个目的终端系统。每个 VL 在逻辑上是隔离的，每个 VL 都有专门的带宽 (由系统集成者分配确定)，在有效的带宽内相互不影响。

在航电系统，AFDX 终端一定需要通过一个 VL 进行以太帧的交换。可以说 VL 是 AFDX 的通信基础。

(5) Flow/Traffic Control(流速/流量控制)。

在终端系统的输出中，每个特定的虚拟链路的流速/流量受到系统集成者的规划控制，VL 的流速/流量与 BAG(bandwidth allocation gap)、JITTER 及帧的最大长度 (L_{max}) 相关。提供两个类型的航空电子通信服务：Sampling 和 Queuing (取样和队列)。

Sampling：信息长度小于或等于 VL 的有效负荷长度，不支持 IP 分片，支持组播或单播。旧的信息将被新的信息覆盖。

Queuing：信息长度最大为 8KB，支持 IP 分片，在发送和接收过程中采用 FIFO 方式管理信息。队列满后，新的信息将被丢弃。提供兼容网络的访问服务：SAP Port(服务访问点)。

2) AFDX 网络的应用

AFDX 网络是大型运输机和民用机载电子系统综合化互联的适宜解决方案，是一种既能够满足信息综合强度和实时性，又能够兼顾多代既有的航电设备，还能够稳步地过渡到先进的航空电子体系结构的开放式网络互联技术。

2.3.3 传感器组网及布局优化

飞行器智能诊断系统的设计是一个系统工程。该系统所监控的飞行器由成百上千个系统和部件组成，部件间的相互耦合决定了飞行器故障的多层次性，一种故障由多层次的原因导致，故障和现象之间没有一一对应的因果关系。由于在不同时刻不同状态的监测数据是不可重复的，因此用某一传感器或某一检测参数直接判断飞行器飞行过程中发生的故障是不可靠的。

在实际开展飞行器智能诊断系统的传感器网络设计的过程中，需要根据各个系统/部件的故障监测、诊断及健康管理需要布置如振动、温度、压力、转速、电压、磁屑探测等各种类型的传感器，实现对飞行器各系统的状态与功能监测，以保证飞行器智能诊断系统功能的实现[17]。

因此，传感器的安装与布局直接关系到智能诊断系统能否正确、有效地实现对飞行器的监测、诊断以及预测分析，如何安装传感器并优化布局对于飞行器智能诊断系统设计是一个非常重要的内容。

飞行器智能诊断系统的传感器布局需要对整体层面进行考虑，同时结合相关联系统的影响参数来综合判断，其关注的传感器问题不仅是位置和数量的优化，更主要的是传感器逻辑结构的优化，例如，当多个安装在不同位置的同型号的传感器同时反映某一系统的某部位状态参数时，如果传感器传来不同的结果，如何判断系统/部件是正常的还是发生故障，其实质就是需要明确传感器的逻辑结构。

对于传感器布局这一关键问题，可以概括为一个覆盖问题。对于不同的感知模型和应用需求，需要达到的覆盖要求各有不同。布局问题一般需要考虑：一是达到较好的感知效果；二是要使用尽量少的感知节点。

合理的优化方法是实现传感器组网及布局优化的重要环节，优化算法在其中对网络感知质量和求解速度都起着至关重要的作用。优化方法的确定首先需考虑哪些因素影响传感器数量与布局，其次需分析这些因素对传感器数量与布局的影响，最后在影响因素的基础上制定合理的优化流程以实现布局优化方法设计。

图 2-2 为实现传感器布局优化的技术途径，首先开展传感器数量及位置的优化工作，

在各个系统的健康标尺、可靠性分析和结果、振动能量分布、模态向量矩阵等分析基础上，获得初始传感器的检测向量，基于有效独立 (EI) 法缩减检测向量，并基于模态保证准则 (MAC) 法优化缩减后的检测向量，实现初步传感器数量和位置的优化，进而考虑传感器检测率、虚警率、冗余设计、效益代价分析等因素，进行传感器系统逻辑关系的静态优化和动态优化，最终实现传感器整体布局的优化。

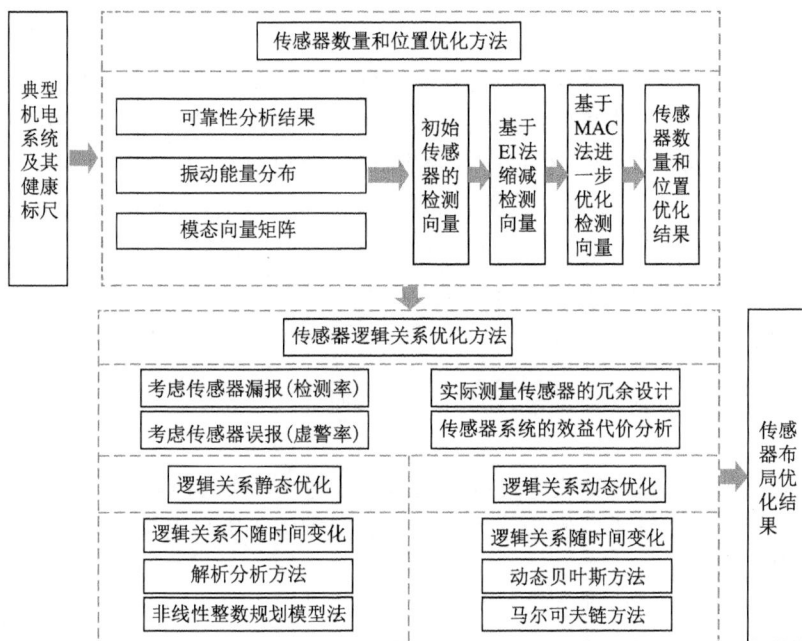

图 2-2 传感器布局优化技术途径

根据影响因素分析，传感器布局优化是一个约束性优化设计问题。基于约束性优化设计理论思想，拟采用建立传感器可行的安装区域集合，对可行的安装区域进行分析，根据约束进行剔除与综合的方式实现传感器最优数量与位置的确定。具体过程如下。

(1) 建立可行的安装区域集合。

传感器布局优化的原始数据为传感器安装区域集合，结合可行安装位置、传感器与监测对象的距离约束，缩小原始数据范围为可行安装区域集合。首先。通过对可行安装位置影响因素的考虑，建立传感器可行安装区域；其次，对可行安装区域进行离散化；最后，建立可行安装区域集合。

(2) 分析可行安装区域。

在可行安装区域集合的基础上，考虑测量死区，确定各飞行状态下各监测参数的不可测区域，并将其排除在传感器安装区域集合外，进而对所获得的安装区域按照一定的规律进行合并。

(3) 确定数量。

在参数不可测约束的基础上，通过对传感器安装区域的不同组合进行判断，以传感器数量最少的情况下，满足参数测量连续性约束为条件，确定传感器数量。

(4) 确定安装位置。

在传感器数量初步确定的情况下，以满足总虚警率、故障监测率等指标要求为约束，确定最优的传感器安装位置。

本 章 小 结

本章深入探讨了智能感知技术在飞行器领域的应用。首先介绍了状态感知技术的基本概念，包括对飞行器运行状态的实时监测和分析，以及如何通过传感器网络收集关键参数。然后详细讨论了状态感知技术的发展，包括先进传感器的应用、数据融合、智能化处理和集成化服务。这些技术的发展为飞行器的健康监测和故障诊断提供了强有力的支持。接着讨论了智能传感器的主要类型及实现途径、技术基础和发展趋势，包括MEMS 技术和智能材料的应用，以及传感器网络的优化。最后深入分析了感知传感器网络及优化，包括传感器网络概述、飞行器常用的传感器网络总线、传感器组网及布局优化，这些内容对于构建高效、可靠的飞行器智能感知系统具有重要意义。

思 考 题

2.1 状态感知技术通过哪些方式对飞机运行状态进行实时监测和分析？

2.2 飞机状态感知技术中的传感器网络是如何集成和协同工作，以实现各种运行状态参数收集的？

2.3 在机械系统中，发动机系统各个子系统 (如转子系统、进气系统等) 的工作原理是什么？它们的正常运行状态参数范围是如何确定的？

2.4 在电子电气系统中，电气系统和航电系统是如何相互协作以确保飞机正常运行的？在状态感知方面有哪些关键参数和技术？

2.5 机械系统中，针对磨损、腐蚀、变形和断裂等常见损伤/失效模式，如何通过振动、噪声、转速等参数进行有效的状态监测和故障诊断？

2.6 传感器网络的三个发展阶段 (第一代、第二代、第三代) 各有什么特点？第三代传感器网络在飞行器智能诊断领域的应用优势体现在哪些方面？

参 考 文 献

[1] 严林芳, 马双云, 叶军晖, 等. 智能化民用飞机概述[J]. 民用飞机设计与研究, 2017(3): 130-134.

[2] 徐新丽, 万会兵. 先进通用飞机航电系统概述[J]. 航空电子技术, 2015, 46(2): 32-35.

[3] 白俊杰, 张坤, 崔彦勇. 飞机飞行控制系统参数多目标优化设计研究[J]. 航空计算技术, 2014, 44(2): 91-94,101.

[4] 王宏霞, 王守方. 飞机电气系统参数测试标准实施中问题分析[J]. 航空标准化与质量, 2000(4): 35-39.

[5] 郭弘, 吴腾, 罗斌. 量子传感 (I): 基础理论与方法[J]. 物理, 2024, 53(4): 227-236.

[6] BOGUE R. Nanosensors: a review of recent research[J]. Sensor review, 2009, 29(4): 310-315.

[7] YAMAMOTO M. Surface plasmon resonance (SPR) theory: tutorial[J]. Review of polarography, 2002, 48(3): 209-237.

[8] 韦文山, 李海华. 基于多传感器信息融合的智能机器人的研究[J]. 制造业自动化, 2011, 33(4): 88-90, 105.

[9] 龙勇, 张志利, 郭晓刚. 一类基于智能传感器的分布式测试体系研究[J]. 控制工程, 2007, 14(S3): 125-127, 130.

[10] MISHRA M K, DUBEY V, MISHRA P M, et al. MEMS technology: a review[J]. Journal of engineering research and reports, 2019, 4(1): 1-24.

[11] JUDY J W. Microelectromechanical systems (MEMS): fabrication, design and applications[J]. Smart materials and structures, 2001, 10(6): 1115-1134.

[12] 尤政. 智能传感器技术的研究进展及应用展望[J]. 科技导报, 2016, 34(17): 72-78.

[13] 王文光, 刘士兴, 谢武军. 无线传感器网络概述[J]. 合肥工业大学学报 (自然科学版), 2010, 33(9): 1416-1419,1437.

[14] FUCHS C M, SCHNEELE A S. The evolution of avionics networks from ARINC 429 to AFDX[J]. Innovative internet technologies and mobile communications (IITM), 2012, 65.

[15] 朱烈光. 浅谈 RS-422 与 RS-485 总线[J]. 高科技与产业化, 2010, 16(3): 81-82.

[16] 杨峰, 洪元佳, 夏杰, 等. AFDX 网络技术综述[J]. 电子技术应用, 2016, 42(4): 4-6,10.

[17] 苏勋文, 王少萍, 朱冬梅, 等. 直升机中减速器谐响应分析与传感器优化布局[J]. 北京航空航天大学学报, 2011, 37(9): 1049-1053.

数据处理与特征提取技术

数据处理与特征提取是开展故障诊断的核心和基础,合适的特征提取技术是实现飞行器关键部件故障特征挖掘与准确诊断的关键。然而如何通过数据处理和故障特征提取来开展故障诊断呢?首先需要对数据进行预处理,包括数据清洗、数据转换等,提高数据的质量;然后通过不同的方法对信号的频域、时频域特征进行分析,提高数据的信息密度。对于微弱的特征信号,基于内积匹配原理构造相适应的稀疏表示模型,实现微弱特征信号的高保真提取与表征。在此基础上,通过信息融合方法可以提高故障诊断的准确性和可靠性。

3.1   数据处理与特征提取概述

数据预处理 (data preprocessing) 是数据分析的重要环节,是在数据挖掘前对数据进行的一些处理。通常多参量监测数据可以分为正常数据、非正常数据和"脏"数据。正常数据和非正常数据都能反映设备的真实运行状态,是飞行器故障诊断与状态评估的依据。"脏"数据则严重影响数据质量,可以分为冗余数据、缺失数据与错误数据三类,具体说明如下[1]。

1. 冗余数据

冗余数据是指数据中不必要地存储相同信息的现象,例如,时刻 t 对应的监测记录中出现重复属性等。冗余数据可能是由随机干扰、代码错误等原因产生的。冗余数据额外占用存储资源,且可能造成数据冲突,对相同价值的数据重复分析也会增加计算量并影响实时性。

2. 缺失数据

缺失数据是在数据采集过程中未被获取或遗漏的数据,一般是由传感、传输或存储环节的干扰因素产生的,在监测数据中一般反映为 None、N/A、Null 等特殊码或者空白。缺失数据使设备监测数据出现时序中断,影响状态评估的准确性。

3. 错误数据

错误数据表现为严重偏离样本规律或数据模式的数据点，或时间序列上的孤立点与孤立簇等，通常是由传感、传输或存储环节的干扰因素产生的，错误数据往往容易与设备的非正常数据混淆。

除了"脏"数据的存在，大规模的多源数据一般还存在不一致性、低信噪比等特点，这类数据无法进行数据挖掘，或挖掘结果不尽如人意，难以直接用于飞行器的故障诊断或状态评估。因此需要在数据挖掘之前进行数据预处理，从而提高数据的质量。

信号特征提取是实现故障诊断的重要手段。工程实践表明，不同类型的部件故障在动态信号中会表现出不同的特征波形，并且随着损伤程度的发展，这些特征波形也会发生变化。近年来，广泛使用的傅里叶变换、短时傅里叶变换和小波变换等都是基于内积原理的特征表征方法，其采用与特征信号波形相似的基函数进行信号分解，从而更好地提取特征信号[2]。稀疏表示方法是过去 20 年来信号处理领域中一个非常引人关注的研究领域，稀疏表示方法通过超完备字典将信号转换到稀疏域，进而通过最少原子来逼近特征信号。稀疏表示方法具有强抗干扰能力和特征信号高保真提取等优点。

本章首先介绍数据预处理，阐述异常值检测及修复方法，以提高数据的质量；然后逐一说明特征提取方法，包括频域特征、时频域特征等；接着阐述微弱特征信号提取与增强方法，包括小波分析方法、小波变换的稀疏特征提取技术等，并在此基础上介绍这些方法在故障诊断中应用的工程案例；最后介绍信息融合方法。

3.2　数据预处理

数据预处理是在数据挖掘或主要分析前，针对状态监测信号中的"脏"数据进行的处理操作，主要包括数据清洗、数据转换等。

3.2.1　数据清洗

数据清洗，顾名思义就是剔除大数据中的"脏"数据以提高数据质量。目前数据清洗主要应用于金融、零售、医疗、交通和电网等设备监测数据处理领域。图 3-1 所示是设备监测数据清洗通用框架[1]：首先检测数据中的异常值并进行标记；然后对异常值进行分类，判断异常值属于"脏"数据还是表征装备非正常运行状态的数据；最后对甄别出的"脏"数据进行清洗，包括冗余数据剔除、缺失数据填充、错误数据修正等。

1. 异常值检测

异常值检测方法主要分为两类：一类是基于统计分析的异常值检测方法；另一类是基于机器学习的异常值检测方法。

1) 基于统计分析的异常值检测方法

基于统计分析的异常值检测方法的基本思想是在样本数据集中，通常正常数据存在于模型高概率分布的区域内，而异常值存在于低概率分布的区域内。常用的基于统计分析的方法包括基于拉依达准则和箱线图的异常值检测方法[3]。

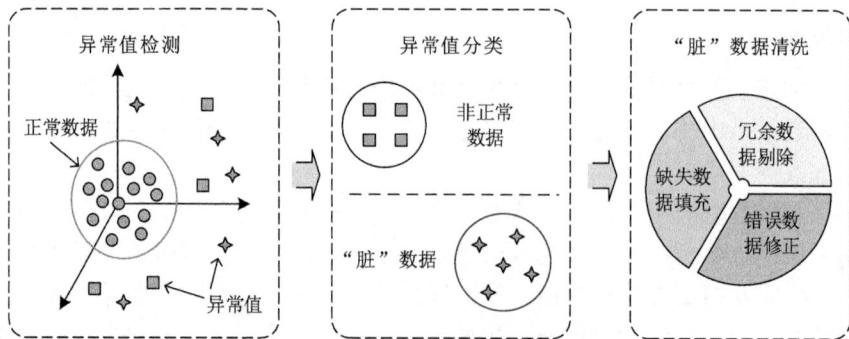

图 3-1　设备监测数据清洗的通用框架

拉依达准则也称为 3σ 准则，基于该准则检测异常值的一般步骤为：首先假设样本数据集符合正态分布，并计算出样本数据集的均值 μ 和标准差 σ；然后确定样本数据的置信区间 $(\mu - 3\sigma, \ \mu + 3\sigma)$，如果经过判断样本数据不属于这个区间，则认为该样本数据属于异常值。对于样本数据集 $x_i(i = 0, 1, \cdots, N)$，其均值 μ 表示为

$$\mu = \frac{1}{N} \sum_{i=0}^{N-1} x_i \tag{3-1}$$

标准差表示为

$$\sigma = \sqrt{\frac{\sum\limits_{i=0}^{N-1} (x_i - \mu)^2}{N}} \tag{3-2}$$

如果样本数据集 x_i 符合正态分布或类正态分布，则其概率密度函数如图 3-2 所示，其中 p 是概率密度函数 $f(\hat{x})$ 在对称区间内的面积，代表了测试样本落在该区间内的概率。可以看到，分布在置信区间 $(\mu - 3\sigma, \ \mu + 3\sigma)$ 内的概率为 99.73%，因此小于 $\mu - 3\sigma$ 或大于 $\mu + 3\sigma$ 的分布概率不到 0.3%，据此可以识别不符合数据整体分布规律的异常值。图 3-3 是基于拉依达准则异常值检测的仿真算例，通过观测可以发现，对于符合正态分布且异常值数量较少 (此时异常值对样本数据集的均值和标准差影响较小) 的样本数据集，基于拉依达准则的方法能够很好地检测出样本数据集中的异常值。

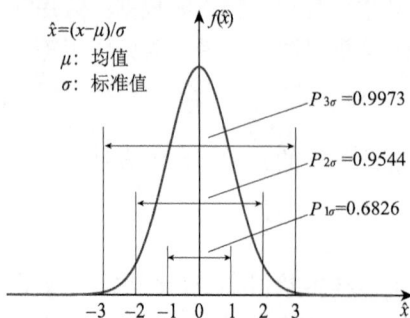

图 3-2　拉依达准则示意图

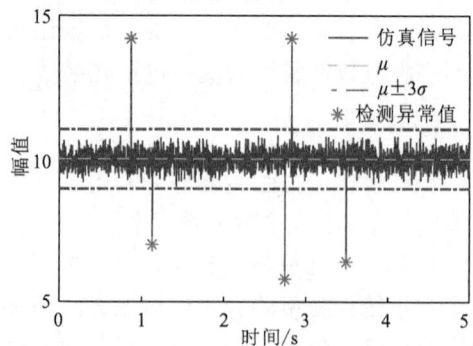

图 3-3　基于拉依达准则的异常值检测仿真算例

基于箱线图的异常值检测是另一个广泛应用的基于统计分析的检测方法。箱线图也称为箱型图、盒式图或箱须图，是一种能够反映样本数据集离散状态的统计图。它将样本数据排序后分为四个部分，对应的三个分位包括下四分位数 Q_1、中位数 Q_2、上四分位数 Q_3。下四分位数 Q_1 是指位于排序后数据序列 25% 位置处的数；中位数 Q_2 是指位于排序后数据序列中间位置处的值，如果数据序列中有偶数个数据，则是中间两个数的平均值；上四分位数 Q_3 是指位于排序后数据序列 75% 位置处的数。由此能够计算出样本数据的上限 $T_{\max}$ 和下限 $T_{\min}$，表示为

$$
\begin{aligned}
T_{\max} &= Q_3 + 1.5\left(Q_3 - Q_1\right) \\
T_{\min} &= Q_1 - 1.5\left(Q_3 - Q_1\right)
\end{aligned}
\tag{3-3}
$$

图 3-4 是箱线图的示意图，箱线图可以直观地反映样本数据的离散程度及对称性。当箱线图很短时，表明样本数据主要集中在很小的范围内；而当箱线图很长时，意味着样本数据比较分散，数据间的差异比较大。利用箱线图进行数据清洗时，一般将位于箱线图上限和下限以外的数据判定为异常值。图是基于箱线图检测数据异常值的仿真算例，可以看到，箱线图虽然能够直观显示样本数据的分布偏态，但不能提供数据分布偏态和尾重程度的精确度量；同时，对于批量较大的数据，箱线图反映的形状信息将变得模糊。

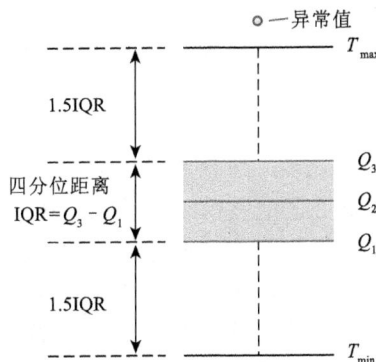

图 3-4　箱线图的示意图

2) 基于机器学习的异常值检测方法

基于机器学习的异常值检测是一种利用算法从数据中自动识别异常或离群点的方法，设备监测数据中正常状态的数据分布特性在空间聚拢，而异常数据则表现为空间中的离群点或异常数据簇。这种检测方法通常的步骤包括：首先是数据特征选择，通常选择有助于异常值检测的特征，或者去除无关特征以提高模型的性能；其次是机器学习模型的选择，根据数据特性及异常值的类型，选择合适的机器学习模型；然后是模型的训练，使用大量正常数据训练模型，以便学习正常数据的模式和分布；最后是异常值评分及识别，根据模型为每一个数据分配一个异常值分数，该分数表示数据点与正常数据的偏离程度，根据异常值分数和阈值识别出数据中的异常值。基于机器学习的异常值检测方法的优势在于其可以处理复杂的数据模式和高维数据，并且可以自动从数据中学习异

常模式。常用的机器学习方法有 K-means(K 均值) 聚类、局部异常因子、孤立森林、支持向量机等。

2. 异常值修复

异常值修复是在数据清洗过程中，在准确识别"脏"数据后，为保证数据完整性和设备运行状态感知顺利进行，对被识别为异常值的数据点进行适当的处理。异常值修复的目的不是删除这些值，而是通过某种方式调整它们，使它们更加符合数据集中的一般模式，现有研究包括基于统计分析、时序预测与回归等方式修复"脏"数据。

1) 基于统计分析的"脏"数据修复

统计分析方法基于待修复数据点前后的正常数据进行修复[4]，这类方法原理简单，并假定数据遵循特定的分布模式。异常值修复时，可以通过给定值、邻近值，或该段正确数据的均值、众数、中位数等对异常值进行替代。此外，也可以通过各类插值算法对数据进行修复，如四点插值法和三次 Hermite 插值法等。这类方法的优点在于可解释性强，且对训练数据的依赖性较低。然而，这类方法也有局限性，尤其是在缺失数据连续出现或周围缺少足够的正确数据时，会限制方法的应用。

2) 基于时序预测的"脏"数据修复

飞行器的众多状态检测量 (如性能数据等) 多为时序数据，可以通过分析监测数据的时序规律，以预测方式进行异常值的修复。当监测的物理量在时间轴上的变化规律明显时，基于时序预测的异常值修复方式可取得较好的效果。常用的时序预测方法包括自回归、递归神经网络与长短时记忆网络等。

3) 基于回归的"脏"数据修复

飞行器运行状态监测物理量众多，部分监测指标之间具有显著的强相关性。利用回归分析可以揭示这些强相关指标之间的复杂映射关系。在数据修复过程中，可以将数据完整且准确的监测指标作为自变量，而将含有异常值的监测指标作为因变量，通过建立回归模型来预测并修复异常值。目前，多种机器学习技术因其出色的回归能力，已经在设备监测数据清洗领域得到广泛应用。这些技术包括支持向量回归 (SVR)、相关向量机 (RVM)、随机森林以及各种浅层神经网络等，它们都能有效识别和纠正数据中的异常值，从而提升监测数据的质量和可靠性。

3.2.2 数据转换

数据转换是数据处理和分析中的一个重要步骤，它是指将数据从一种格式或结构转换为另一种，以适应不同的分析需求或数据模型。数据转换通常涉及格式转换、结构转换、编码转换等，也包含数值标准化。这里对数值标准化进行介绍。

数值标准化是一种数据预处理技术，目的是将数据调整到一个统一的尺度上，使得不同特征的数值范围和分布特性更加一致，从而提高数据分析和机器学习模型的性能。常见的数值标准化方法包括最小-最大归一化、Z 分数标准化、小数定标归一化等。

(1) 最小-最大归一化 (min-max scaling)。最小-最大归一化是常用的数值标准化方法，其将状态监测信号的数值范围缩放到区间 $[0,1]$，这种归一化方式能够确保所有特征在模型训练中具有相同的权重。最小-最大归一化通过如下公式将状态监测信号 x 转换为归一化数据 x_{norm}：

$$x_{\text{norm}} = \frac{x - \min(x)}{\max(x) - \min(x)} \tag{3-4}$$

式中，$\min(\cdot)$ 为取最小值算子；$\max(\cdot)$ 为取最大值算子。最小-最大归一化是一种快速且有效的数据预处理技术，特别适用于数据分布相对稳定且没有极端异常值的情况。它通过线性变换将数据缩放到统一的尺度，有助于提高模型的性能和泛化能力。然而，它对异常值敏感，因此在应用此方法之前，通常需要进行异常值检测和处理。此外，如果数据集的动态性较强，可能需要重新进行归一化处理。

(2) Z 分数标准化 (Z-score normalization)，也称为标准化 (normalization)[5]。标准化将状态监测信号转换为均值为 0、标准差为 1 的标准正态分布的数据，这种转换常用于统计分析和机器学习中，使得数据的分布特性不会影响到分析结果。Z 分数标准化通过如下公式将原始信号 x 转换为标准化数据 Z：

$$Z = \frac{x - \mu}{\sigma} \tag{3-5}$$

式中，μ 为数据 x 的均值；σ 为数据 x 的标准差。Z 分数标准化是一种强大的数据预处理技术，它通过将数据转换为均值为 0、标准差为 1 的标准正态分布，消除了不同数据特征间的尺度差异，使得数据在分析时更加公正和可比。Z 分数标准化特别适用于需要进行多元统计分析或机器学习的场景，可以提高算法的收敛速度并减少对异常值的敏感性。然而，Z 分数标准化要求数据近似正态分布，如果数据不是正态分布，转换后的数据可能无法准确反映原始分布的特性。

(3) 小数定标归一化 (decimal scaling)，也称为小数点移动法[6]。小数定标归一化通过将数据的小数点移动一定位数来实现归一化，使得数据的最大绝对值小于 1，小数定标归一化的公式可以表示为

$$x_{\text{scaled}} = \frac{x}{10^k} \tag{3-6}$$

式中，x_{scaled} 为小数定标归一化后数据；x 为状态监测信号；k 为一个正整数，表示小数点移动位数，可以通过 $k = \lfloor \lg(\max(|x|)) \rfloor + 1$ 来确定，这里 $\lfloor \cdot \rfloor$ 表示向下取整。小数定标归一化是一种快速且易于实现的数据预处理方法，特别适用于数据量纲差异较大或数据范围很广的情况。它通过移动小数点的位置，将数据缩放到一个更易于处理的范围内，有助于减少数值计算中的溢出问题，并使得不同量纲的数据可以在同一尺度上进行比较。然而，小数定标归一化对数据的分布形态不敏感，可能不会保留数据的原始分布特性。

3.3　特征提取

特征提取将原始信号转换为更易于分析和处理的形式。这通常涉及从信号中提取出有助于识别、分类或理解信号的关键信息，这些信息按特征类型可以分为频域特征、时频域特征等。

3.3.1 频域特征提取

频域分析是一种通过将信号从时域转换到频域来揭示其频率特性的技术，它利用傅里叶变换等方法来分析信号的周期性和频率成分，能够提取关键的频域特征，如功率谱密度、频率峰值、频率相位、频带能量等特征，这些特征对于信号的分类、识别和分析至关重要。

1. 傅里叶变换

傅里叶变换是长期使用的频域分析工具，它用平稳的正弦波 $e^{j2\pi ft}$ 作为基函数，通过基函数与信号 $x(t)$ 的内积变换，得到其频谱 $X(f)$，即

$$X(f) = \int_{-\infty}^{\infty} x(t) e^{-j2\pi ft} dt = \int_{-\infty}^{\infty} x(t) \left(e^{j2\pi ft} \right)^* dt = \langle x(t), e^{j2\pi ft} \rangle \tag{3-7}$$

式中，"*"表示共轭；常数 $j = \sqrt{-1}$。这一变换建立了从时域到频域的分析通道，将信号分解为一系列正弦波，能够揭示出信号中存在的不同频率成分，以及每种频率成分的相对强度。经过傅里叶变换，周期性信号可分为一个或多个谐波的叠加。当周期性信号 $x(t)$ 的周期 T 趋于无穷大时，该信号可以看作非周期性信号，信号频域谱线间隔将趋于无穷小，因此非周期性信号的频谱是连续的。傅里叶变换属于线性变换，时域信号可以由其频谱 $X(f)$ 通过傅里叶逆变换进行重构：

$$x(t) = \int_{-\infty}^{\infty} X(f) e^{j2\pi ft} df \tag{3-8}$$

这里对常见的周期性脉冲信号和周期性冲击信号的频谱特点进行分析，周期性脉冲信号一般可以通过脉冲信号的周期性延拓进行构造，如式(3-9)所示。周期性冲击信号可以通过单个冲击信号沿时间轴的周期性延拓进行构造，如式(3-10)所示。

$$x_1(t) = \sum_{i=0,1,2,\cdots} \delta(t - T_0 - iT) \tag{3-9}$$

$$x_2(t) = \sum_{i=0,1,2,\cdots} A e^{-\zeta 2\pi f_n(t-iT_1)} \cdot \cos(2\pi f_n(t - iT_1)) \cdot h(t - iT_1) \tag{3-10}$$

式中，$\delta(\cdot)$ 为狄拉克函数；T_0 为首次脉冲发生时刻；T 为周期性脉冲信号时间间隔；A 为冲击响应幅值；ζ 为冲击响应幅值衰减速率；f_n 为单个冲击响应信号的振荡频率；T_1 为周期性冲击响应信号的间隔；$h(t - iT_1)$ 为阶跃函数 $h(t)$ 的时延函数。图 3-5 是式(3-10)中参数为 $A = 1$、$\zeta = 0.004$、$f_n = 200$、$T_1 = 1/20$ 时对应的周期性冲击响应信号及其频谱图。可以看到，周期性冲击响应信号的频谱能量主要集中在某一频带中，主要频率成分为围绕主峰值 f_n 两侧间隔为 $1/T_1$ 的边频带。

2. 功率谱密度函数

功率谱密度 (power spectral density，PSD) 描述了信号在频域中的功率分布，功率谱密度函数通常分为自功率谱密度函数和互功率谱密度函数。

自功率谱密度函数 $S_x(f)$ 是信号 $x(t)$ 的自相关函数 $R_x(\tau)$ 的傅里叶变换，数学表达

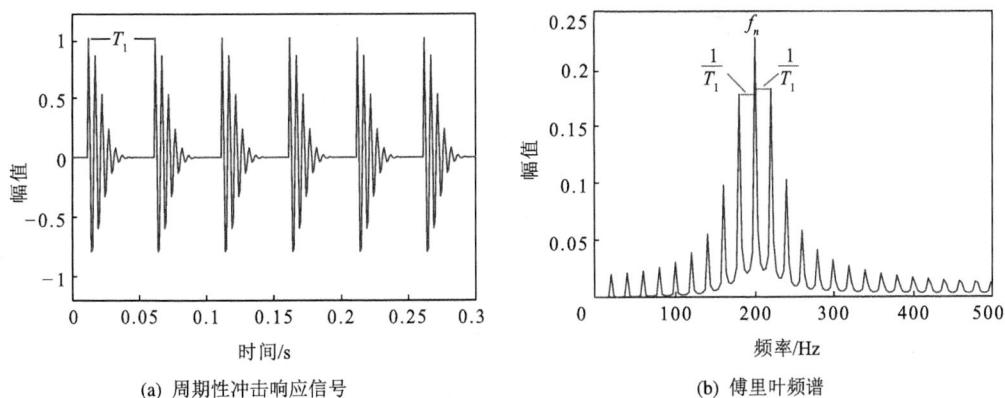

(a) 周期性冲击响应信号

(b) 傅里叶频谱

图 3-5　周期性冲击响应信号及其频谱

式如下:

$$S_x(f) = \int_{-\infty}^{\infty} R_x(\tau)\, e^{-j2\pi f\tau} d\tau \tag{3-11}$$

自功率谱密度函数是非负的实数函数,表示信号在频率 f 附近的能量密度。通过式(3-11)计算的自功率谱密度关于频率具有对称性,即满足 $S_x(f) = S_x(-f)$,一般也称为双边功率谱。实际中常用的单边功率谱在此基础上定义为

$$G_x(f) = \begin{cases} 2S_x(f), & f \geqslant 0 \\ 0, & f < 0 \end{cases} \tag{3-12}$$

图 3-6 是图 3-5 中周期性冲击响应信号的自相关函数及自功率谱密度函数,自相关函数能够增强信号中的周期性分量,进而通过自功率谱密度函数清晰地显示信号的频率特性。

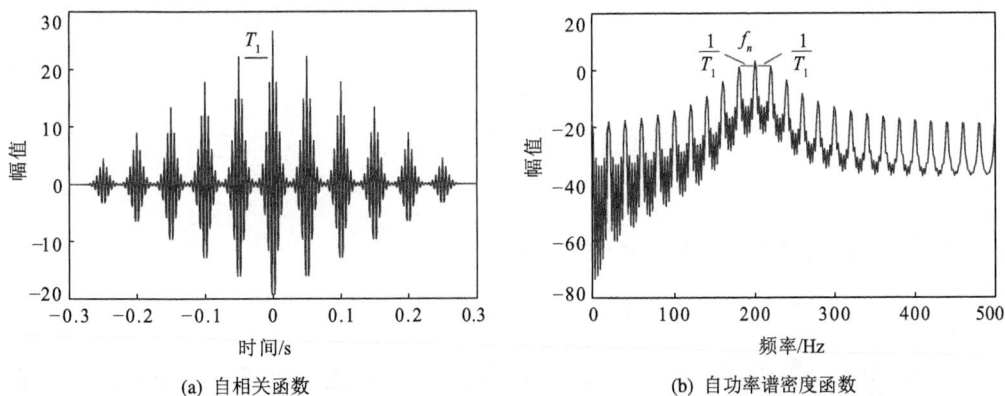

(a) 自相关函数

(b) 自功率谱密度函数

图 3-6　周期性冲击响应信号的自相关函数及自功率谱密度函数

与自功率谱密度函数的定义相似,互功率谱密度(cross-power spectral density,CPSD)函数是信号分析中用于描述两个信号之间频率特性的数学工具。互功率谱密度函数

$S_{xy}(f)$ 是两个信号 $x(t)$ 和 $y(t)$ 的互相关函数 $R_{xy}(\tau)$ 的傅里叶变换，定义为

$$S_{xy}(f) = \int_{-\infty}^{\infty} R_{xy}(\tau) \mathrm{e}^{-\mathrm{j}2\pi f\tau}\mathrm{d}\tau \tag{3-13}$$

相应地，单边互功率谱密度函数可以定义为

$$G_{xy}(f) = \begin{cases} 2S_{xy}(f), & f \geqslant 0 \\ 0, & f < 0 \end{cases} \tag{3-14}$$

3. Hilbert 变换

Hilbert 变换是一个线性算子，对于信号 $x(t)$，其 Hilbert 变换定义为

$$x'(t) = \frac{1}{\pi t} * x(t) = \frac{1}{\pi}\int_{-\infty}^{\infty}\frac{x(\tau)}{t-\tau}\mathrm{d}\tau \tag{3-15}$$

式中，"$*$" 为卷积运算。Hilbert 变换本质上是对信号 $x(t)$ 采用脉冲响应为 $h(t) = 1/(\pi t)$ 的滤波器进行一次滤波处理。从频域分析的角度看，Hilbert 变换在频域相当于一个 $90°$ 的相位移动，因而 Hilbert 变换也称为 $90°$ 移相滤波器。

Hilbert 变换可以将实信号 $x(t)$ 扩展到复平面，生成解析信号 $z(t)$，表示为

$$z(t) = x(t) + \mathrm{j}\frac{1}{\pi t} * x(t) = x(t) + \mathrm{j}x'(t) \tag{3-16}$$

Hilbert 变换可以进行信号幅度调制和相位调制的解调，进而计算信号的包络和瞬时频率。考虑一个窄带调制信号 $x(t) = a(t)\cos(2\pi f_0 t + \varphi(t))$，其中 $a(t)$ 是幅值调制信号。信号 $x(t)$ 的 Hilbert 变换为 $x'(t) = a(t)\sin(2\pi f_0 t + \varphi(t))$，则 $x(t)$ 对应的解析信号 $z(t)$ 表示为

$$z(t) = x(t) + \mathrm{j}\frac{1}{\pi t} * x(t) = a(t)\left[\cos(2\pi f_0 t + \varphi(t)) + \mathrm{j}\sin(2\pi f_0 t + \varphi(t))\right] \tag{3-17}$$

解析信号的包络为

$$|a(t)| = \sqrt{x^2(t) + x'^2(t)} \tag{3-18}$$

解析信号的相位为

$$\theta(t) = \arctan\frac{x'(t)}{x(t)} = 2\pi f_0 t + \varphi(t) \tag{3-19}$$

信号的瞬时频率可以进一步通过相位的导数求解为

$$\upsilon(t) = \frac{\mathrm{d}\theta(t)}{\mathrm{d}t} = 2\pi f_0 + \frac{\mathrm{d}\varphi(t)}{\mathrm{d}t} \tag{3-20}$$

可以看到，对于调制信号，可以通过 Hilbert 变换后的解析信号的包络实现信号幅值解调；通过解析信号相位的导数求解初始信号的瞬时频率信息。图 3-7 是图 3-5 中周期性冲击信号通过 Hilbert 变换得到的复信号、包络信号及包络谱。可以看到，通过 Hilbert 变换及包络能够实现调制信号的幅值解调，包络信号的傅里叶频谱一般称为包络谱，其主要频率成分为对应于周期性冲击信号时间间隔的分量及其谐波成分。

(a) Hilbert 变换后的复信号及包络信号

(b) 包络信号傅里叶频谱

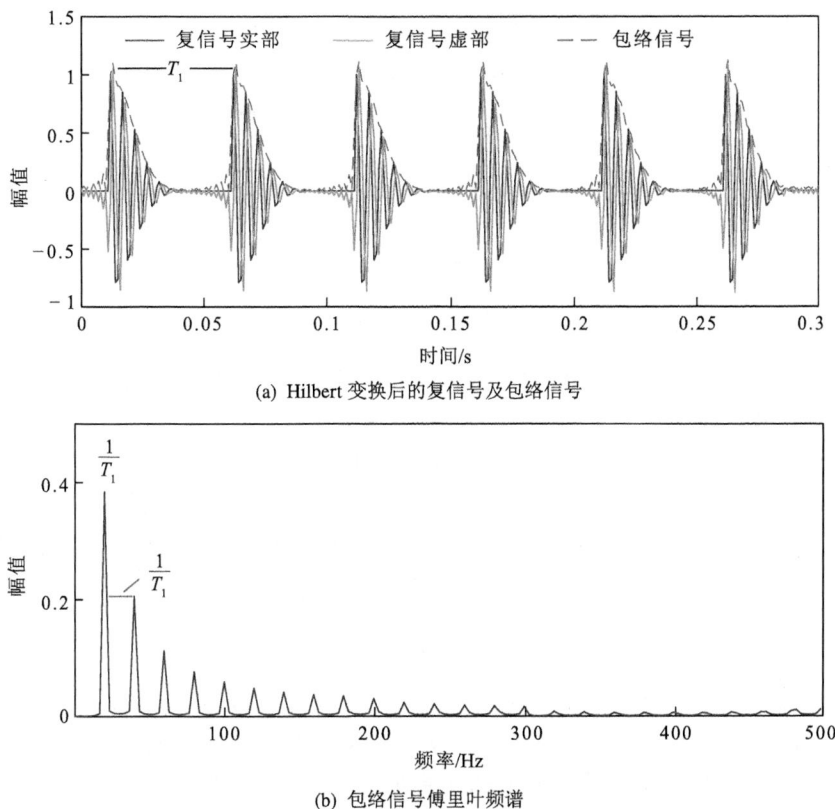

图 3-7　周期性冲击响应信号的 Hilbert 变换及包络谱

3.3.2　时频域特征提取

傅里叶变换仅适用于分析平稳信号，其只能提供信号的总体频率信息，而不能反映信号频率随时间的变化情况。时频分析技术是能够同时分析信号的时域和频域信息的工具，其对于分析频率成分随时间变化的非平稳信号特别有用。时频分析技术通过设计时间和频率的联合函数来描述信号在不同时间和频率的能量密度或强度，从而提供更全面的信号分析方法。

1. 短时傅里叶变换

如果将非平稳信号视为由一系列短时平稳信号组成，任意短时信号就可以通过傅里叶变换进行分析，这种方法称为短时傅里叶变换(short time fourier transform，STFT)，是由 Gabor 在 1946 年首次提出的[7]。

短时傅里叶变换是将连续时间信号 $x(t)$ 与一个滑动窗函数 $h(t)$ 相乘，乘积 $x(t)h(t)$ 仅保留了留在窗口 $h(t)$ 内的信号信息，如此就可以将信号分割为多个短时间的片段，如图 3-8 所示。然后对窗口化的信号片段进行傅里叶变换，就能得到该时间点的频谱，当窗函数 $h(t)$ 的中心位于 τ 时，由加窗信号的傅里叶变换就可以产生短时傅里叶变换：

$$\text{STFT}_x(\tau, f) = \int_{-\infty}^{\infty} x(t) h^*(t - \tau) e^{-j2\pi ft} dt = \langle x(t), h(t - \tau) e^{j2\pi ft} \rangle \quad (3\text{-}21)$$

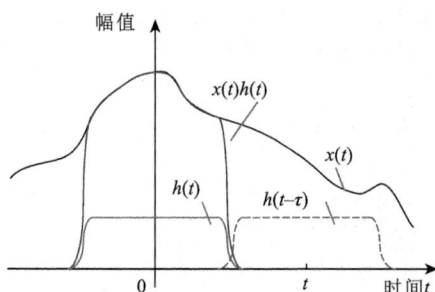

图 3-8 短时傅里叶变换示意图

短时傅里叶变换的基函数是 $h(t-\tau)\,\mathrm{e}^{\mathrm{j}2\pi ft}$，其通过基函数与信号的内积运算将时域信号映射到时频二维平面上 (τ, f)。短时傅里叶变换提供了时间-频率分辨率，通过改变窗口的大小，可以在时间和频率分辨率之间进行权衡。窗口越小，时间分辨率越高，频率分辨率越低；窗口越大，时间分辨率越低，频率分辨率越高。因此，窗函数 $h(t)$ 的选取是关键，高斯窗函数是一种常用的具有最优时间局部化的窗函数，高斯窗函数的表达式为

$$h_{\mathrm{G}}(t) = \frac{1}{2\sqrt{\pi a}}\mathrm{e}^{-\frac{t^2}{4a}}, \quad a > 0 \tag{3-22}$$

图 3-9 是不同参数下的高斯窗函数形状。窗函数的选择将决定时间分辨率 Δt 和频率分辨率 Δf，时间分辨率 Δt 反映了短时傅里叶变换区分两个时域脉冲的能力，如果两个脉冲的时间间隔大于 Δt，则这两个脉冲就能够被区分开；频率分辨率 Δf 反映了短时傅里变换区分两个纯正弦波的能力，如果两个正弦波之间的频率间隔大于 Δf，则这两个正弦波就能被区分开。

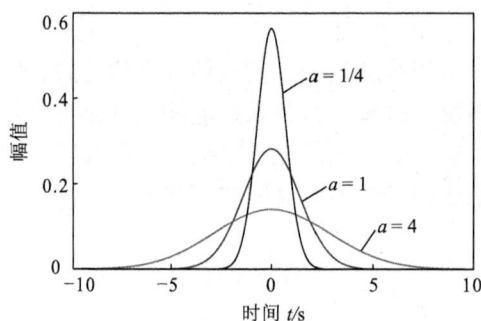

图 3-9 不同参数下高斯窗函数形状

时间分辨率 Δt 和频率分辨率 Δf 受到 Heisenberg 不确定性原理的限制：

$$\Delta f \Delta t \geqslant \frac{1}{4\pi} \tag{3-23}$$

式中，当采用高斯窗函数时，等式成立。窗函数的选择直接影响到信号分析的效果，常用的窗函数包括矩形窗、汉宁窗、海明窗、高斯窗。式(3-23)时间与频率的最高分辨率是相互制约的，当时间和频率分辨率确定时，短时傅里叶变换在整个时频面上的时频分辨率保持不变。

2. 小波变换

短时傅里叶变换是一种时频窗大小和形状固定不变的时频局部化分析工具，分析信号中高频及低频成分时所需的窗函数宽度是不同的。分析信号高频成分需要用窄时窗，而分析信号中低频成分需要用宽时窗。因而，短时傅里叶变换不能同时满足这些要求，为了解决这一问题，小波变换得到了学者的广泛关注和研究。

小波是由小波基函数 $\psi(t)$ 通过伸缩 a 和平移 b 产生的函数簇 $\{\psi_{b,a}(t)\}$，表示为

$$\psi_{b,a}(t) = \frac{1}{a}\psi\left(\frac{t-b}{a}\right) \tag{3-24}$$

式中，a 为尺度因子并满足 $a > 0$；b 是平移参数。如果 $a < 1$，则小波函数波形收缩，如果 $a > 1$，则小波函数波形伸展。系数 $1/a$ 用以保证不同尺度因子下的小波函数的能量保持不变。小波变换定义为信号与小波函数的内积，表示为

$$\mathrm{WT}_x(b,a) = \frac{1}{a}\int_{-\infty}^{\infty} x(t)\psi^*\left(\frac{t-b}{a}\right)\mathrm{d}t = \langle x(t), \psi_{b,a}(t)\rangle \tag{3-25}$$

小波变换通过改变小波函数的缩放和平移参数来实现对信号的多尺度分析，从而能够捕捉信号在不同时间和频率尺度上的特征。小波变换的本质就是以基函数 $\psi(t-b)/a$ 将信号 $x(t)$ 分解为不同频带的子信号。与短时傅里叶变换相比，小波变换提供了信号的时频局部化特征。图 3-10 对比了短时傅里叶变换和小波变换的时频窗的大小，STFT 使用固定的窗函数 (如矩形窗、汉宁窗等) 对信号进行局部化处理，然后对局部化的信号片段进行傅里叶变换，STFT 提供固定的时频分辨率，即所有频带上都提供相同的分辨率，因而其在高频部分具有较好的频率分辨率，而在低频部分时间分辨率较差。STFT 适用于分析准平稳信号，在处理快速变换的信号时效果可能不佳。小波变换使用可变尺度的小波函数，意味着小波变换可以提供多尺度的时频分辨率，能够在高频部分提供较好的时间分辨率，在低频部分提供较好的频率分辨率，这种多尺度特性使得小波变换特别适用于分析具有不同时间尺度特征的信号。

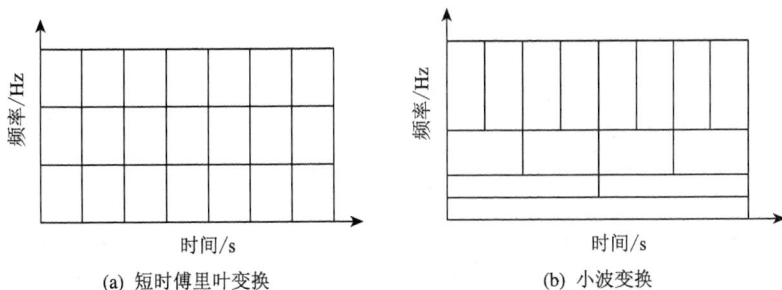

图 3-10　短时傅里叶变换与小波变换时频窗对比

(1) 连续小波变换 (continuous wavelet transform，CWT)[8]。

当尺度因子 a 和平移参数 b 在实数范围内连续变化时，式(3-25)小波变换可以提供信号在所有尺度和时间位置上的特征分析，称为连续小波变换。小波基函数 $\psi(t)$ 的选择并不唯一，很多函数都可以用作小波基函数，小波基函数的选择应该满足以下条件。

①紧支撑特性。小波基函数一般在时域具有紧支集或近似紧支集，即基函数 $\psi(t)$ 的非零值定义域具有有限的范围。

②平均值为零。满足 $\int_{-\infty}^{\infty} \psi(t)\,\mathrm{d}t = 0$ 和 $\hat{\psi}(\omega = 0) = 0$，这意味着小波基函数具有正负区间的振荡属性。

③对称性。如果小波基函数满足 $\psi(a+t) = \psi(a-t)$，则 $\psi(t)$ 具有对称性；如果小波基函数满足 $\psi(a+t) = -\psi(a-t)$，则 $\psi(t)$ 具有反对称性。

④消失矩。如果小波基函数满足 $\int_{-\infty}^{\infty} t^k \psi(t)\,\mathrm{d}t = 0\,(0 \leqslant k \leqslant m)$，则小波基函数的消失矩阶数为 m。消失矩阶数 m 描述了小波基函数的振荡性质，m 的值越大，小波基函数的振荡越剧烈。

⑤正则性。小波基函数的正则性表示小波基函数的光滑程度，正则性越高，小波基函数的光滑性越好。小波基函数的正则性影响信号重构的稳定性，具有一定正则性的小波能获得较好的重构信号。

⑥可容许条件。设小波基函数 $\psi(t)$ 的傅里叶变换为 $\hat{\psi}(\omega)$，小波基函数的可容许条件表示为

$$\int_{-\infty}^{\infty} \frac{|\hat{\psi}(\omega)|^2}{|\omega|}\,\mathrm{d}\omega < \infty \tag{3-26}$$

Morlet 小波是最常用的复值基函数，其表达式及对应的傅里叶变换分别为

$$\psi(t) = \pi^{-1/4}\mathrm{e}^{\mathrm{j}\omega_0 t}\mathrm{e}^{-t^2/2} \tag{3-27}$$

$$\hat{\psi}(\omega) = \sqrt{2}\pi^{1/4}\mathrm{e}^{-(\omega-\omega_0)^2/2} \tag{3-28}$$

式中，ω_0 是小波基函数的中心频率。为满足小波基函数的频谱在 $\omega = 0$ 时值为 0，一般选为 $\omega_0 \geqslant 5$。当参数选择为 $\omega_0 = 6$，对应的 Morlet 小波基函数及其傅里叶频谱如图 3-11 所示。

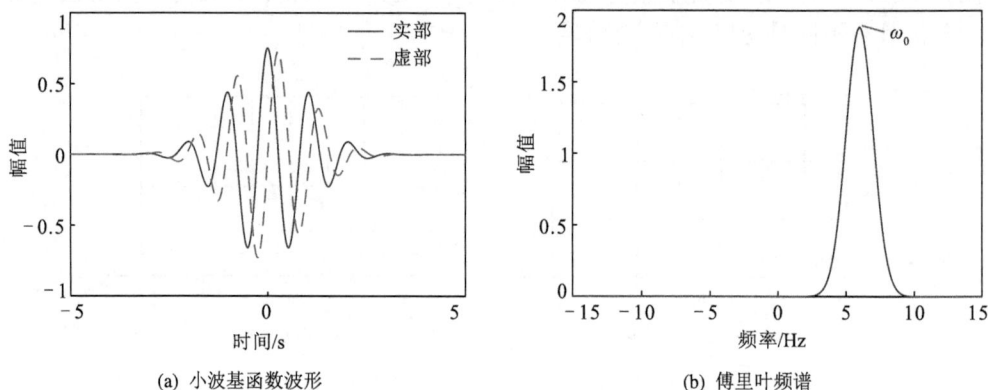

(a) 小波基函数波形　　　　　　　　(b) 傅里叶频谱

图 3-11　Morlet 小波基函数及其频谱

除了 Morlet 小波外，常用的连续小波基函数还有 Coiflets、Symlets、Mexican hat、Meyer 等。基于内积匹配原理，小波基函数与待提取的信号波形特征越相似，通过连续小波变换提取的特征越显著。这里通过连续小波变换对周期性冲击信号进行分析，对

图 3-5 中周期性冲击信号添加信噪比为 −8 dB 的高斯白噪声，进而基于 Morlet 小波基函数对含噪信号进行连续小波变换，得到的分析结果如图 3-12 所示。可以看到，周期性冲击信号在时域中完全淹没在强背景噪声中，经过 Morlet 连续小波变换得到的时频 (时间-尺度) 分布图上，由于 Morlet 小波基函数的振荡属性与冲击信号波形相似，基于内积匹配原理得到的小波分解系数将显著大于噪声信号通过连续小波变换得到的系数，因此在时频分布图上能够清晰地看到大的分解系数对应于周期性冲击信号。

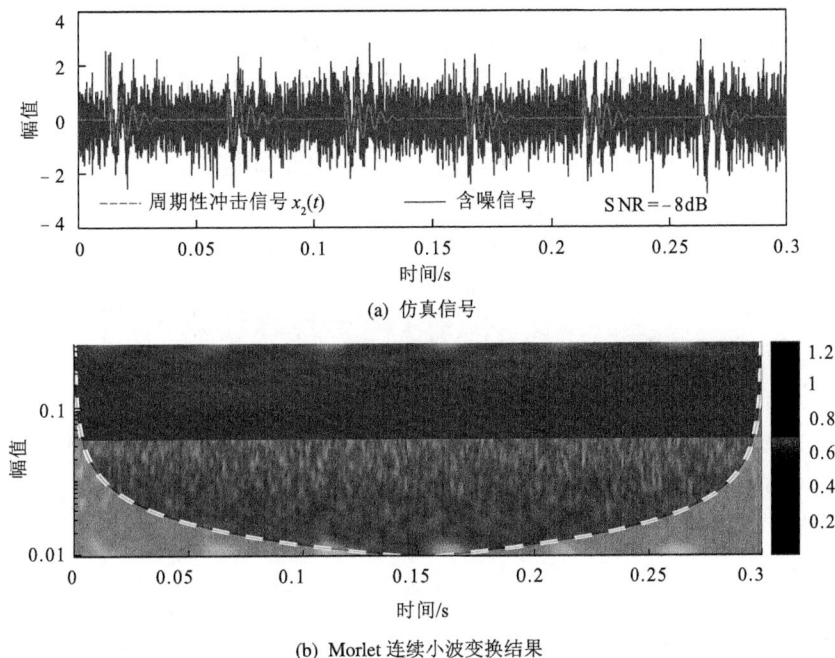

(a) 仿真信号

彩图 3-12

(b) Morlet 连续小波变换结果

图 3-12　周期性冲击含噪信号及其连续小波变换结果

连续小波变换在处理非平稳信号方面具有显著的优势，广泛用于特征信号的提取与表征。然而，连续小波变换也存在一些缺点，包括：连续小波变换的运算过程涉及所有尺度因子和平移参数下的内积运算，因而计算量较大；连续小波变换的结果依赖于所选用的基函数，同时由于尺度因子和平移参数的连续变化，分解系数存在冗余特性。

(2) 离散小波变换 (discrete wavelet transform，DWT)。

如果对小波变换中的尺度因子和平移参数进行离散化取样，就会形成离散小波变换。为了减少计算量，一般尺度因子和平移参数均选择为 2^j(j 为大于 0 的整数)，选用这种参数的小波变换称为二进小波变换，其不同尺度层上的小波基函数可以表示为

$$\psi_{j,k}(t) = \frac{1}{\sqrt{2^j}}\psi\left(\frac{t}{2^j} - k\right) \tag{3-29}$$

式中，j 和 k 都是大于 0 的整数，尺度因子和平移参数分别为 2^j 和 $2^j k$。信号通过与不同尺度层上小波基函数的内积运算，分解为不同频带的子信号，这一过程可以通过更为高效的 Mallat 算法来实现。Mallat 算法是由 S. Mallat 和 Y. Meyer 在 1986 年从空间概念上说明小波多分辨特性的算法。在多分辨分析的基础上，可以通过滤波器组实现信号的

二进离散小波变换，如图 3-13 所示。令 $d_j(k)$、$a_j(k)$ 分别为小波变换的高频细节信号和低频逼近信号，则基于 Mallat 算法存在如下递推关系：

$$a_{j+1}(k) = \sum_{n=-\infty}^{\infty} a_j(n) h_0(n-2k) \tag{3-30}$$

$$d_{j+1}(k) = \sum_{n=-\infty}^{\infty} a_j(n) h_1(n-2k) \tag{3-31}$$

式中，$h_0(k)$ 和 $h_1(k)$ 分别为对应于低通和高通的滤波器，该滤波器组与尺度层 j 无关。由此，不同尺度层上的尺度函数 $\phi(t)$ 和小波基函数 $\psi(t)$ 可表示为

$$\phi(t) = \sqrt{2} \sum_{n=-\infty}^{\infty} h_0(n) \phi(2t-n) \tag{3-32}$$

$$\psi(t) = \sqrt{2} \sum_{n=-\infty}^{\infty} h_1(n) \phi(2t-n) \tag{3-33}$$

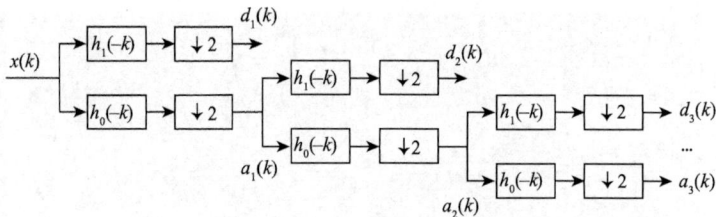

图 3-13　二进离散小波变换的分解算法

信号的重构即小波逆变换，信号的重构过程如图 3-14 所示，整个信号重构过程的公式表示为

$$a_j(k) = \sum_{n=-\infty}^{\infty} a_{j+1}(k) h_0(k-2n) + \sum_{n=-\infty}^{\infty} d_{j+1}(k) h_1(k-2n) \tag{3-34}$$

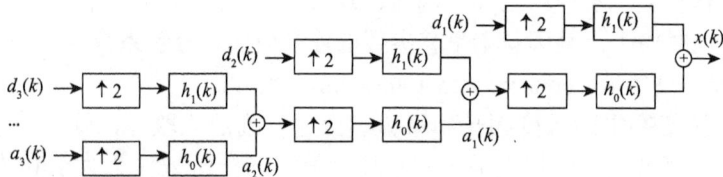

图 3-14　二进离散小波信号重构过程

Daubechies 小波函数是最常用的小波基函数之一，是由世界著名的小波分析学者 Ingrid Daubechies 构造的函数，一般简写为 db$N$，其中 N 是小波的消失矩。db$N$ 小波函数广泛应用于旋转机械冲击信号的提取。Daubechies 小波在时域是有限支撑的，即小波函数的长度为 $2N-1$；Daubechies 小波函数的频谱 $\hat{\psi}(\omega)$ 在 $\omega=0$ 处有阶零点；同时，db$N$ 小波函数和其整数位移正交归一，即满足 $\langle \psi(t), \psi(t-k) \rangle = 0 (k \neq 0)$。图 3-15 是对应

于不同消失矩 N 的 Daubechies 小波函数的波形，可以看到，随着 N 的增加，Daubechies 小波函数的支撑区间变长；小波函数的消失矩增加，小波函数的光滑性提高，小波函数的振荡性变高。

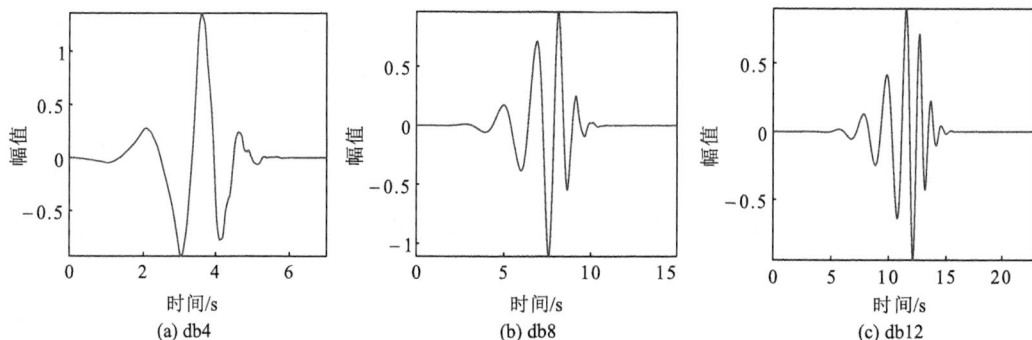

图 3-15　Daubechies 小波函数波形

通过二进离散小波变换对信号进行分解，由于尺度是按二进制变化的，因而每个尺度层上分解得到的低频逼近信号和高频细节信号会平分被分解信号的频带，二者的带宽相同。由图 3-16(a) 可以看到 DWT 对信号的分解都是对上一层得到的低频逼近信号进行再分解，而不再对高频细节信号进行分解。对低频逼近信号的逐层分解意味着对信号的频带进行指数等间隔划分，每个分解层上的小波变换具有等 Q 结构。同时由于 SWT 小波函数的正交性，因而每个尺度层上的分解频带相互独立，信息无冗余。

DWT 在每个尺度层上仅对低频逼近信号进行分解，使得高频区间的频带宽而频率分辨率低，低频区间的频带窄而频率分辨率高。为了进一步提高高频区间的频率分辨率，小波包变换 (wavelet package transform，WPT) 在全频带对信号进行多层次的频带划分，WPT 在每个尺度层上同时对低频逼近信号和高频细节信号进行分解，从而提高了高频区间的频率分辨率。图 3-16(b) 显示了小波包变换对信号频带划分的示意图。

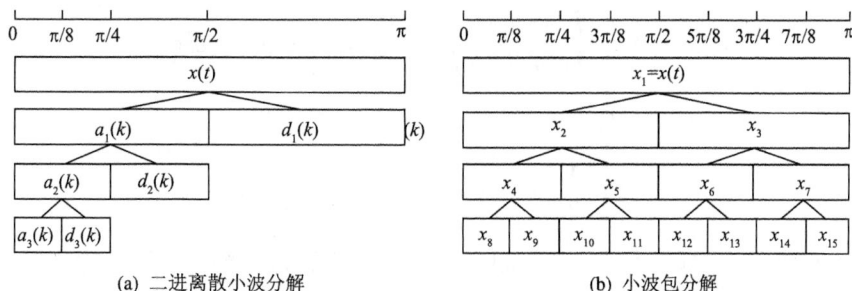

(a) 二进离散小波分解　　　(b) 小波包分解

图 3-16　二进离散小波分解和小波包分解的频带划分特性

(3) 冗余离散小波变换 (rational dilation discrete wavelet transform，RDWT)。

二进离散小波变换对信号的频带进行指数等间隔划分，由于信号的频带划分是固定的，因而每个频带上的小波函数具有等 Q 结构。这种固定的频带划分特性将限制其对冲击信号的提取，主要体现在：一是当特征信号的频谱位于 DWT 频带划分的过渡带时，特征信号通过 DWT 将被分解到不同的频带中，从而使得每个频带中信号的信噪比降低；

二是 DWT 小波原子具有固定的品质因子 (Q-factor)，因而其振荡属性是固定的，基于内积匹配原理，这将削弱 DWT 对具有不同振荡属性的特征信号的匹配与提取能力。近年来，学者提出了频带划分特性可调的冗余离散小波变换，包括可调品质因子小波变换 (tunable Q-factor wavelet transform，TQWT)、柔性解析小波变换 (flexible analytical wavelet transform，FAWT)。

①可调品质因子小波变换 (TQWT)[9]。TQWT 是通过频域构造的小波变换，其在频域进行小波原子的构造及对多尺度空间的划分网格，并通过调整品质因子 Q 来改变小波基函数的振荡特性，从而更好地匹配特征信号。品质因子 Q 定义为带通滤波器中心频率与带宽之比，Q 值越高，小波原子具有越高的振荡属性。TQWT 通过使用双通道滤波器组进行迭代，然后通过低通和高通缩放操作来实现信号的分解，如图 3-17 所示，其中 LPS 和 HPS 分别代表低通尺度伸缩采样和高通尺度伸缩采样，尺度参数分别为 α 和 β。

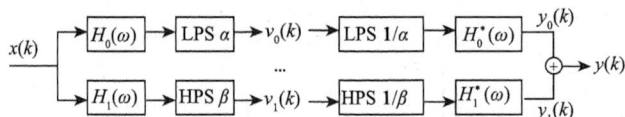

图 3-17　TQWT 信号分解与重构过程

为了实现 TQWT 的完美重构，TQWT 分解与重构算法中低通滤波器和高通滤波器的频率响应 $H_0(\omega)$ 和 $H_1(\omega)$ 分别为

$$H_0(\omega) = \begin{cases} 1, & |\omega| \leqslant (1-\beta)\pi \\ \theta\left(\dfrac{\omega+(\beta-1)\pi}{\alpha+\beta-1}\right), & (1-\beta)\pi < |\omega| < \alpha\pi \\ 0, & \alpha\pi \leqslant |\omega| \leqslant \pi \end{cases} \tag{3-35}$$

$$H_1(\omega) = \begin{cases} 0, & |\omega| \leqslant (1-\beta)\pi \\ \theta\left(\dfrac{\alpha\pi-\omega}{\alpha+\beta-1}\right), & (1-\beta)\pi < |\omega| < \alpha\pi \\ 1, & \alpha\pi \leqslant |\omega| \leqslant \pi \end{cases} \tag{3-36}$$

$$\theta(\omega) = \frac{1}{2}(1+\cos\omega)\sqrt{2-\cos\omega}, \quad |\omega| \leqslant \pi \tag{3-37}$$

式中，$\theta(\omega)$ 是具有二阶消失矩的 Daubechies 正交基的频率响应，用于构造低通滤波器和高通滤波器的过渡带，并满足信号重构条件 $|H_0(\omega)|^2 + |H_1(\omega)|^2 = 1$。TQWT 低通滤波器和高通滤波器的波形如图 3-18 所示。

TQWT 的特征参数包括品质因子 Q 和冗余度 r：品质因子 Q 反映了小波原子的振荡属性并满足 $Q \geqslant 1$，高 Q 值的 TQWT 小波原子具有更多的振荡次数；冗余度 r 为 TQWT 分解系数长度与原始信号长度的比值并满足 $r \geqslant 1$。TQWT 特征参数由滤波器组参数 α 和 β 决定：$Q = (2-\beta)/\beta$，$r = \beta/(1-\alpha)$。图 3-19 为不同品质因子 Q 下 TQWT 小波基函数波形及频带划分特性。

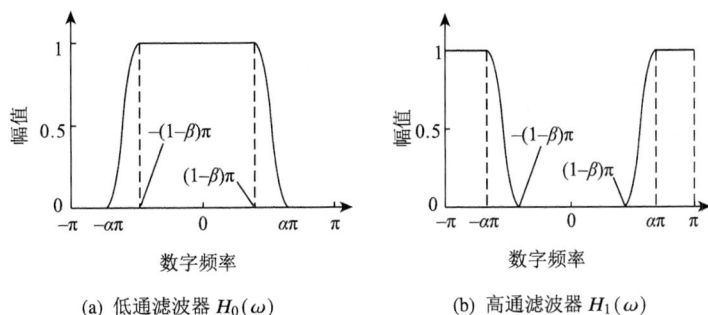

(a) 低通滤波器 $H_0(\omega)$　　　　(b) 高通滤波器 $H_1(\omega)$

图 3-18　TQWT 低通与高通滤波器频率特性

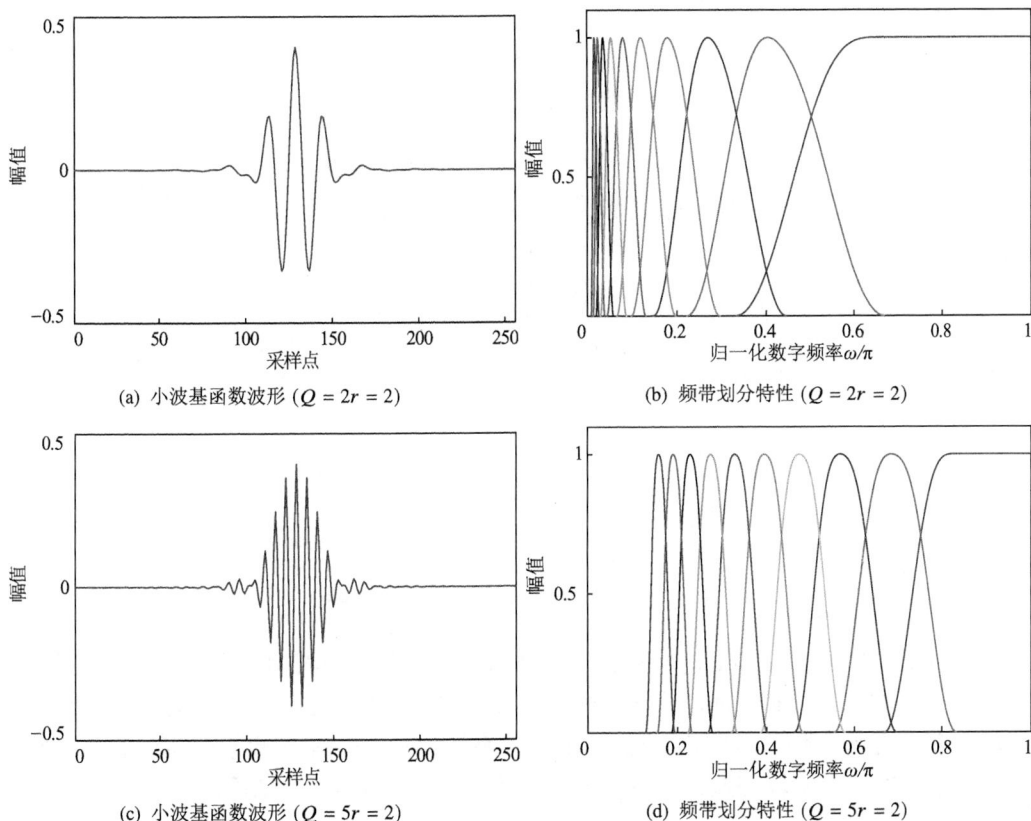

(a) 小波基函数波形 ($Q = 2r = 2$)　　　　(b) 频带划分特性 ($Q = 2r = 2$)

(c) 小波基函数波形 ($Q = 5r = 2$)　　　　(d) 频带划分特性 ($Q = 5r = 2$)

图 3-19　不同品质因子 Q 下 TQWT 小波基函数波形及频带划分特性

②柔性解析小波变换 (FAWT)[10]。柔性解析小波变换通过包含一个低通滤波器 $H(\omega)$、两个高通滤波器 $G(\omega)$ 和 $G^*(-\omega)$ 的塔形算法对信号进行分解和重构，如图 3-20 所示。对于输入信号 $x(t)$，$d_j^{\mathrm{Re}}(k)$ 是第 j 层小波分解系数的实部，$d_j^{\mathrm{Im}}(k)$ 是第 j 层小波分解系数的虚部。

FAWT 的滤波器组的频率响应特性如图 3-21 所示，其中 $\varepsilon = \dfrac{1}{32}\left(\dfrac{p-q+\beta q}{p+q}\right)\pi$；$G(\omega)$ 和 $G^*(-\omega)$ 分别为高通滤波器的正频率区间和负频率区间，并构成 Hilbert 变换

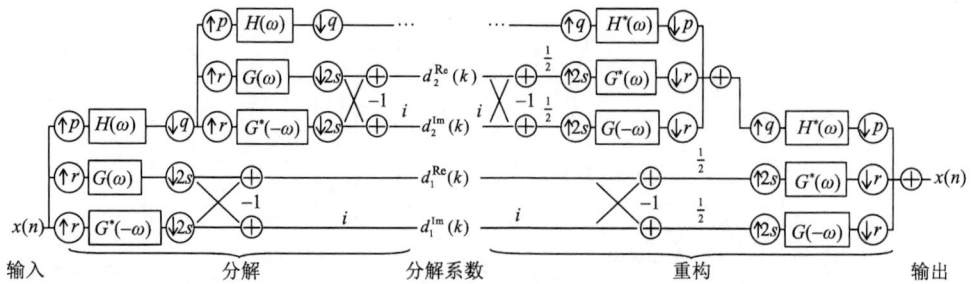

图 3-20   FAWT 信号分解和重构过程

对。p、q、r、s 是柔性解析小波变换框架中的采样参数，因而均为正整数并满足 $p \leqslant q$、$r \leqslant s$，采样参数决定了 FAWT 的冗余度为 $R = \dfrac{r/s}{1 - p/q}$。另外，参数 β 决定了滤波器频响过渡带的宽度。由 FAWT 对信号进行分解的冗余度不小于 1，低通和高通滤波器的通带无重叠，可以得到 FAWT 采样参数需满足的条件：

$$1 - p/q \leqslant \beta \leqslant r/s, \quad p, q, r, s \in \mathbf{Z}^+, \beta \in \mathbf{R} \tag{3-38}$$

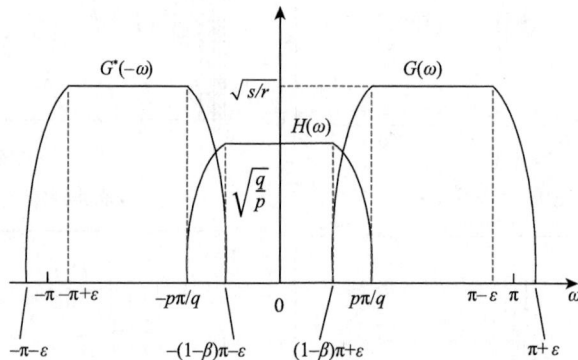

图 3-21   FAWT 滤波器组频率响应特性

通过采样参数 p、q、r、s 及参数 β，能够调整柔性解析小波的时频分布特性。图 3-22 是 FAWT 小波原子在时频面的分布特性。可以看到，FAWT 小波原子在时频面的分布与二进离散小波变换不同，FAWT 小波原子沿频率轴和时间轴的分布均是分数阶且可调的。另外，通过参数 β 能够构造出具有不同振荡属性的柔性解析小波基函数，FAWT 的品质

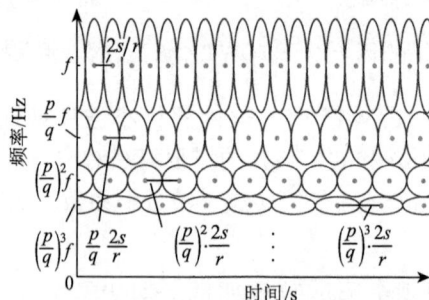

图 3-22   FAWT 小波原子时频分布特性

因子与 β 的关系为 $Q = (2 - \beta)/\beta$。FAWT 通过实部和虚部通道构造的小波基函数为复小波，因而具有相位分析和时移不变特性。这里用 $B_{p,q,r,s}$ 表示参数 p、q、r、s 下构造的柔性解析小波基函数，图 3-23 为不同参数 β 下的 FAWT 小波基函数波形及频带划分特性。可以看到，β 值越小，所构造的 FAWT 的品质因子 Q 越大，因而所构造的 FAWT 小波基函数的振荡属性越高。

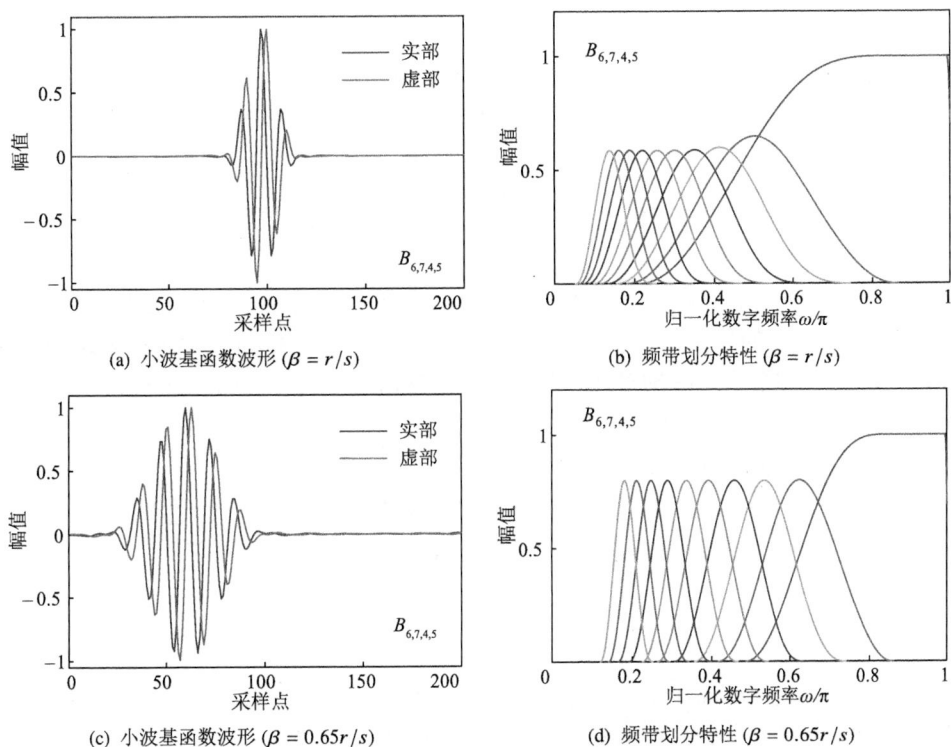

图 3-23　不同参数 β 下 FAWT 小波基函数波形及频带划分特性

3.4　数据降噪

数据降噪是数据处理中的一个重要环节，旨在减少或消除数据中的噪声，从而提高数据的质量和后续分析的准确性。数据降噪的主要方法有平滑降噪、小波阈值降噪、小波频带滤波降噪等。

3.4.1　降噪效果评价指标

1. 信噪比

信噪比 (signal-to-noise ratio，SNR) 是衡量信号强度与背景噪声强度之间强弱关系的特征量，定义为信号功率与噪声功率的比值或者信号与噪声幅值平方的比值。信噪比是衡量数据降噪程度最直观的量，信噪比越大，信号中包含的噪声越少，数据降噪效果就

越好。信噪比的单位为分贝 (dB)，一般表示为

$$\text{SNR (dB)} = 10\lg\left(\frac{P_{\text{sig}}}{P_{\text{noise}}}\right) = 20\lg\left(\frac{A_{\text{sig}}}{A_{\text{noise}}}\right) \tag{3-39}$$

式中，A_{sig} 和 P_{sig} 分别为特征信号的幅值及功率；A_{noise} 和 P_{noise} 分别为噪声的幅值及功率。对于降噪后的信号，噪声指的是降噪后的信号与特征信号的偏差。

2. 均方误差

均方误差 (mean squared error，MSE) 是衡量特征信号与降噪后信号之间偏差的特征指标，其通过计算偏差信号平方的平均值来评估降噪后信号的精度。均方误差的计算公式如下：

$$\text{MSE} = \frac{1}{N}\sum_{n=1}^{N}\left(x_{\text{sig}}(n) - x_{\text{denoised}}(n)\right)^2 \tag{3-40}$$

式中，$x_{\text{sig}}(n)$ 是无噪声的特征信号；$x_{\text{denoised}}(n)$ 是降噪后信号。MSE 越小，表明信号降噪效果越好。MSE 的单位是误差信号的平方，意味着一个较大的误差对 MSE 的影响比多个小误差的影响要大。在 MSE 的基础上，均方根误差 (root mean squared error，RMSE) 定义为 MSE 的平方根，它具有与原始数据相同的单位，对于偏差信号的评估更加稳健。均方根误差的计算公式如下：

$$\text{RMSE} = \sqrt{\frac{1}{N}\sum_{n=1}^{N}\left(x_{\text{sig}}(n) - x_{\text{denoised}}(n)\right)^2} \tag{3-41}$$

3. 平均绝对误差

平均绝对误差 (mean absolute error，MAE) 通过计算特征信号与降噪后信号偏差绝对值的平均来量化信号的降噪效果，平均绝对误差的定义为

$$\text{MAE} = \frac{1}{N}\sum_{n=1}^{N}\left|x_{\text{sig}}(n) - x_{\text{denoised}}(n)\right| \tag{3-42}$$

式中，$|\cdot|$ 为绝对值算子。MAE 是非负的，其直观地表示了降噪后信号与特征信号间偏差的平均大小。同时，MAE 与 MSE 不同，MAE 不会放大偏差的影响。

3.4.2 平滑降噪

平滑降噪技术通过局部平滑过程来实现背景噪声的降噪，旨在通过减少数据中的随机波动或噪声，同时保留数据的主要特征和趋势，来改善数据的质量。平滑降噪技术主要包括滑动平均、S-G 卷积平滑等。

1. 滑动平均降噪

滑动平均 (moving average) 是时域滤波方法，其基本原理是设置一个滑动窗，该滑动窗沿时序方向依次移动，每次移动时计算当前窗口内数据的平均值作为滤波值，从而得到滑动平均信号。为防止出现相位偏差，滑动窗一般选为对称窗 (窗口长度 N 一般选

为奇数)，滑动平均计算过程表示为

$$x_{\text{denoised}}(n) = \frac{1}{N}\left[x\left(n-\frac{N-1}{2}\right) + \cdots + x(n) + \cdots + x\left(n+\frac{N-1}{2}\right)\right] \tag{3-43}$$

滑动平均的降噪效果取决于滑动窗的长度，当窗口长度 N 过小时，信号中的噪声难以被消除；而当窗长度 N 过大时，可能将出现过平滑，即淹没有效的信号特征。

2. S-G 卷积平滑降噪

S-G 卷积平滑算法是由 Savizkg 和 Golag 提出来的，本质是在时域内基于局部最小二乘法拟合的多项式滤波方法，也称为卷积平滑。这种滤波器最大的特点在于滤除噪声的同时可以确保信号的形状与宽度不变。S-G 卷积平滑算法是滑动平均算法的改进，其关键在于矩阵算子的求解。

假设滤波窗口的长度为 $N = 2m+1$，则窗口内横坐标可以写为 $[x_{-m} \cdots x_0 \cdots x_m]$，在窗口内的数据点表示为 $[y_{-m}\ y_{-m+1}\ \cdots\ y_0\ \cdots\ y_{m-1}\ y_m]$。假设在窗口内能够通过 $k-1$ 次多项式对数据点进行拟合，即

$$y_m = a_0 + a_1 x_m + a_2 x_m^2 + \cdots + a_{k-1} x_m^{k-1} \tag{3-44}$$

因而对于窗口内的数据点，将构成 N 个方程，形成 k 元线性方程组。为确保方程组有解，应满足条件 $N \geqslant k$，得到的方程组表示为

$$\begin{bmatrix} y_{-m} \\ \vdots \\ y_0 \\ \vdots \\ y_m \end{bmatrix} = \begin{bmatrix} 1 & x_{-m} & x_{-m}^2 & \cdots & x_{-m}^{k-2} & x_{-m}^{k-1} \\ 1 & x_{-m+1} & x_{-m+1}^2 & \cdots & x_{-m+1}^{k-2} & x_{-m+1}^{k-1} \\ \vdots & \vdots & \vdots & & \vdots & \vdots \\ 1 & x_{m-1} & x_{m-1}^2 & \cdots & x_{m-1}^{k-2} & x_{m-1}^{k-1} \\ 1 & x_m & x_m^2 & \cdots & x_m^{k-2} & x_m^{k-1} \end{bmatrix} \begin{bmatrix} a_0 \\ a_1 \\ \vdots \\ a_{k-2} \\ a_{k-1} \end{bmatrix} + \begin{bmatrix} e_{-m} \\ e_{-m+1} \\ \vdots \\ e_{m-1} \\ e_m \end{bmatrix} \tag{3-45}$$

式中，$e_{-m}, e_{-m+1}, \cdots, e_{m-1}, e_m$ 为通过多项式拟合产生的误差；$a_0, a_1, \cdots, a_{k-2}, a_{k-1}$ 为待求解的参数。该方程组可以通过矩阵表示为

$$\boldsymbol{Y}_{(2m+1)\times 1} = \boldsymbol{X}_{(2m+1)\times k} \cdot \boldsymbol{A}_{k\times 1} + \boldsymbol{E}_{(2m+1)\times 1} \tag{3-46}$$

$\boldsymbol{A}_{k\times 1}$ 的最小二乘解 $\tilde{\boldsymbol{A}}_{k\times 1}$ 为

$$\tilde{\boldsymbol{A}}_{k\times 1} = \left(\boldsymbol{X}_{(2m+1)\times k}^{\mathrm{T}} \cdot \boldsymbol{X}_{(2m+1)\times k}\right)^{-1} \cdot \boldsymbol{X}_{(2m+1)\times k}^{\mathrm{T}} \cdot \boldsymbol{Y}_{(2m+1)\times 1} \tag{3-47}$$

式中，$[\cdot]^{-1}$ 为矩阵求逆；$[\cdot]^{\mathrm{T}}$ 为矩阵转置。进而窗口内数据点的滤波后值 $\tilde{\boldsymbol{Y}}_{(2m+1)\times 1}$ 为

$$\begin{aligned} \tilde{\boldsymbol{Y}}_{(2m+1)\times 1} &= \boldsymbol{X}_{(2m+1)\times k} \cdot \boldsymbol{A}_{k\times 1} \\ &= \boldsymbol{X}_{(2m+1)\times k} \cdot \left(\boldsymbol{X}_{(2m+1)\times k}^{\mathrm{T}} \cdot \boldsymbol{X}_{(2m+1)\times k}\right)^{-1} \cdot \boldsymbol{X}_{(2m+1)\times k}^{\mathrm{T}} \cdot \boldsymbol{Y}_{(2m+1)\times 1} \end{aligned} \tag{3-48}$$

3.4.3　小波阈值降噪

小波阈值降噪的基本思想是通过小波变换对信号进行分解和有选择性的重构，从而去除噪声信号，实现特征信号的提取。基于内积匹配原理，选择的小波基函数与待提取

的特征信号的波形越相似，特征信号通过小波变换得到的小波系数越大，而噪声信号与小波基函数的波形相似性越低，通过小波变换得到的小波系数越小。因而通过选择一个合适的阈值，保留信号小波分解系数中的较大值，并将较小的小波系数置零，然后进行小波逆变换，就能保留特征信号并将噪声信号滤除掉。

考虑周期性冲击仿真信号，表达式如下：

$$y(t) = y_0(t) + n(t) = \sum_{k=1,2,\cdots} h(t - kT + \delta T) + n(t) \tag{3-49}$$

$$h(t) = \begin{cases} e^{-\frac{\zeta_L}{\sqrt{1-\zeta_L^2}}(2\pi f t)^2} \cos(2\pi f t), & t < 0 \\ e^{-\frac{\zeta_R}{\sqrt{1-\zeta_R^2}}(2\pi f t)^2} \cos(2\pi f t), & t \geqslant 0 \end{cases} \tag{3-50}$$

式中，$h(t)$ 是单个冲击信号，其振荡频率为 f，其左半部分和右半部分波形的衰减速率分别为 ζ_L 和 ζ_R；$y_0(t)$ 是冲击信号 $h(t)$ 以 T 为周期通过周期延拓形成的周期性冲击信号；δ 是区间 $[-0.1, 0.1]$ 上均匀分布的随机数，代表冲击信号的随机扰动；$n(t)$ 为背景噪声信号。

当参数选择为 $f = 1800\text{Hz}$、$\zeta_L = 0.02$、$\zeta_R = 0.005$、$T = 1/45$ 时，构造的周期性冲击仿真信号如图 3-24(a) 所示。$n(t)$ 选为高斯白噪声并设置仿真信号的信噪比为 SNR $= -9\text{dB}$，所构造的仿真信号及含噪信号的时域波形与频谱图如图 3-24(b) 所示。可以看到，在时域波形中，周期性仿真信号淹没在背景噪声中，因而从时域波形中难以将该信号区分出来。

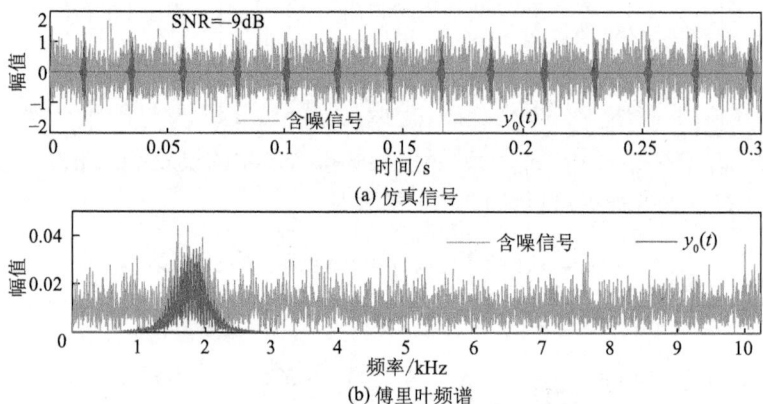

图 3-24　周期性冲击仿真信号及其频谱

考虑 Morlet 小波基函数具有振荡属性，与冲击信号的波形特征相似，因而采用 Morlet 连续小波变换对仿真含噪信号进行分解时，得到的复值小波系数的模值平方如图 3-25 所示。含噪周期性冲击信号 Morlet 连续小波变换的分解系数中，周期性冲击信号的小波系数比较显著，而噪声信号的小波系数在时频面上比较分散且模值较小。因而通过对小波分解系数进行阈值处理，即保留较大的幅值并略去较小的幅值，就能将噪声信号过滤掉。

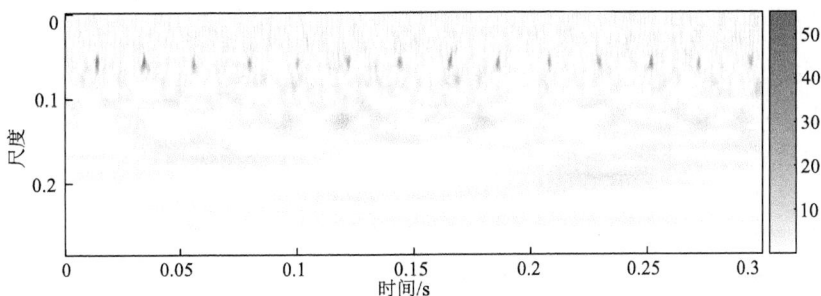

图 3-25 Morlet 连续小波分解系数

阈值处理函数指对小波系数进行过滤的函数，常用的阈值处理函数包括软阈值函数和硬阈值函数，阈值处理函数的波形如图 3-26 所示。对于小波系数 $W_{j,k}$，通过阈值处理函数处理后的系数表示为 $\hat{W}_{j,k}$，软阈值法对绝对值大于阈值的小波系数不完全保留，而是进行收缩处理，表示为

$$\hat{W}_{j,k} = \begin{cases} 0, & |W_{j,k}| < \lambda \\ \text{sgn}(W_{j,k})(|W_{j,k}| - \lambda), & |W_{j,k}| \geqslant \lambda \end{cases} \tag{3-51}$$

式中，$\text{sgn}(\cdot)$ 为符号函数。采用软阈值函数对小波系数进行处理，虽然整理连续性较好，但保留的小波系数较原值存在恒定的偏差，这将会影响重构信号与真实特征信号的逼近程度。另一类广泛应用的阈值处理函数为硬阈值函数，其将绝对值小于阈值的小波系数统一置为零，而将绝对值大于阈值的小波系数不做任何处理予以保留，其函数表达式为

$$\hat{W}_{j,k} = \begin{cases} 0, & |W_{j,k}| < \lambda \\ W_{j,k}, & |W_{j,k}| \geqslant \lambda \end{cases} \tag{3-52}$$

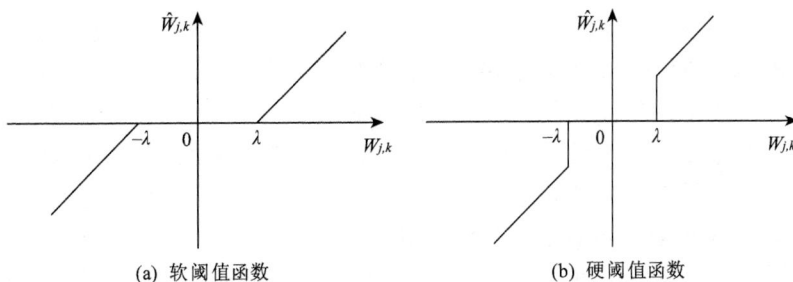

(a) 软阈值函数　　　　　　　　　(b) 硬阈值函数

图 3-26 常用的阈值处理函数波形

硬阈值函数可以很好地保留大幅值系数的真实值，从而较好地重构这些特征信号。然而，由于其收缩函数是不连续的，重构得到的信号可能会产生一些振荡。小波阈值降噪中阈值的选取对于降噪效果至关重要，当选取的阈值较小时，意味着更多的有噪声信号的分解系数会保留下来，从而重构信号中保留了较多的噪声信息；而当选取的阈值过大时，意味着部分特征信号的分解系数也会被丢弃掉，从而损伤了特征信号的信息。目

前常用的阈值选取方法包括固定阈值 sqtwolog、最小极大方差阈值 minimaxi、基于 Stein 无偏似然估计 (SURE) 的软阈值估计 rigsure、启发式阈值 heursure 等[11]。

对于图 3-25 中的小波分解系数，选择最小极大方差阈值 minimaxi，并通过软阈值函数对小波系数进行处理，进而通过 Morlet 连续小波逆变换进行信号重构，得到的降噪后信号如图 3-27 所示。可以看到，阈值降噪后的信号为周期性冲击信号，噪声信号被有效地进行了滤除，表明阈值降噪方法有效地将特征信号提取了出来；另外，降噪后信号的幅值较原特征信号的幅值要小，这是由于阈值的选取及软阈值函数使得保留下来的小波系数较真实值要小，从而损失了部分特征信号的信息。

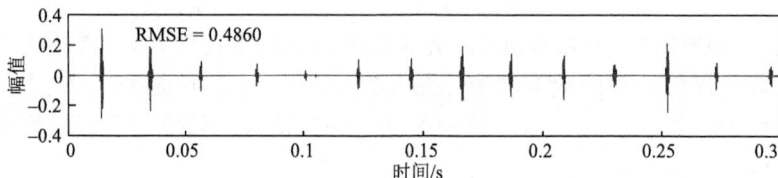

图 3-27   仿真信号连续小波软阈值降噪结果

3.4.4   小波频带滤波降噪

小波频带滤波降噪的主要思想是当特征信号的频谱聚集在某一频带，而噪声信号的频谱聚集在其他频带或为通带噪声时，将含噪信号的频谱划分为不同的频带，进而选择特征信号频谱聚集的频带进行重构就能显著提高降噪后信号的信噪比。

小波变换具有多分辨率分析能力，对信号 $x(t)$ 进行 J 层小波分解，就会得到 $J+1$ 层的分解系数，包括 J 层的小波系数和 1 层尺度系数。每一层的小波系数 (以及最后一层的尺度系数) 对应的信号往往在不同的频带上。当采用二进离散小波变换或小波包变换时，对频带的划分特性是二进的，如图 3-16 所示；当采用冗余离散小波变换时，频带划分特性是不固定和参数可调的，因而通过参数的优化能构造出与特征信号所在频带相匹配的滤波器。小波频带滤波降噪的一般流程是：首先选择合适的小波变换框架及小波基函数，小波基函数应与待提取的特征信号的波形特征相匹配；然后通过小波变换对信号进行分解，得到不同分解层上的小波系数和最后一层的尺度系数；接着对各个分解层上的小波系数和最后一层的尺度系数分别进行重构，得到各个频带的重构信号；最后从各个频带的重构信号中，选取富含特征信号的频带重构信号作为频带滤波降噪信号。需要强调的是，通过小波系数 (或尺度系数) 重构频带信号时，将所在分解层的小波系数 (或最后一层的尺度系数) 保留，而将其余层的小波系数置零，进而通过小波重算算法就能获得频带信号，重构得到的频带信号的长度与原始信号长度是相同的。

3.5   基于稀疏表示的微弱信号增强方法

信号稀疏表示的目的就是在给定的超完备字典中用尽可能少的原子来表示信号，可以获得信号更为简洁的表示形式，从而使人们更容易地获取信号中所蕴含的信息。

对于一维的离散时间信号 x，可以通过一个 $\mathbf{R}^N$ 空间中的 N 维列向量来表示。假设

$\mathbf{R}^N$ 空间内任何信号都可以通过 $N \times M$ 的基向量组 d_i 来表示，则这些基向量就构成了一个基矩阵 $\boldsymbol{D} = [d_1 \ d_2 \ \cdots \ d_M]$，这个基矩阵也称为字典，信号 x 通过字典可以表示为以下形式：

$$x = \sum_{i=1}^{M} \alpha_i d_i = \boldsymbol{D}\boldsymbol{\alpha} \tag{3-53}$$

式中，$\boldsymbol{\alpha}$ 是信号 x 在基矩阵上的投影，是一个 M 维的列向量。如果向量 $\boldsymbol{\alpha}$ 中非零值个数 K 远小于向量的维数 N，则认为信号 x 是稀疏的。另外，当 $M > N$ 时，信号 x 有无穷多个解，稀疏表示就是利用这种欠定的情形，从超完备字典中选取少量原子来表示出原始信号，从而达到信号压缩的效果。图 3-28 是信号稀疏表示的示意图，给出了信号、字典及系数矩阵间的关系。

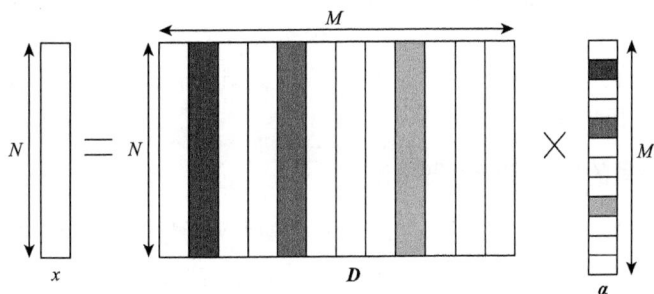

图 3-28　信号稀疏表示的示意图

由于超完备字典是冗余的，会存在很多信号分解形式，因而需要找到最优的稀疏系数来重构原始信号。上述过程可以表示为带有零范数约束的稀疏表示问题：

$$\arg \min_{\boldsymbol{\alpha}} \|\boldsymbol{\alpha}\|_0 \quad \text{s.t.} \quad x = \boldsymbol{D}\boldsymbol{\alpha} \tag{3-54}$$

式中，$\|\cdot\|_0$ 是零范数 l_0，表示向量中非零元素的个数。求解式(3-54)的问题能够转化为求解向量的最小 l_0 范数的优化问题，表示为

$$\hat{\boldsymbol{\alpha}} = \arg \min \left(\|x - \boldsymbol{D}\boldsymbol{\alpha}\|_2^2 + \lambda \|\boldsymbol{\alpha}\|_0 \right) \tag{3-55}$$

但上述优化问题是一个非凸函数求极值的问题，直接求解困难。为得到最优的稀疏系数，目前存在两种求解思路：一种是先通过松弛 l_0 范数的方法将非凸问题转化为凸函数，再进行优化，这种方法只能获得近似解；另一种是采用字典原子匹配的方法，典型的如贪婪算法等。

1) 凸优化方法

凸优化方法主要包括 FOCUSS 算法、最小绝对值收缩和选择算法(least absolute shrinkage and selection operator，LASSO) 和分裂 Bregman 迭代 (split Bregman iterative，SBI) 算法等[12]。凸优化方法将非凸的 l_0 范数最小化问题转化成凸优化问题，从而更方便地进行求解。以 l_1 范数为例，l_0 范数最小化问题可以转化成如下 l_1 范数最小化问题：

$$\hat{\boldsymbol{\alpha}} = \arg \min \left(\|x - \boldsymbol{D}\boldsymbol{\alpha}\|_2^2 + \lambda \|\boldsymbol{\alpha}\|_1 \right) \tag{3-56}$$

式(3-56)和式(3-55)的问题在 $\boldsymbol{\alpha}$ 充分稀疏且字典矩阵 $\boldsymbol{D}$ 满足一定的条件时是等价的，因此求解 l_1 范数最小化问题可以替代原来的求解 l_0 范数最小化问题。

2) 贪婪算法

贪婪算法的核心思想就是用局部优化来代替全局优化，提高算法的运算效率。该类算法都是通过一步一步增加有效列的方式来获得最接近原始信号的解。初始有效集为空集，每一步增加的列都要能够最大限度地减小有效集与原始信号之间的重构残差，当这个重构残差小于一个阈值时，结束运算。贪婪算法提供了一种求解稀疏表示解的特殊方法[12]。

通过稀疏表示方法提取和增强微弱特征信号存在两个关键问题：其一是如何构造最优的超完备字典 $\boldsymbol{D}$，如果字典与待提取的特征信号越匹配，则稀疏分解的稀疏矩阵的稀疏度就越高，特征信号就越容易提取出来；其二是系数矩阵的稀疏度函数选择及稀疏表示模型的求解方法，这也是实现特征信号高保真提取的关键。接下来分别针对正弦特征信号、周期性冲击信号、非周期性冲击信号等构造相适应的稀释表示模型，并通过算例对方法的有效性进行验证。

3.5.1　正弦特征信号的稀疏表示提取方法

正弦信号在时域是无限长的振荡信号，傅里叶基函数与正弦信号的波形特征相似，因而可以采用傅里叶基函数作为稀疏表示字典。对于含噪正弦信号 $y = y_0 + n$(其中 y_0 为正弦信号，n 为噪声信号)，通过傅里叶变换后的系数具有稀疏性，即仅有少量的非零大幅值系数，而噪声信号 n 通过傅里叶变换后的系数并不具有稀疏性。选择分解系数的 l_1 范数作为正则项，可以构造针对正弦特征信号的稀疏表示模型为

$$\min_{\boldsymbol{\alpha}} \left[F(\boldsymbol{\alpha}) = \frac{1}{2} \|y - \boldsymbol{A}\boldsymbol{\alpha}\|_2^2 + \lambda \|\boldsymbol{\alpha}\|_1 \right] \tag{3-57}$$

式中，$\|\boldsymbol{\alpha}\|_1 = \sum_i \alpha_i$ 是傅里叶分解系数的 l_1 范数；λ 是优化模型的正则项参数；$\boldsymbol{A}$ 表示傅里叶逆变换。$F(\boldsymbol{\alpha})$ 的第一项表示了通过稀疏分解系数重构信号的误差，第二项表示了稀疏分解系数的稀疏度，正则项参数 λ 反映了在整体优化目标函数中重构误差与稀疏度之间的折中。该优化问题的最优解可以通过凸优化方法 (如前向-后向分裂求解算法) 进行迭代逼近，具体求解算法如下。

算法 3-1　伪代码

1　初始化 $\boldsymbol{\alpha}^{(0)}$, $0 < \mu < \|\boldsymbol{A}\|_2^{-2}$
2　依次对于 $i = 1, 2, \cdots$
3　　$\omega^{(i)} = \boldsymbol{\alpha}^{(i)} - \mu \boldsymbol{A}^{\mathrm{T}} (\boldsymbol{A} x^{(i)} - y)$
4　　$\boldsymbol{\alpha}^{(i+1)} = \mathrm{soft}\,(\omega^{(i)}; \lambda\mu)$
5　循环结束
6　返回 $\boldsymbol{\alpha}^{(i+1)}$

在应用前向-后向分裂求解算法时，$\boldsymbol{A}^{\mathrm{T}}$ 表示采用的傅里叶变换，$\boldsymbol{A}$ 则为傅里叶逆变换，$\mathrm{soft}\,(\cdot)$ 为软阈值函数。接下来通过一个算例对该方法进行验证。考虑一个含有多个

频率成分的正弦信号 $y_0(t)$，其表达式为

$$y_0(t) = 1.8\sin(10\pi t) + 1.5\sin(16\pi t + \pi/5) + 2\sin(20\pi t + \pi/10) \tag{3-58}$$

$$y(t) = y_0(t) + n(t) \tag{3-59}$$

构造的多频成分正弦仿真信号如图 3-29 所示，考虑信噪比为 SNR = 10dB 的高斯白噪声 $n(t)$，所构造的含噪仿真信号如图 3-30 所示。进而采用 l_1 范数正则项稀疏表示方法进行分析，提取的特征信号如图 3-31 中虚线所示。

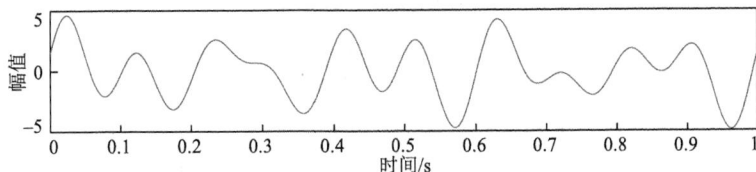

图 3-29　多频成分正弦仿真信号 $y_0(t)$

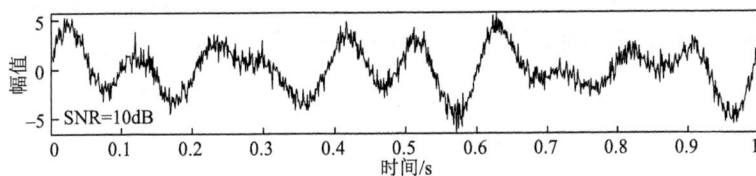

图 3-30　含噪仿真信号

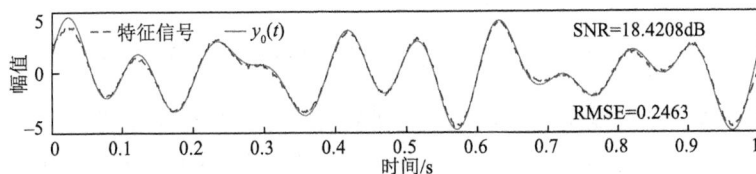

图 3-31　基于稀疏表示的特征信号提取结果

可以看到，通过 l_1 范数正则项稀疏表示方法提取的特征信号与无噪仿真信号 $y_0(t)$ 高度吻合，计算得到的提取信号的信噪比为 SNR = 18.4208dB，提取的特征信号与原无噪仿真信号的均方根误差为 RMSE = 0.2463。因而，针对正弦波形的特征信号，选择傅里叶变换为稀疏表示字典，通过 l_0 范数正则项稀疏表示方法能够高保真地将正弦特征信号提取出来。需要注意的是，l_0 范数正则项有时会造成提取的大幅值成分的幅值低于其真实幅值的问题[13]。

3.5.2　周期性冲击信号的稀疏表示提取方法

周期性冲击信号是航空发动机转子、轴承、齿轮等旋转部件的典型故障特征信号，以滚动轴承为例，当轴承的某一组件 (外圈、内圈、滚动体、保持架等) 上出现局部损伤时，定转速转动过程中损伤位置会周期性地与其他解除部件发生碰撞，因而将在振动测试信号中产生周期性的冲击信号。通过振动加速度传感器获得的监测信号往往还包含了

强烈的背景噪声及大量的其他部件的振动信号，使得冲击信号难以被识别出来。实现微弱的周期性冲击信号的高保真提取是开展发动机旋转部件早期故障诊断的关键。

本节通过小波稀疏表示框架来实现周期性冲击信号的高保真提取，小波稀疏表示框架是利用小波变换作为稀释表示字典，使得特征信号能够稀疏地表示。小波稀疏表示框架的优势体现在两个方面：一是利用小波变换作为稀疏表示字典矩阵，可以提高特征信号提取的效率及处理长序列信号；二是利用小波基函数的波形调节优势提高对特征型号的匹配性能。柔性解析小波变换 (FAWT) 的小波原子在时频面上的分布位置柔性可调，通过参数优化能够调节小波原子在时频面的分布特性，从而与冲击信号的周期特征匹配；同时柔性解析小波的小波基函数的波形和振荡属性可调，因而能够很好地匹配具有不同振荡属性的冲击信号。基于柔性解析小波变换，构造的稀疏表示模型表示为

$$\min_{x} \left\{ F(x) = \frac{1}{2} \|y - Ax\|_2^2 + \lambda \Psi(x) \right\} \tag{3-60}$$

式中，$F(x)$ 为全局优化函数；y 为振动测试信号；A 为柔性解析小波逆变换；x 为信号重构系数；$\Psi(x)$ 为正则项。正则项一般选为凸函数 l_1 范数，以确保可以通过凸优化方法进行求解。然而，l_1 范数正则项存在对大幅值分量的幅值估计偏低的问题，学者提出了将广义最小最大凹 (generalized minimax concave，GMC) 惩罚函数作为正则项[13]。GMC正则项可以表示为

$$\Psi(x) = \Psi_{\mathrm{GMC}}(x) = \|x\|_1 - \min_{v} \left\{ \|v\|_1 + \frac{\gamma}{2\lambda} \|A(x-v)\|_2^2 \right\} \tag{3-61}$$

采用 GMC 正则项后，式(3-60)对应的稀疏表示模型可以进一步写为

$$\min_{x} \left\{ F(x) = \frac{1}{2} \|y - Ax\|_2^2 + \lambda \|x\|_1 - \min_{v} \left\{ \lambda \|v\|_1 + \frac{\gamma}{2} \|A(x-v)\|_2^2 \right\} \right\} \tag{3-62}$$

尽管 GMC 惩罚函数是 x 的凹函数，但文献 [13] 已经严格证明当满足条件 $0 \leqslant \gamma \leqslant 1$ 时，能够保证全局优化目标函数 $F(x)$ 是 x 的凸函数，因而可以采用凸优化方法对该稀疏表示模型进行求解。$F(x)$ 极小值求解可以转化为如下的鞍点求解问题：

$$(x^{\mathrm{opt}}, v^{\mathrm{opt}}) = \arg \min_{x} \max_{v} F(x, v) \tag{3-63}$$

$$F(x, v) = \frac{1}{2} \|y - Ax\|_2^2 + \lambda \|x\|_1 - \lambda \|v\|_1 - \frac{\lambda}{2} \|A(x-v)\|_2^2 \tag{3-64}$$

该鞍点问题的求解可以通过前向-后向分裂求解算法以迭代方式逼近最优解[14]，柔性解析小波增强 GMC 正则项稀疏表示模型 (FAWT-GMC) 的求解算法，如算法 3-2 所示。

$\bar{\omega}_j$ 是各层归一化的小波系数，$\bar{T}$ 是每轮迭代过程中由归一化小波系数 $\bar{\omega}_j$ 确定的归一化阈值，表示为

$$\bar{T} = \mathrm{mean}\left[\bar{\omega}_j\right] + \mathrm{std}\left[\bar{\omega}_j\right] \cdot \theta \tag{3-65}$$

其中，$0 \leqslant \theta \leqslant 3$。通过优化参数 θ 的取值，就能动态估计每轮迭代过程中的归一化阈值 $\bar{T}$，进而通过 T-AWT-GMC 的算法过程计算周期性冲击信号的重构系数 x，最后通过柔性解析小波逆变换重构得到特征信号 $\hat{y} = Ax$。

算法 3-2　算法伪代码

1　基于参数 (p, q, r, s, β) 构造 FAWT 小波基函数 $B_{p,q,r,s,\beta}$，计算各层小波基函数的能量 $\|\psi_i\|_2, i = 1, 2, \cdots, J+1$

2　初始化 $\boldsymbol{x}^{(0)}, \boldsymbol{v}^{(0)}, \mu \in \left(0, 2/\max\left\{1, \gamma/(1-\gamma)\right\} \|\boldsymbol{A}^{\mathrm{T}}\boldsymbol{A}\|_2\right)$

3　迭代计算：

4　对于 $i = 0, 1, 2, \cdots$

5　　　$\boldsymbol{xvx}_j^{(i)} = \boldsymbol{x}_j^{(i)} + \gamma\left(\boldsymbol{v}_j^{(i)} - \boldsymbol{x}_j^{(i)}\right), \ j = 1, 2, \cdots, J+1$

6　　　$\boldsymbol{vx}_j^{(i)} = \boldsymbol{v}_j^{(i)} - \boldsymbol{x}_j^{(i)}, \ j = 1, 2, \cdots, J+1$

7　　　$\boldsymbol{Axvx}^{(i)} = \boldsymbol{A}^{\mathrm{T}}\left(\boldsymbol{A}\left(\boldsymbol{xvx}^{(i)}\right) - \boldsymbol{y}\right)$

8　　　$\boldsymbol{Avx}^{(i)} = \boldsymbol{A}^{\mathrm{T}}\left(\boldsymbol{A}\left(\boldsymbol{vx}^{(i)}\right)\right)$

9　　　$\boldsymbol{\omega}_j^{(i)} = \boldsymbol{x}_j^{(i)} - \mu \cdot \boldsymbol{Axvx}_j^{(i)}, \ j = 1, 2, \cdots, J+1$

10　　$\boldsymbol{u}_j^{(i)} = \boldsymbol{v}_j^{(i)} - \mu\gamma \cdot \boldsymbol{Avx}_j^{(i)}, \ j = 1, 2, \cdots, J+1$

11　　$\bar{\boldsymbol{\omega}}_j^{(i)} = \boldsymbol{\omega}_j^{(i)}/\|\psi_j\|_2, \ j = 1, 2, \cdots, J+1$

12　　$\bar{T} = g\left(\bar{\boldsymbol{\omega}}_j^{(i)}, j = 1, 2, \cdots, J+1\right)$

13　　$\boldsymbol{x}_j^{(i+1)} = \mathrm{soft}\left(\boldsymbol{\omega}_j^{(i)}, \bar{T}\|\psi_j\|_2\right), \ j = 1, 2, \cdots, J+1$

14　　$\boldsymbol{v}_j^{(i+1)} = \mathrm{soft}\left(\boldsymbol{u}_j^{(i)}, \bar{T}\|\psi_j\|_2\right), \ j = 1, 2, \cdots, J+1$

15　结束

通过由西安交通大学和浙江长兴昇阳科技有限公司建立的"机械装备健康监测联合实验室"提供的 XJTU-SY 滚动轴承全寿命加速试验公开数据集进行验证[14,15]。图 3-32 显示了试验装置，其中交流电机的转速通过速度控制器进行精确控制和调节，交流电机驱动转轴转动，转轴上安装了 2 个支撑轴承和 1 个测试轴承，测试轴承可以通过液压加载装置施加径向载荷。试验总共对 15 个测试轴承开展了从健康到故障的全寿命加速试验，试验中在测试轴承的横向和垂向安装了型号 PCB352C33 的加速度传感器来测量振动信号，并通过 DT9837 数采设备对试验过程的振动测试信号进行记录，采样频率设置为 25.6kHz，每分钟记录一次数据，每次记录过程持续时间 1.28s。

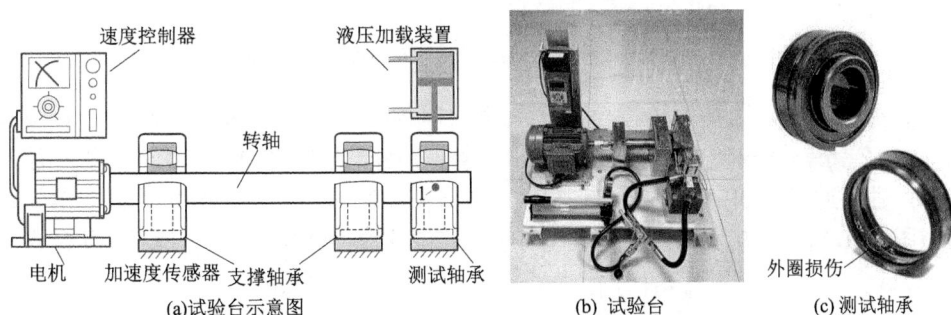

图 3-32　XJTU-SY 滚动轴承全寿命试验台及测试轴承

这里选择对数据集"Bearing1-2"进行分析，该数据是在转轴转速 2100r/min、径向载荷 12kN 试验工况下采集的。该测试轴承的全寿命加速试验共持续了 161min，试验结束后的拆检中发现轴承外圈出现剥落损伤，如图 3-32(c) 所示。根据测试轴承的几何尺寸和转速等信息，可以理论计算轴承各部件的故障特征频率分别为：外圈 $f_{\mathrm{BPFO}} = 107.9074\mathrm{Hz}$，

内圈 f_{BPFI} = 172.0926Hz，滚动体 f_{BSF} = 72.3300Hz。全寿命试验数据集"Bearing1-2"共包含 161 个样本数据，由此计算的测试轴承的全寿命试验中振动数据的有效值 (RMS) 随时间的变化趋势如图 3-33 所示。

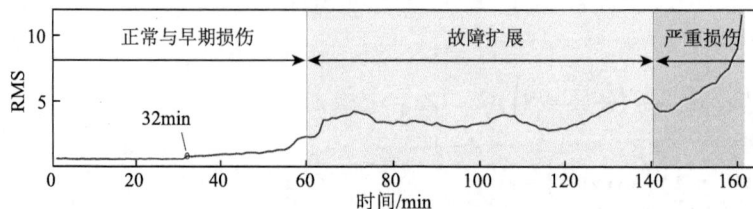

图 3-33　滚动轴承全寿命试验中振动数据有效值变化趋势

振动数据的 RMS 在整个全寿命试验过程中整体上是上升的趋势，根据 RMS 的变化规律，可以将全寿命试验过程粗略地分为三个阶段：当累积运行时间超过 140min 后，振动数据的 RMS 快速增加，是测试轴承进入严重损伤阶段的标志；而当累积运行时间小于 60min 时，振动数据的 RMS 比较平稳，对应于测试轴承正常与早期损伤阶段；当积累运行时间处于 [60,140]min 时，振动数据的 RMS 振荡并逐渐上升，这个阶段可以视为故障扩展阶段。在早期损伤阶段，轴承的故障特征微弱且难以检测出来。图 3-34 为全寿命试验累积运行时间 32min 时的垂向振动信号 (该样本的前 0.4s 数据被用来分析) 及局部放大图，振动信号中难以直接观测到周期性冲击信号，接下来通过 FAWT-GMC 稀疏表示方法对该信号进行分析。

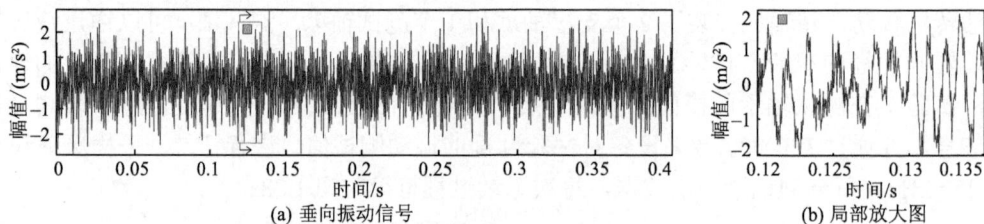

(a) 垂向振动信号　　　　　(b) 局部放大图

图 3-34　累积运行时间 32min 时垂向振动信号及局部放大图

通过参数优化，选择的柔性解析小波变换即稀疏表示模型的参数为 $p = 5$、$q = 6$、$r = 1$、$s = 2$、$\beta = 0.7r/s$、$\theta = 0.8$，图 3-35 给出了基于此参数构造的柔性解析小波基函数波形。进而通过 FAWT-GMC 稀疏表示模型对振动测试信号进行分析，提取出的特征信号如图 3-36 所示。从提取的特征信号中能够清晰地看到周期性冲击信号，从信号局部

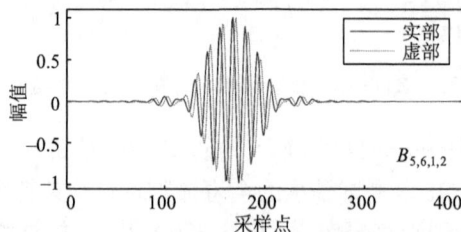

图 3-35　构造的柔性解析小波基函数波形 ($\beta = 0.7\,r/s$)

放大图中，能够计算出这些冲击信号的周期间隔约为 0.093s，约为轴承外圈故障特征频率的倒数。对图 3-35 中提取的特征信号进行 Hilbert 变换和傅里叶变换，得到的信号包络谱如图 3-37 所示。

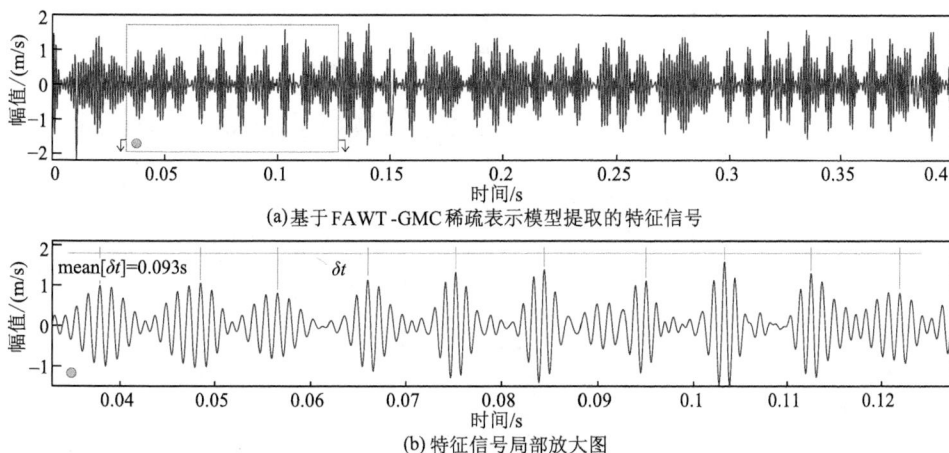

(a) 基于 FAWT-GMC 稀疏表示模型提取的特征信号

(b) 特征信号局部放大图

图 3-36　基于 FAWT-GMC 稀疏表示模型提取的特征信号及局部放大图

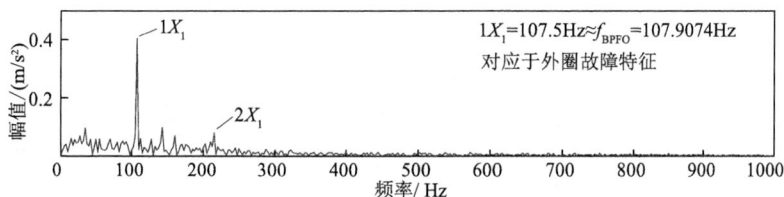

图 3-37　提取的特征信号的包络谱

从图 3-37 中可以看到，提取的特征信号的包络谱中的主要频率成分为接近于外圈故障特征频率 f_{BPFO} 的成分 $1X_1 = 107.5$Hz 及其倍频成分，表明测试轴承在此时已经出现了外圈损伤。这个算例也表明通过 FAWT-GMC 稀疏表示方法能够有效地从强噪声环境中将周期性微弱故障特征信号提取出来，从而实现滚动轴承的故障诊断。

3.5.3　非周期性冲击信号的稀疏表示提取方法

变转速是航空发动机等装备常见的运行工况，例如，航空发动机的启停车、爬升等任务剖面都是典型的变转速工况，即使在飞行器定速巡航过程中，航空发动机的转速也会随气流及飞行高度的波动发生变化。变转速工况下滚动轴承的局部损伤会导致振动信号中产生非周期性冲击故障成分，该故障特征信号往往淹没在强大的背景噪声及设备其他振动信号中。实现非周期性冲击故障成分的提取与表征是开展强噪声变转速工况下滚动轴承故障诊断的关键，近年来也得到学者越来越多的关注。根据滚动轴承的故障机理，当滚动轴承的部件出现局部损伤时，轴承的振动信号中将产生冲击故障信号。在变转速工况下，所产生的故障冲击信号在时域中是非周期性的。图 3-38 显示了变转速工况下滚动轴承振动信号的时频群稀疏特征。

仿真得到的变转速下滚动轴承产生的故障冲击特征信号在时域中是非周期性的，而

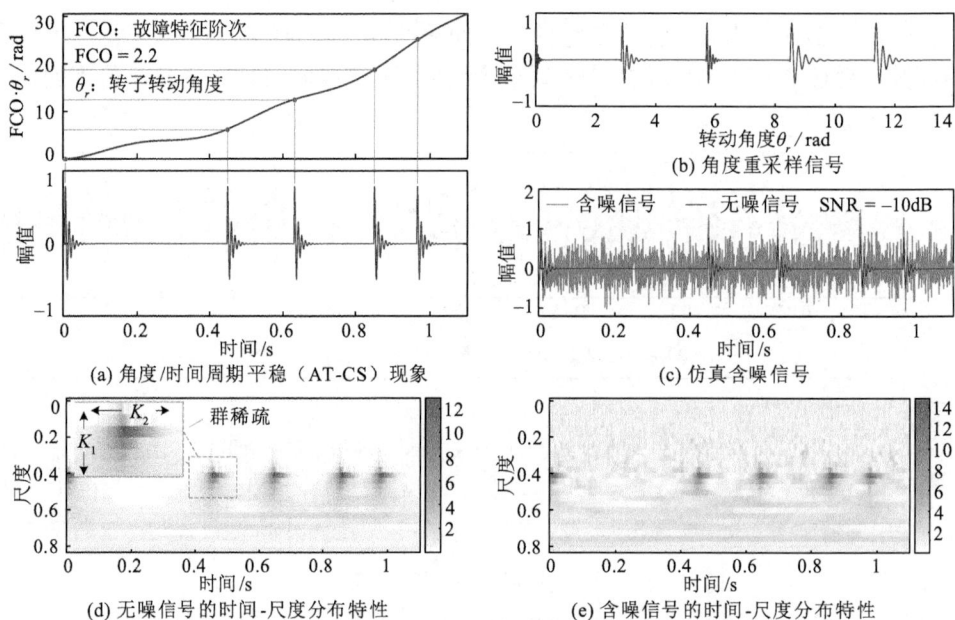

图 3-38　非周期性冲击信号的时频群稀疏特征示例

在角度域中是周期性的，具有角度/时间周期平稳 (angle/time cyclostationary，AT-CS) 特征。图 3-38(d) 和 (e) 分别为无噪及含噪的非周期性冲击信号的时间-尺度 (频率) 分布图，图中噪声信号的能量分散在时间-尺度平面上，使得噪声信号在时频面上的分解系数模值较小；而故障冲击特征信号的分解系数聚集在冲击发生时刻，并且表现出群稀疏 (稀疏簇) 的特征，即大模值分解系数集中在沿尺度轴 K_1、沿时间轴 K_2 的区间范围内。然而，由于是变转速的工况，不同的故障冲击在时频面上的稀疏簇之间的间隔是非周期性且未知的。因而本节通过时频域重叠群稀疏模型对非周期性故障冲击特征信号进行高保真提取。

　　单个故障冲击响应信号可以通过小波原子进行匹配，由于变转速工况下的故障冲击特征信号沿时间轴是非周期性的，广泛使用的离散小波变换的小波原子沿时间轴是均匀分布的，将可能削弱部分故障冲击特征信号的匹配能力。考虑连续小波变换中小波基函数沿时间轴是连续移动的，因而能很好地匹配非周期性故障冲击特征信号。这里选择对称 Laplace 小波基函数，进而构造连续 Laplace 小波变换作为非周期性冲击信号的稀疏匹配字典。对称 Laplace 小波基函数是从传统 Laplace 小波函数改进来的，能够适用于连续小波分解与重构框架，其小波基函数即傅里叶频谱表示为

$$\varphi(t) = B e^{-\eta \omega_0 |t|} \cdot e^{j\omega_0 t} = B e^{-\frac{\zeta}{\sqrt{1-\zeta^2}} \omega_0 |t|} \cdot e^{j\omega_0 t} \tag{3-66}$$

$$\hat{\varphi}(\omega) = \frac{2B\eta\omega_0}{(\eta\omega_0)^2 + (\omega - \omega_0)^2} \tag{3-67}$$

式中，$\eta = \zeta / \sqrt{1-\zeta^2}$；参数 ω_0 选值为 $\omega_0 = 10$，以确保频谱 $\hat{\varphi}(\omega)$ 在 $\omega = 0$ 处接近于 0；

ζ 为阻尼比并满足 $0 < \zeta < 1$；B 为小波基函数能量归一化参数，其取值满足：

$$\int_{-\infty}^{\infty} |\varphi(t)|^2 \mathrm{d}t = 2\int_0^\infty B^2 \mathrm{e}^{-2\eta\omega_0 t}\mathrm{d}t = \frac{B^2}{\eta\omega_0} = 1 \quad \Rightarrow \quad B = \sqrt{\eta\omega_0} \tag{3-68}$$

将对称 Laplace 小波基函数应用于连续小波变换框架，形成连续对称 Laplace 小波变换 (continuous symmetric Laplace wavelet transform，CSLWT)，并将 CSLWT 作为非周期性故障冲击特征信号的稀疏匹配字典。构造的时频域重叠群稀疏模型为

$$\min_{\boldsymbol{x}} \left\{ F(\boldsymbol{x}) = \frac{1}{2}\|\boldsymbol{y} - \boldsymbol{A}\boldsymbol{x}\|_2^2 + \lambda\psi(\boldsymbol{x}) \right\} \tag{3-69}$$

式中，$\boldsymbol{A}$ 为 CSLWT 逆变换；$\boldsymbol{x}$ 为故障特征信号的重构系数。重构系数 $\boldsymbol{x}$ 为二维矩阵，假设其维度分别为 N_1 和 N_2，则可以写为

$$\boldsymbol{x} = \left\{ x(i), i \in \mathbf{Z}_{N_1} \times \mathbf{Z}_{N_2} \right\} \tag{3-70}$$

式中，$i \in \mathbf{Z}_{N_1} \times \mathbf{Z}_{N_2}$ 表示二维矩阵 $\boldsymbol{x}$ 中元素的序号对。假设故障冲击的重构系数 $\boldsymbol{x}$ 在时频面上具有时频稀疏特征，且大模值稀疏集中在 $K = K_1 \times K_2$ 的区域内，则该区域的元素可以表示为

$$\boldsymbol{x}_{i,K} = \left\{ x(i+j), j \in \mathbf{Z}_{K_1} \times \mathbf{Z}_{K_2} \right\} \tag{3-71}$$

因而，构建的时频域重叠群稀疏表示模型可以写为

$$F(\boldsymbol{x}) = \frac{1}{2}\|\boldsymbol{y} - \boldsymbol{A}\boldsymbol{x}\|_2^2 + \lambda\sum_{i \in \mathbf{Z}^2}\psi\left(\|\boldsymbol{x}_{i,K}\|_2; a\right) \tag{3-72}$$

$$\psi(u; a) = \frac{2}{a\sqrt{3}}\left[\arctan\left(\frac{1 + 2a|u|}{\sqrt{3}}\right) - \frac{\pi}{6}\right] \tag{3-73}$$

在该时频域重叠群稀疏表示模型中，正则项 $\psi(u; a)$ 采用了 arctan 惩罚函数，该函数是 u 的凹函数。当满足 $0 < a \leqslant 1/(K_1 K_2 \lambda)$ 时，能够证明全局优化函数 $F(\boldsymbol{x})$ 对于 $\boldsymbol{x}$ 是严格凸的[16]，因而该时频域重叠群稀疏表示模型能够通过凸优化方法进行求解。该时频域重叠群稀疏表示模型可以通过 majorization-minimization (MM) 迭代算法进行求解，具体求解算法如算法 3-3 所示。

需要特别说明的是，为了能够对不同的故障特征信号进行高保真提取，需要基于振动测试信号对稀疏表示模型中的参数 ζ、K_1、K_2、λ 等进行优化[17]。变转速工况下滚动轴承故障特征信号一般通过以下公式进行模拟：

$$h(t) = \begin{cases} \mathrm{e}^{-\frac{\zeta}{\sqrt{1-\zeta^2}}\cdot 2\pi f_{\mathrm{res}}t} \cdot \sin(2\pi f_{\mathrm{res}}t), & t \geqslant 0 \\ 0, & t < 0 \end{cases} \tag{3-74}$$

$$y_0 = A(t) \cdot \sum_{i=1}^N h(t - T_i)u(t - T_i) \tag{3-75}$$

$$A(t) = 1 + \delta\cos(\theta_r(t)) \tag{3-76}$$

$$\theta_r(t) = 2\pi\int_0^t f_r(\tau)\mathrm{d}\tau \tag{3-77}$$

算法 3-3　算法伪代码

1　输入：$y \in \mathbf{R}^N$，$\lambda > 0$，$K_1 \geqslant 1$，$K_2 \geqslant 1$，$0 < \zeta < 1$

2　初始化：$\boldsymbol{A}^{\mathrm{T}} = \mathrm{CSLWT}_\zeta$，$\boldsymbol{A} = \mathrm{CSLWT}_\zeta^{-1}$，$z = \boldsymbol{A}^{\mathrm{T}} y$，$x = z$

$$S = \left\{ i \in \mathbf{Z}_{N_1} \times \mathbf{Z}_{N_2} : x(i) \neq 0 \right\}$$

3　迭代循环：

4　对于 $k = 0, 1, 2, \cdots$

5　　　$u(i) = \|x_{i,K}\|_2 = \left[\displaystyle\sum_{j \in \mathbf{Z}_{K_1} \times \mathbf{Z}_{K_2}} |x(i+j)|^2 \right]^{1/2}$，$i \in S$

6　　　$\beta(i) = \dfrac{1}{|u(i)| \left(1 + a|u(i)| + a^2 |u(i)|^2 \right)}$，$i \in S$

7　　　$r(i) = \displaystyle\sum_{j \in \mathbf{Z}_{K_1} \times \mathbf{Z}_{K_2}} \beta(i-j)$，$i \in S$

8　　　$x(i) = \dfrac{z(i)}{1 + \lambda r(i)}$，$i \in S$

9　　　$S = \left\{ i \in \mathbf{Z}_{N_1} \times \mathbf{Z}_{N_2} : |x(i)| > \varepsilon \right\}$

10　直至收敛

11　返回 $\tilde{y} = \boldsymbol{A}x$

$$y(t) = y_0(t) + n(t) \tag{3-78}$$

式中，$h(t)$ 表示单个冲击信号；y_0 表示非周期性故障冲击信号；$T_i(i = 1, 2, \cdots, N)$ 表示故障冲击的发生时刻；$n(t)$ 表示阶跃函数；$A(t)$ 表示故障特征信号的幅值调制函数；$f_r(\tau)$ 表示转轴的瞬时转频；$\theta_r(t)$ 表示转轴的转动角度；δ 对于内圈和滚动体故障满足 $\delta > 0$，而对于外圈故障满足 $\delta = 0$；$n(t)$ 表示噪声信号。对于变转速下轴承故障特征信号，故障冲击发生时刻 $T_i, (i = 1, 2, \cdots, N)$ 满足以下条件：

$$\varphi_{\mathrm{FCO}}(t) = \mathrm{FCO} \cdot \theta_r(t) = \mathrm{FCO} \cdot 2\pi \int_0^t f_r(\tau)\, \mathrm{d}\tau \tag{3-79}$$

$$\varphi_{\mathrm{FCO}}(T_{i+1}) - \varphi_{\mathrm{FCO}}(T_i) = 2\pi \tag{3-80}$$

仿真信号中参数选择为 $\zeta = 0.08$、$f_{\mathrm{res}} = 1000$、$\delta = 0.5$、$\mathrm{FCO} = 3.5$、$T_1 = 0.0005$，瞬时转频设置为 $f_r = 1.8 + 1.5t + 0.5(1.3 + \cos(0.6\pi t)) \cdot \sin(4\pi t)$，噪声 $n(t)$ 选为信噪比为 $-8\mathrm{dB}$ 的高斯白噪声，信号采样频率选为 $f_s = 20\mathrm{kHz}$。图 3-39 是仿真得到的瞬时转频及非周期性故障冲击特征信号波形。

基于优化后的参数 $\zeta = 0.08$、$K_1 = 2$、$K_2 = 13$、$\lambda = 0.24$，通过时频域重叠群稀疏表示方法对仿真含噪信号进行分析，提取出的故障特征信号如图 3-40 所示。可以看到，以对称 Laplace 小波变换为字典，通过构造的时频域重叠群稀疏表示模型，能够有效地将非周期性故障冲击特征信号提取出来。提取的特征信号与无噪仿真特征信号高保真匹配，二者的均方根误差为 $\mathrm{RMSE} = 0.0328$，验证了该特征信号提取方法的高保真性能。

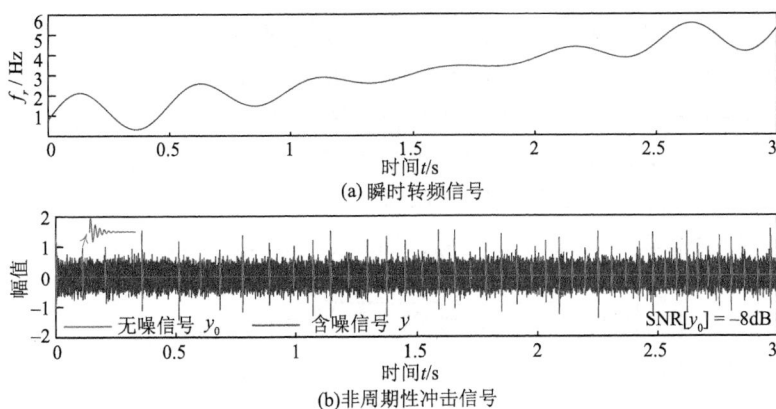

(a) 瞬时转频信号

(b)非周期性冲击信号

图 3-39　仿真信号波形 1

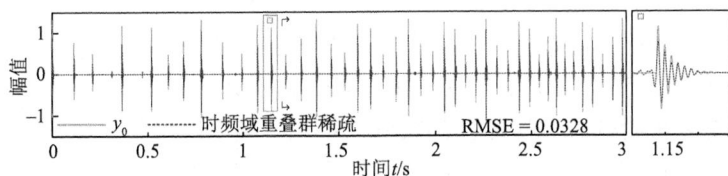

图 3-40　仿真信号波形 2

3.6　信 息 融 合

信息融合在故障诊断领域的应用是近年来发展起来的一种综合性技术，它通过整合来自不同传感器或数据源的信息，提高故障诊断的准确性和可靠性，主要包括数据融合、特征融合和决策融合等。数据融合是将来自不同数据源的数据进行组合和合并，得到更全面的分析结果。特征融合是将来自不同特征提取方法或算法的特征进行整合，形成对系统状态的综合描述。决策融合是将来自多个决策融合或专家决策进行整合，提高最终诊断的准确率。

(1) 数据层融合[18]。数据层融合是直接处理原始传感器获取的数据，因而也称为像素级融合，主要适用于不同传感器获取的数据。数据层融合原理图如图 3-41 所示，该方式能够保留最多的原始数据信息，具有良好的融合性能。当面对海量测试数据时，往往会导致模型分析计算量大，从而使系统实时性变差，数据层融合也是信息融合中最低层次的融合。

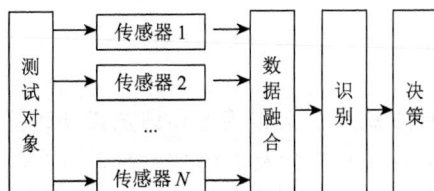

图 3-41　数据层融合原理图

(2) 特征层融合[19]。特征层融合是通过提取传感器测量值的特征获得相应的特征向量，然后对特征向量进行综合分析和处理。特征层融合原理图如图 3-42 所示，该方式能够保留信息的主要特征，实现一定程度上的信息压缩，也能较好地保证运算的实时性，属于信息融合中间层次的融合。特征融合的主要支撑方法有聚类分析法、贝叶斯估计法、加权平均法、D-S 证据推理法及神经网络法等。

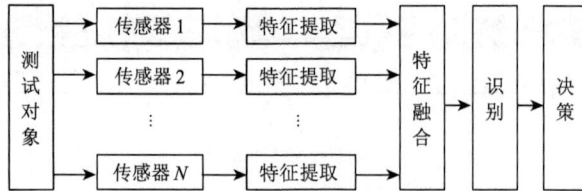

图 3-42　特征层融合原理图

(3) 决策层融合[20]。决策层融合是先对各个传感器特征向量进行初步决策，然后根据一定的规则和可信度将初级结果重新组合评价，针对具体决策目标获得一个最优决策。这种融合方式的容错性和实时性都较好，特别是当系统中某个传感器测量值出现误差时，系统通常也能进行正常决策，决策层融合属于信息融合中最高层次的融合，决策层融合原理图如图 3-43 所示。决策层融合的主要支撑技术有贝叶斯估计法、专家系统、神经网络法、模糊集理论及可靠性理论等。

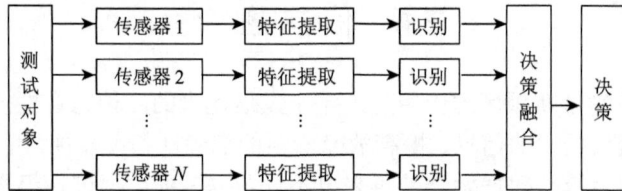

图 3-43　决策层融合原理图

根据融合结构形式可以将信息融合分为三种形式：串行、并行和混合[20]。串行融合时，当前传感器要接收前一级传感器的融合效果，每个传感器不仅有接收数据信息的功能，还有处理和融合信息的能力。并行融合时，每个传感器直接将各自接收的信息传送给融合中心，彼此相互独立，互不影响，融合中心接到信息后，按照适当的规则综合分析得到最终结果。混合形式则结合了串行和并行的特点，每个传感器既要接收信息，也要处理信息，再把处理后的信息发送到融合中心，通过进一步的融合分析得到最终结果。

本 章 小 结

数据处理与特征提取技术是进行数据挖掘和评估设备运行状态的先行环节，本章主要围绕数据处理与特征提取的基础概念及关键技术等进行介绍。数据预处理涵盖了数据清洗、数据转换等范畴。本章针对数据清洗介绍了异常值检测、异常值修复等主要技术；针对数据转换介绍了常用的最小-最大归一化、Z 分数标准化、小数定标归一化。

围绕信号的特征提取方法,本章介绍了频域特征提取方法和时频域特征提取方法。频域特征分析方法主要包括傅里叶变换、功率谱密度函数、Hilbert 变换等;时频域特征提取方法主要包括短时傅里叶变换、小波变换 (包括连续小波变换、离散小波变换及冗余离散小波变换等);针对数据降噪介绍了降噪效果评价指标以及主流的降噪方法,如平滑降噪、小波阈值降噪和小波频带滤波降噪等技术。对于强噪声环境下的特征信号高保真提取与表征的工程需求,本章重点介绍了基于稀疏表示的微弱信号增强方法,并分别介绍了正弦特征信号、周期性冲击信号、非周期性冲击信号等的稀疏表示提取方法等。最后介绍了信息融合方法。本章的学习内容是进一步学习基于机器学习的飞行器故障诊断技术的基础。

思　考　题

3.1　分类数据和时序数据的整理和显示方法各有哪些?

3.2　如果一个数据集中有 10% 的缺失值,如何决定是填充这些缺失值还是删除含有缺失值的记录?请考虑不同情况下每种处理方式的优缺点。

3.3　解释为何要在机器学习模型训练之前对特征进行标准化或归一化,并讨论不同标准化的适用场景。

3.4　构造一个含噪信号,使用小波变换对信号进行多尺度分解,分析不同层级的小波系数,并尝试通过阈值处理来实现降噪。

3.5　在信号降噪中如何平衡信号的噪声去除和特征保留,避免过度平滑导致的信号失真?

3.6　讨论不同的稀疏度量方法,如 l_0 范数、l_1 范数等,并比较它们的优缺点。

3.7　解释超完备字典学习在稀疏表示中的作用,并讨论如何设计和训练一个有效的字典。

3.8　讨论稀疏表示如何在机器学习模型中应用,特别是在特征提取和降维方面。

3.9　思考稀疏表示和深度学习结合的可能性,例如,使用稀疏编码作为深度神经网络的正则化策略。

3.10　分析数据源的可靠性和准确性对数据融合结果的影响,并讨论如何评估和提高数据源的质量。

3.11　分析大数据环境下数据融合的挑战,包括数据的规模、速度和多样性。

3.12　在数据融合中,如何确定不同数据源的权重?讨论权重分配对融合结果的影响。

参　考　文　献

[1]　顾菊平, 赵佳皓, 张新松, 等. 电力设备多参量监测数据清洗研究现状及展望[J]. 高电压技术, 2024, 50(8): 3403-3420.

[2]　陈雪峰. 智能运维与健康管理[M]. 北京: 机械工业出版社, 2018.

[3]　刘行航. 基于神经网络的结构健康监测数据清洗及预警研究[D]. 海口: 海南大学, 2023.

[4] 路昂. 基于用电负荷的缺失数据插补方法研究[J]. 分布式能源, 2020, 5(4): 74-80.

[5] ZHANG Z H, CHENG Y, LIU N C. Comparison of the effect of mean-based method and z-score for field normalization of citations at the level of Web of science subject categories[J]. Scientometrics, 2014, 101 (3): 1679-1693.

[6] SINSOMBOONTHONG S. Performance comparison of new adjusted min-max with decimal scaling and statistical column normalization methods for artificial neural network classification[J]. International journal of mathematics and mathematical sciences, 2022, 2022(1): 3584406.

[7] GABOR D. Theory of communication[J]. Journal of the insitution of electrical engineers - part I: general, 1946, 93: 429-457.

[8] 何正嘉, 訾艳阳, 张西宁. 现代信号处理及工程应用[M]. 西安: 西安交通大学出版社, 2007.

[9] SELESNICK I W. Wavelet transform with tunable Q-factor[J]. IEEE transactions on signal processing, 2011, 59(8): 3560-3575.

[10] BAYRAM I. An analytical wavelet transform with a flexible time-frequency covering[J]. IEEE transactions on signal processing, 2013, 61(5): 1131-1142.

[11] 余晃晶. 小波降噪阈值选取的研究[J]. 绍兴文理学院学报 (自然科学), 2004, 24(9): 34-38.

[12] 董隽硕, 吴玲达, 郝红星. 稀疏表示技术与应用综述[J]. 计算机系统应用, 2021, 30(7): 13-21.

[13] SELESNICK I. Sparse regularization *via* convex analysis[J]. IEEE transactions on signal processing, 2017, 65(17): 4481-4494.

[14] WANG B, LEI Y G, LI N P, et al. A hybrid prognostics approach for estimating remaining useful life of rolling element bearings[J]. IEEE transactions on reliability, 2020, 69(1): 401-412.

[15] 雷亚国, 韩天宇, 王彪, 等. XJTU-SY 滚动轴承加速寿命试验数据集解读[J]. 机械工程学报, 2019, 55 (16): 1-6.

[16] CHEN P Y, SELESNICK I W. Group-sparse signal denoising: non-convex regularization, convex optimization[J]. IEEE transactions on signal processing, 2014, 62(13): 3464-3478.

[17] ZHANG C L, QIANG Y D, HOU W B, et al. High-fidelity fault signature extraction of rolling bearings via nonconvex regularized sparse representation enhanced by flexible analytical wavelet transform[J]. Structural health monitoring, 2024, 23(5): 2869-2891.

[18] 黄书童, 贾晓丽. 多传感器数据融合技术在管道无损检测中的应用[J]. 无损检测, 2024, 46(4): 69-73, 86.

[19] 姚雪梅. 多源数据融合的设备状态监测与智能诊断研究[D]. 贵阳: 贵州大学, 2018.

[20] 王博. 基于多源数据融合的高速列车轮毂轴承故障检测研究[D]. 西安: 西安理工大学, 2023.

第 4 章

机器学习与故障诊断技术

机器学习故障诊断框架主要利用机器学习算法和模型,通过对设备运行数据的收集、预处理、特征提取、模型构建和故障诊断等步骤,实现对设备故障的智能识别和预测。该框架结合了数据科学、机器学习和领域知识,为故障检测与诊断提供了全面的技术支持。主要步骤如下。

(1) 数据收集:收集设备运行过程中的各种传感器数据、运行日志和维修记录等,作为故障诊断的原始数据。

(2) 预处理:对原始数据进行清洗、转换和标准化等处理,以提高数据质量和模型训练效果。

(3) 特征提取:从预处理后的数据中提取出能够反映设备状态的有效特征,这些特征通常与设备的运行参数、性能指标和故障模式相关。

(4) 模型构建:利用机器学习算法对提取的特征进行学习和训练,构建出能够识别设备故障的模型。常用的机器学习算法包括支持向量机 (SVM)、随机森林、神经网络等。

(5) 故障诊断:基于构建的模型对设备的实际运行状态进行监测和诊断,判断设备是否存在故障以及故障的类型和程度。诊断结果可以为设备维修人员提供决策支持,指导他们进行故障排查和修复。

机器学习故障诊断框架在制造业、电力行业、工业设备和网络安全等领域都有广泛的应用案例。例如,在制造业中,可以通过收集设备的传感器数据来训练一个机器学习模型,用于预测设备是否会发生故障;在电力行业中,可以利用机器学习技术分析电力设备的运行状况和历史数据,确定设备是否存在潜在故障。

总之,机器学习故障诊断框架为故障检测与诊断领域带来了革命性的变革和机遇。随着技术的不断进步和应用场景的不断拓展,机器学习将在未来为故障检测与诊断领域带来更多的创新和突破[1]。

4.1 经典机器学习方法

人类的学习是依据过往的经验和知识,总结和认识某类问题的规律,然后利用这些总结好的规律对新问题进行判断和处理。类比人类学习,机器学习是基于计算机计算速度快以及存储能力强的优势，构建相关的算法，从大量样本数据中找到隐藏的规律，解决相关的问题。机器学习的基本应用是分类、回归和聚类。分类是确定事物的属性；回归是根据已知预测未知；聚类则是根据数据中隐藏的属性来进行分组。同时机器学习也分为有监督学习和无监督学习[2]。有监督学习是指训练机器学习模型的时候，使用带有标签的样本数据。其通常用于分类和回归的问题。其难点在于需要获得较高质量的标签样本数据，这会产生较大的成本。常见的有监督学习算法有线性回归、支持向量机、朴素贝叶斯等。无监督学习是无须标签的信息，通过分析数据的内在规律来进行分类或降维。常见的无监督学习算法有 K 均值聚类、层次聚类、主成分分析等[3]。

4.1.1　线性回归

线性回归是一种基本的机器学习算法，用于建立输入变量和输出变量之间的线性关系。它的目标是通过训练集来预测一个或多个连续的输出变量。在线性回归中，假设输出变量与输入变量之间存在线性关系，即通过一个或多个输入变量的线性组合来预测输出变量的值。该算法的核心是使用最小二乘法来计算模型的参数，使得预测值与实际值之间的误差最小化。线性回归广泛应用于金融、经济、医学、社会科学等领域，并且是许多其他高级机器学习算法的基础。

简单线性回归：

$$y = \beta_1 x + \beta_0 \tag{4-1}$$

其中，β_1 是斜率；β_0 是截距；x 是自变量；y 是因变量。

用最小二乘法预测参数 β_1 和 β_0，预测值分别用 $\hat{\beta}_1$ 和 $\hat{\beta}_0$ 表示：

$$\hat{\beta}_1 = \frac{\sum\limits_{i=1}^{n}(x_i - \bar{x})(y_i - \bar{y})}{\sum\limits_{i=1}^{n}(x_i - \bar{x})^2} \tag{4-2}$$

$$\hat{\beta}_0 = \bar{y} - \hat{\beta}_1 \bar{x} \tag{4-3}$$

其中，$\bar{x}$ 和 $\bar{y}$ 分别是 x 和 y 的样本均值；n 是样本数量。

预测曲线可以写为

$$\hat{y} = \hat{\beta}_1 \hat{x} + \hat{\beta}_0 \tag{4-4}$$

其中，$\hat{y}$ 是预测回归值。

假设真实的线性关系是 $y = 2x + 3$，x 是一个 1~100 的数。在 MATLAB 中用 randn() 函数生成均值为 0、标准差为 10 的正态分布噪声，基于 x 的线性变换加上噪声，其表示为 $y = 2x + 3 + \text{noise}$，代入 x 的值可以得到原始数据点 y 的值，如图 4-1 所示。通过在 MATLAB 中使用 fitlm 函数拟合线性模型，可以得到 $\beta_0 = 2.0344$，$\beta_1 = 2.0524$。代入 x 的值，可以得到线性回归曲线 $\hat{y}$，如图 4-1 所示，可以表示为 $y = 2.0524x + 2.0344$。

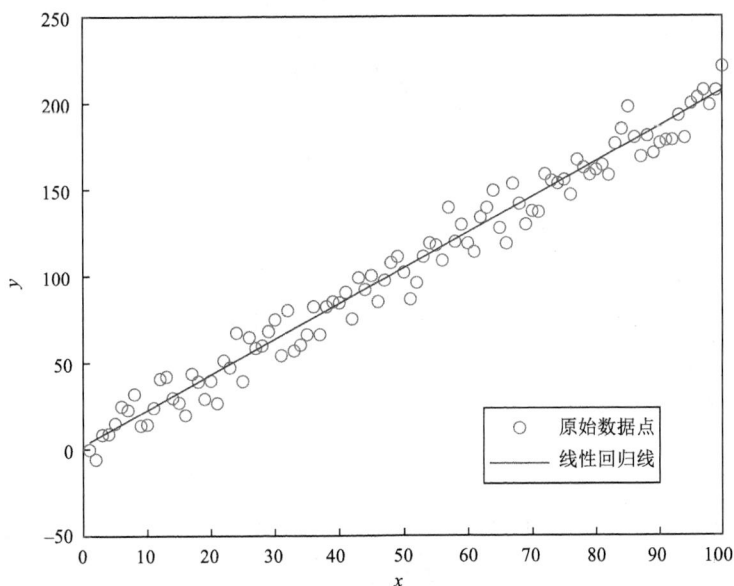

图 4-1　线性回归拟合

4.1.2　支持向量机

支持向量机 (support vector machine，SVM) 是一种常用的机器学习算法，主要用于分类和回归问题。SVM 的核心思想是找到一个最优的超平面来对数据进行分类，这个超平面将不同类别的数据分开并且最大化分类间隔，同时也能够最大限度地避免过拟合。SVM 具有很好的泛化能力和较高的准确率，在许多实际问题中都取得了很好的效果。同时，SVM 还可以通过使用核函数来将数据映射到高维空间，从而解决非线性分类问题。

在 SVM 中，将数据看作一个 n 维空间中的点，其中每个点都有一个标签 (或者说是类别)，目标就是找到一个超平面来将不同标签的点分开。而支持向量就是离这个超平面最近的那些点，它们是 SVM 模型中最重要的元素之一。SVM 需要找到一个最大间隔超平面，这个超平面就是距离支持向量最远的超平面。

对于二分类问题，假设数据集 $D = \{(x_1, y_1), (x_2, y_2), \cdots, (x_m, y_m)\}$，其中 $x_i \in \mathbf{R}^n$，$y_i \in \{-1, 1\}$。线性可分 SVM 的目标是找到一个超平面使得数据集 D 中的所有样本点都能被正确分类，即对于任意样本点 x_i，有：当 $y_i = 1$ 时，$\boldsymbol{\beta}^{\mathrm{T}} x_i + b > 0$；当 $y_i = -1$ 时，$\boldsymbol{\beta}^{\mathrm{T}} x_i + b < 0$。该超平面的方程可以表示为

$$\boldsymbol{\beta}^{\mathrm{T}} x_i + b = 0 \tag{4-5}$$

其中，$\boldsymbol{\beta}$ 是超平面的法向量，决定了超平面的方向；b 是超平面的截距，决定了超平面距原点的距离；x_i 是样本空间中的点。

为了找到最优的超平面，需要最大化超平面到两类样本中最近点的距离 (间隔)。在超空间中，任意一点 x_i 到超平面的距离可以表示为

$$r = \frac{|\boldsymbol{\beta}^{\mathrm{T}} x_i + b|}{\|\boldsymbol{\beta}\|} \tag{4-6}$$

由于 y_i 的取值为 -1 和 1，可以将间隔的表达式简化为

$$r = \frac{y_i(\boldsymbol{\beta}^{\mathrm{T}} x_i + b)}{\|\boldsymbol{\beta}\|} \tag{4-7}$$

为了最大化间隔，考虑所有样本点中的最小间隔，即

$$\min_{i=1,\cdots,m} \frac{y_i(\boldsymbol{\beta}^{\mathrm{T}} x_i + b)}{\|\boldsymbol{\beta}\|} \tag{4-8}$$

为了简化问题，可以将式(4-8) 中的分子固定为 1(通过调整 $\boldsymbol{\beta}$ 和 b 的比例)，从而转化为最大化 $\frac{1}{\|\boldsymbol{\beta}\|}$，这等价于最小化 $\frac{1}{2}\|\boldsymbol{\beta}\|^2$。其中，因为 $\frac{1}{\|\boldsymbol{\beta}\|}$ 是凸函数，而 $\frac{1}{2}\|\boldsymbol{\beta}\|^2$ 是其平方，更方便进行求解。

为了使所有样本点都被正确分类，需要满足以下约束条件：

$$y_i(\boldsymbol{\beta}^{\mathrm{T}} x_i + b) \geqslant 1, \quad i = 1, 2, \cdots, m \tag{4-9}$$

综合以上，线性可分 SVM 的优化问题可以表示为

$$\min_{\boldsymbol{\beta},b} \frac{1}{2}\|\boldsymbol{\beta}\|^2 \tag{4-10}$$

$$\text{s.t.} \quad y_i(\boldsymbol{\beta}^{\mathrm{T}} x_i + b) \geqslant 1, \quad i = 1, 2, \cdots, m \tag{4-11}$$

这是一个带有线性约束的二次规划问题，可以使用拉格朗日乘子法或序列最小优化算法等求解。这里用拉格朗日乘子法求解上述问题，引入拉格朗日函数：

$$(\boldsymbol{\beta}, b, \alpha) = \frac{1}{2}\|\boldsymbol{\beta}\|^2 - \sum_{i=1}^{} m\alpha_i[y_i(\boldsymbol{\beta}^{\mathrm{T}} x_i + b) - 1] \tag{4-12}$$

其中，$\alpha_i \geqslant 0$ 是拉格朗日乘子。通过求解拉格朗日函数的极值，可以找到原问题的解。这通常涉及对 $\boldsymbol{\beta}$、b 和 α 的偏导数置零，并利用 KKT 条件进行求解。最终可以得到决策函数 $f(x)$，用于分类预测。

示例说明如何绘制具有两个预测变量的二类 (二元)SVM 分类器的决策边界和边距线。数据集为鸢尾花数据集。鸢尾花数据集是常用的分类实验数据集，由 Fisher 在 1936 年收集整理。鸢尾花数据集内包含 3 种类别，分别为山鸢尾 (iris-setosa)、变色鸢尾 (iris-versicolor) 和维吉尼亚鸢尾 (iris-virginica)。每类各 50 个数据，每个数据记录有萼片长度、萼片宽度、花瓣长度、花瓣宽度 4 个特征，通过这 4 个特征预测鸢尾花属于哪一品种。在本例中，排除所有变色鸢尾品种 (仅留下山鸢尾和维吉尼亚尾品种)，仅保留萼片长度和宽度测量值。

在 MATLAB 中使用 fitcsvm() 来训练 SVM 分类器，输入参数为 $X_1 =$ 萼片长度，$X_2 =$ 萼片宽度，$y =$ 两个参数代表的类别。经过训练，分类器属性包括支持向量、线性预测变量系数和偏置项。分类器的最佳分离超平面是由 $\beta_1 X_1 + \beta_2 X_2 + b = 0$ 指定的直线，其中 $\beta_1 = 2.0686$，$\beta_2 = -1.7228$，$b = -6.1742$。将两个品种之间的决策边界绘制为一条实线，为图 4-2 中的边界线。绘制数据中圈出来的是支持向量。支持向量是发生在其估计的类边界之上或之外的观测值。线性预测变量系数 β_1 和 β_2 定义与决策边界正交的向量。最大边距宽度为 $2\|\boldsymbol{\beta}\|^{-1}$，其中 $\boldsymbol{\beta} = [\beta_1 \; \beta_2]$，将最大边距边界绘制为虚线，为图 4-2 中的上边界和下边界。

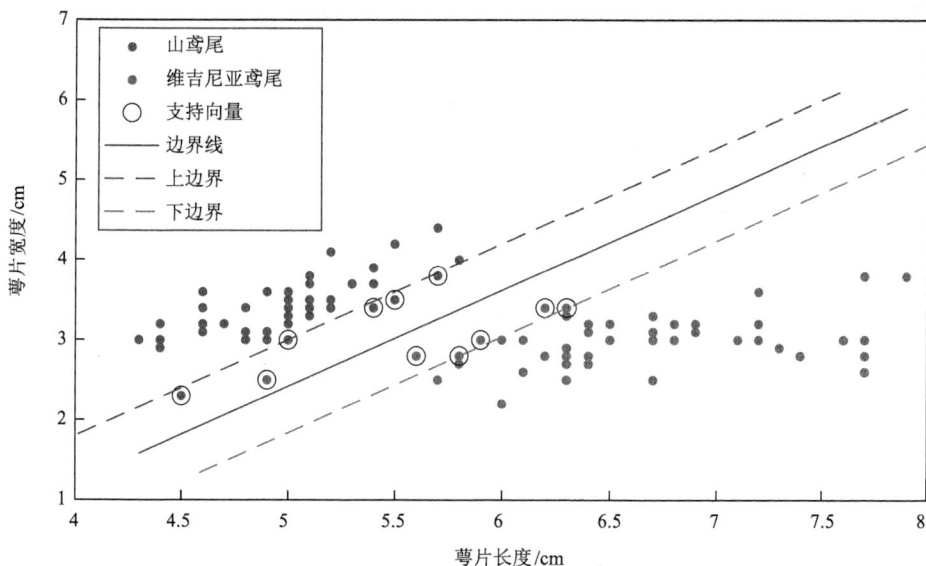

图 4-2　支持向量机分类

4.1.3　朴素贝叶斯

朴素贝叶斯是一种基于贝叶斯定理的分类算法。它的基本思想是通过先验概率和条件概率计算后验概率，从而实现分类。"朴素"是因为它假设不同特征之间相互独立，简化了模型的计算。

具体来说，对于给定的样本数据，朴素贝叶斯算法先计算每个类别的先验概率和每个特征在不同类别下的条件概率，然后根据贝叶斯定理求出后验概率，最终选择具有最大后验概率的类别作为预测结果。朴素贝叶斯算法在文本分类、垃圾邮件过滤、情感分析等领域都有广泛应用。

贝叶斯定理可以表示为

$$P(Y|X) = \frac{P(Y)P(X|Y)}{P(X)} \tag{4-13}$$

其中，$P(X|Y)$ 表示给定特征 X 时 Y 的概率；$P(Y)$ 代表类别 Y 的先验概率；$P(X)$ 代表特征 X 的先验概率。朴素贝叶斯假设特征之间是条件独立的。因此，如果 X 包含多个特征 $x_1, x_2, \cdots, x_n$，则条件概率 $P(X|Y)$ 可以表示为这些特征条件概率的乘积，表达如下：

$$P(X|Y) = P(x_1|Y) \times P(x_2|Y) \times \cdots \times P(x_n|Y) \tag{4-14}$$

再结合贝叶斯定理和特征条件独立假设，可以推导为

$$P(Y|X) = \frac{P(x_1|Y) \times P(x_2|Y) \times \cdots \times P(x_n|Y) \times P(Y)}{P(X)} \tag{4-15}$$

在分类时，后验概率 $P(Y|X)$ 最大的类别 Y 会被选择。由于分母 $P(X)$ 相同，这等价于选择使得分子 $P(x_1|Y) \times P(x_2|Y) \times \cdots \times P(x_n|Y) \times P(Y)$ 最大的类别 Y。

本示例仍是数据集为鸢尾花数据集，使用朴素贝叶斯算法对三个类别的鸢尾花进行分类。输入为萼片长度和宽度测量值和相对应的标签。在 MATLAB 里利用 fitcnb() 函数训练朴素贝叶斯模型分类器，其使用具有一定均值和标准差的高斯分布对每个类中的预测变量分布进行建模。使用点表示法来显示特定高斯拟合的参数，山鸢尾的拟合特征：均值为 1.4620，标准差为 0.1737。变色鸢尾的拟合特征：均值为 4.26，标准差为 0.4699。维吉尼亚鸢尾的拟合特征：均值为 5.5520，标准差为 0.5519。可绘制高斯等值线如图 4-3 所示。

彩图 4-3

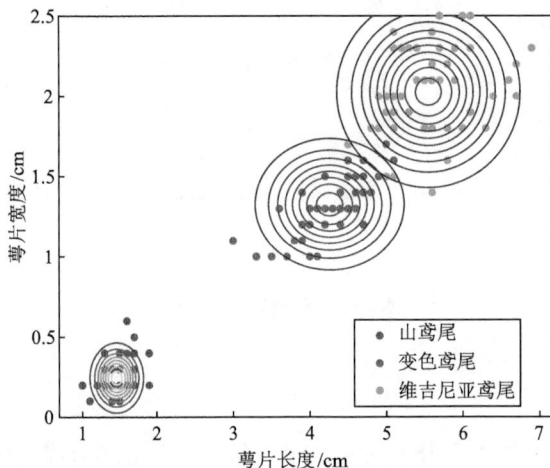

图 4-3　朴素贝叶斯分类

4.1.4　K 均值聚类

K 均值聚类算法 (K-means clustering algorithm) 是一种无监督学习的聚类算法，其目标是将数据集中的样本划分为 K 个不重叠的聚类，使得每个样本点与其所属聚类中心的距离之和最小。以下是对 K 均值聚类算法公式推导的详细解释。

1. 基本概念

(1) 聚类中心：每个聚类的中心点，通常是通过计算该聚类内所有样本点的均值得到的。

(2) 样本距离：通常使用欧氏距离的平方作为样本点与聚类中心之间距离的度量。

2. 算法流程

(1) 初始化：随机选择 K 个样本点作为初始聚类中心。

(2) 分配：计算每个样本点与各个聚类中心的距离，将每个样本点分配给距离它最近的聚类中心。

(3) 更新：重新计算每个聚类的聚类中心，通常是计算该聚类内所有样本点的均值。

(4) 迭代：重复步骤 (2) 和步骤 (3)，直到满足某个终止条件 (如聚类中心不再变化，或达到预设的最大迭代轮数)。

3. 公式

样本点与聚类中心之间的欧氏距离的平方为

$$d(\boldsymbol{x}_i, \boldsymbol{c}_j) = \sum_{k=1}^{m} (x_{ki} - c_{kj})^2 = \|\boldsymbol{x}_i - \boldsymbol{c}_j\|_2^2 \tag{4-16}$$

其中，$\boldsymbol{x}_i = [x_{1i} \quad x_{2i} \quad \cdots \quad x_{mi}]^T$ 和 $\boldsymbol{c}_j = [c_{1j} \quad c_{2j} \quad \cdots \quad c_{mj}]^T$ 分别是样本点和聚类中心的特征向量；m 是特征向量的维度。聚类中心 $\boldsymbol{c}_j$ 的更新公式为

$$\boldsymbol{c}_j = \frac{1}{|G_j|} \sum_{\boldsymbol{x}_i \in G_j} \boldsymbol{x}_i \tag{4-17}$$

其中，G_j 是第 j 个聚类中的样本点集合；$|G_j|$ 是该聚类中的样本点个数。这个公式计算了聚类 G_j 中所有样本点的均值，并将其作为新的聚类中心。目标函数最小化 K 均值聚类的目标是最小化准则函数 J，即所有样本点到其所属聚类中心的距离平方之和：

$$J = \sum_{j=1}^{k} \sum_{\boldsymbol{x}_i \in G_j} \|\boldsymbol{x}_i - \boldsymbol{c}_j\|_2^2 \tag{4-18}$$

通过迭代更新聚类中心和重新分配样本点，算法逐渐减小 J 的值，直到满足终止条件。

示例利用鸢尾花数据集，输入为萼片长度和宽度测量值，利用 K 均值聚类算法把数据点分成三类，其中颜色一样的为一类，中心黑圈为聚类中心。对比图 4-4(a) 和 (b) 可以清楚地看出来，除了少量边缘点，该聚类算法能很好地对三类花进行分类，且都找到相对应的聚心。但是存在一定的缺点，K 均值聚类算法对初始聚类中心的选择非常敏感，不同的初始值可能导致不同的聚类结果，且算法可能收敛到局部最优解而非全局最优解。最后需要事先指定聚类数目 K，不合适的 K 值可能影响聚类效果。

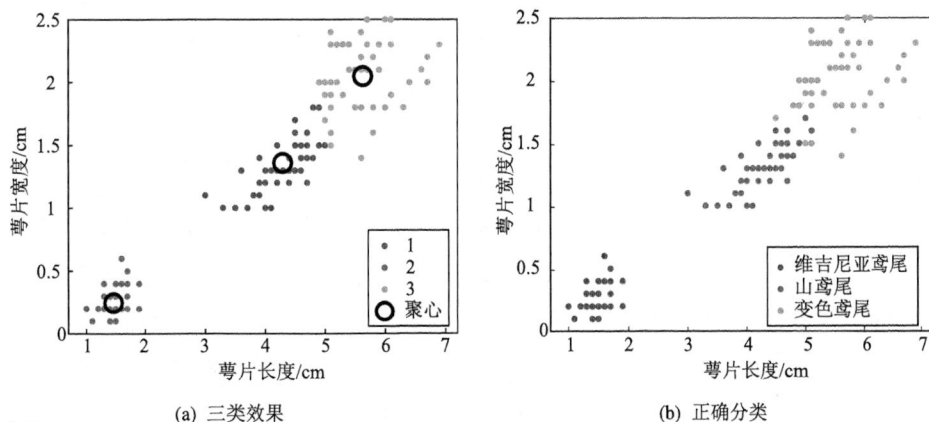

(a) 三类效果　　　(b) 正确分类

图 4-4　K 均值聚类

4.1.5　层次聚类

层次聚类是一种无监督的机器学习算法，用于将数据点分组为一组一组的聚类。它是将数据点组织成树状结构的算法，之所以称为层次聚类，是因为聚类是一层一层地构

建的。在这个过程中，从最初的单个数据点开始，每个步骤都将相似的数据点聚集到一起，直到最终形成一个由所有数据点组成的完整聚类树或层次结构。

层次聚类有两种主要类型：凝聚型和分裂型。凝聚型从底部开始，将每个数据点看作一个单独的聚类，并将相似的聚类逐渐合并为更大的聚类，直到最终形成一个大的完整聚类。初始状态：每个数据点都被视为一个单独的聚类。聚类过程：在每轮迭代中，选择两个最接近的聚类 (基于某种距离度量，如欧氏距离)，并将它们合并为一个新的聚类。这个过程一直重复，直到满足某个停止条件 (如达到预设的聚类数量，或聚类的最大直径超过了某个阈值)。

分裂型从顶部开始，将所有数据点视为一个大的聚类，并将其逐步分裂为越来越小、更具体的聚类，直到最终每个数据点都形成一个单独的聚类。初始状态：所有数据点被视为一个单一的聚类。聚类过程：在每轮迭代中，选择一个聚类并将其分裂成两个子聚类。分裂的依据可以是聚类内的某种距离度量 (如最大距离、平均距离等)，直到每个聚类只包含一个数据点或满足某个停止条件。

层次聚类的优点在于它可以发现数据中潜在的层次结构，并且不需要预先指定要生成多少个聚类。同时，它还可以可视化地显示不同数据点之间的相似度和聚类之间的关系，从而帮助人们更好地理解数据。然而，层次聚类的计算复杂度较高，对于大型数据集来说，计算时间和内存需求可能会非常高。

图 4-5 利用鸢尾花数据集进行层次聚类，输入为萼片长度和宽度测量值，在 MATLAB 中，用 linkage() 函数进行层次聚类，链接标准为 single，链接使用最近点之间的距离。分类结果如图 4-5(a) 所示，对比图 4-5(b)，该聚类效果并不理想，后续可以利用不同的链接标准和距离再进行聚类对比，提高精度。

彩图 4-5

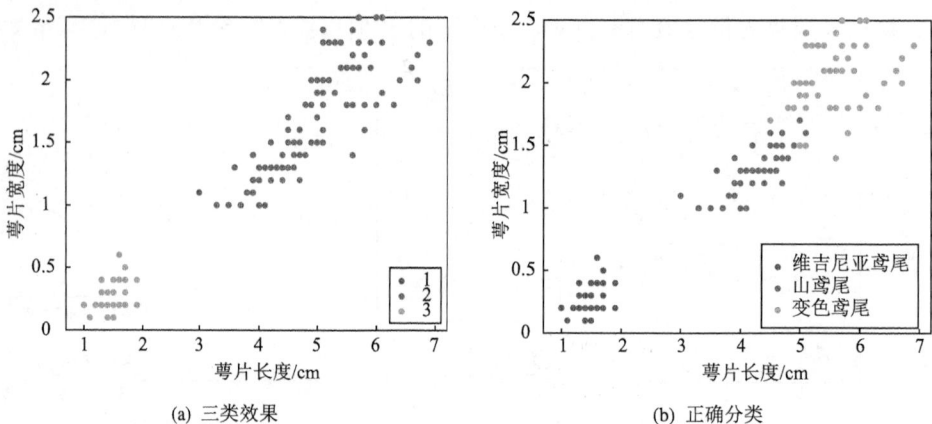

(a) 三类效果   (b) 正确分类

图 4-5   层次聚类

4.1.6　主成分分析

主成分分析 (principal component analysis，PCA) 是一种常见的数据降维技术，它通过线性变换将高维数据映射到低维空间中，使得映射后的数据最大限度地保留原始数据的特征信息。具体来说，PCA 可以通过计算协方差矩阵或者奇异值分解来得到一组正交基，将原始数据映射到这组基上，然后保留其中的前 k 个主成分，即可得到降维后的数据。这些主成分代表了原始数据中最重要的特征，可以用于数据可视化、分类、聚类等应用场景。

数据标准化：首先，对原始数据进行标准化处理，以消除不同变量量纲对分析结果的影响。标准化通常通过以下公式进行：

$$X_{标准化} = \frac{X - \mu}{\sigma} \tag{4-19}$$

其中，X 是原始数据；μ 是变量的均值；σ 是变量的标准差。

协方差矩阵计算：协方差矩阵是一个对称矩阵，其元素表示各变量之间的协方差。对于标准化后的数据，协方差矩阵也可以看作相关系数矩阵。协方差矩阵的计算公式为

$$\Sigma = \frac{1}{n-1} X_{标准化}^{\mathrm{T}} X_{标准化} \tag{4-20}$$

其中，n 是样本数量；$X_{标准化}^{\mathrm{T}}$ 是标准化后的数据矩阵。

特征值分解：对协方差矩阵进行特征值分解，得到特征值和对应的特征向量。特征值分解的公式可以表示为

$$\Sigma V = V \Lambda \tag{4-21}$$

其中，Σ 是协方差矩阵；V 是特征向量矩阵 (其列是特征向量)；Λ 是对角矩阵，其对角线上的元素是特征值。特征值和特征向量的意义：每个特征值表示对应主成分的重要性 (方差大小)，特征值越大，表示该主成分包含的信息越多；特征向量表示主成分的方向。

选择主成分：通常选择特征值大于 1 或累积贡献率达到一定阈值的特征向量作为主成分。这是因为特征值大于 1 的主成分比单个原始变量包含更多的信息。

投影数据：将原始数据投影到选定的主成分上，得到降维后的数据。投影公式为

$$Z = X_{标准化} V_{主成分} \tag{4-22}$$

其中，$V_{主成分}$ 是由选定的主成分对应的特征向量组成的矩阵。

主成分分析的公式推导过程主要包括数据标准化、协方差矩阵计算、特征值分解、选择主成分和投影数据等步骤。通过这些步骤，可以将原始数据中的相关性消除，并提取出主要的信息成分，从而实现数据的降维和简化分析过程。

4.2　基于机器学习的故障诊断技术

本节以滚动轴承的故障诊断为例，来介绍基于机器学习的故障诊断技术。

1. 数据集的选择和预处理

本例说明如何根据加速度信号，利用机器学习算法，对滚动轴承进行故障诊断，尤其是在存在来自其他的机器部件强干扰噪声的影响的情况。问题概述：滚动轴承的局部故障可能发生在外圈、内圈、保持架或滚动体中。当滚动撞击外圈或内圈上的局部故障，或者滚动体上的故障撞击外圈或内圈时，轴承会发生高频共振，利用加速度传感器

可以收集到相关的信号。图 4-6 显示了滚动轴承和内圈的局部损伤。研究问题是如何通过机器学习算法检测和识别各种类型的故障。

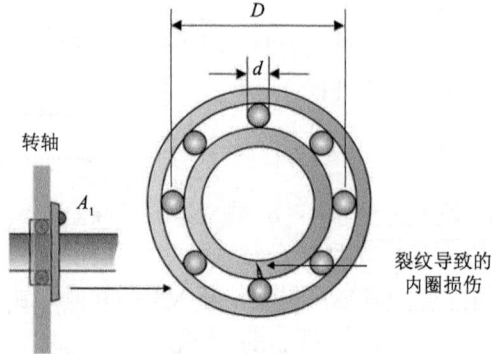

图 4-6   轴承故障图

机械故障预防技术 (MFPT) 挑战数据[4] 包含从各种故障条件下的机器收集的 23 个数据集。前 20 个数据集是从轴承实验台收集的,其中 3 个在良好条件下,3 个在恒载下存在外圈故障,7 个在各种载荷下存在外圈故障,7 个在各种负载下存在内圈故障。其余 3 个数据集来自真实世界的机器:油泵轴承、中速轴承和行星轴承。在此案例中,使用一个内圈故障数据 InnerRaceFault_vload_1.mat、外圈故障数据 OuterRaceFault_2.mat 和健康数据 baseline_1.mat 进行有监督学习。把内圈故障数据分成 30×4096,并打上标签 2;外圈故障数据分成 50×4096,打上标签 1;健康数据分成 50×4096,打上标签 0。共 130 个样本作为训练样本。另外使用一个内圈故障数据 InnerRaceFault_vload_6.mat、外圈故障数据 OuterRaceFault_3.mat 和健康数据 baseline_3.mat,以相同的方式作为测试样本,得到 130 个测试样本。

每个数据集包含一个加速度信号 "gs"、采样率 "sr"、轴速度 "rate"、负载重量 "load",以及代表不同故障位置的四个故障频率:球传故障频率外圈 (BPFO)、球传内圈故障频率 (BPFI)、基轨故障频率 (FTF) 和球自旋故障频率 (BSF)[5]。以下是这些故障频率的计算公式:

$$BPFO = \frac{nf_r}{2}\left(1 - \frac{d}{D}\cos\phi\right) \tag{4-23}$$

$$BPFI = \frac{nf_r}{2}\left(1 + \frac{d}{D}\cos\phi\right) \tag{4-24}$$

$$FTF = \frac{f_r}{2}\left(1 - \frac{d}{D}\cos\phi\right) \tag{4-25}$$

$$BSF = \frac{Df_r}{2d}\left[1 - \left(\frac{d}{D}\cos\phi\right)^2\right] \tag{4-26}$$

其中,d 是球直径;D 是节距直径;f_r 是轴转速;n 是滚动体的数量;ϕ 是轴承接触角。

根据以上公式,可以计算 $BPFO = 81.1250$,$BPFI = 118.8750$,$FTF = 14.8375$,$BSF = 63.91$。

利用表 4-1 中的指标计算公式,对 130×4096 个数据进行计算,每段 4096 信号可以被计算为一个特征,这里选用时域信号中的均值、方差值、偏态值、峭度值、峰峰值、均方根值、形状因子、峰值因子、脉冲因子、裕度因子等指标作为信号特征,用于机器学习模型的输入[1]。相对应的标签为 0、1、2,其中 0 为健康,1 为外圈故障,2 为内圈故障。

表 4-1 故障特征的定义

特征指标	公式	描述
峰值	$x_{\mathrm{p}} = \max\{|x_i|\}$	反应信号中的最大振幅
峰峰值	$x_{\mathrm{ppv}} = \max\{x_i\} - \min\{x_i\}$	反应信号中最大值和最小值之差
均值	$x_{\mu} = \frac{1}{N} \sum\limits_{i=1}^{N} x_i$	反应信号中静态的平衡位置
均方根值	$x_{\mathrm{rms}} = \sqrt{\frac{1}{N} \sum\limits_{i=1}^{N} x_i^2}$	反应信号能量的大小,评价振动的等级
方差值	$\sigma_x^2 = x_{\mathrm{rms}}^2 - \bar{x}^2$	反应振动信号距离平衡位置的变化程度
绝对平均值	$|\bar{x}| = \frac{1}{N} \sum\limits_{i=1}^{N} |x_i|$	反应信号周期运行状态
方根幅值	$x_{\mathrm{r}} = \left(\frac{1}{N} \sum\limits_{i=1}^{N} \sqrt{|x_i|} \right)^2$	反应信号强度
偏态值	$x_{\mathrm{sv}} = \frac{1}{N} \sum\limits_{i=1}^{N} \left(\frac{x_i - \bar{x}}{\sigma} \right)^3$	该值越大,表示信号越不对称
峭度值	$x_{\mathrm{kv}} = \frac{1}{N} \sum\limits_{i=1}^{N} \left(\frac{x_i - \bar{x}}{\sigma} \right)^4$	反映故障振动产生的大幅值脉冲信号
形状因子	$x_{\mathrm{sf}} = \frac{x_{\mathrm{rms}}}{|\bar{x}|}$	其值大于或等于 1
峰值因子	$x_{\mathrm{cf}} = \frac{x_{\max}}{x_{\mathrm{rms}}}$	用来检测信号中是否存在冲击
脉冲因子	$x_{\mathrm{if}} = \frac{x_{\max}}{|\bar{x}|}$	数据脉冲因子大于峰值因子,检测冲击
裕度因子	$x_{\mathrm{mf}} = \frac{x_{\max}}{x_{\mathrm{r}}}$	用于检测机械设备的磨损情况
峭度因子	$x_{\mathrm{kf}} = \frac{x_{\mathrm{kv}}}{x_{\mathrm{rms}}^4}$	表示波形平缓程度
重心频率	$f_{\mathrm{c}} = \dfrac{\sum\limits_{i=1}^{N} f_i p_i}{\sum\limits_{i=1}^{N} p_i}$	描述信号在频谱中分量较大的成分的频率
频率方差	$f_{\mathrm{v}} = \dfrac{\sum\limits_{i=1}^{N} (f_i - f_{\mathrm{c}})^2 p_i}{\sum\limits_{i=1}^{N} p_i}$	衡量功率谱能量分散程度
均方频率	$f_{\mathrm{ms}} = \dfrac{\sum\limits_{i=1}^{N} f_i^2 p_i}{\sum\limits_{i=1}^{N} p_i}$	描述功率谱主频带位置分布

2. 确定模型和计算精度

首先,按照上边的步骤提前计算出 11 维特征向量,把训练数据输入机器学习模型中,这里选用机器学习模型精细树、线性判别、朴素贝叶斯、SVM、高效逻辑回归、KNN 进行学习训练。然后,用交叉验证等模型选择方法,找到最优超参数或模型参数,得到最优分类器。最后,将测试数据代入该分类器,预测得到所对应的健康状态,并进行计算。为了直观观察特征的分布效果,下边的例子给出了数据特征的散点分布图。由于绘图只能在二维和三维空间进行,选择均值特征、方差特征和健康状况类别,绘制分类效果图如图 4-7(a) 所示。可以发现,各种状态类型区分得比较清楚且分布比较集中。采用均值特征和峭度特征输入时,如图 4-7(b) 所示,健康状态和外圈故障状态会重叠在一起,说明它们的该特征区别度不大。这表明,故障特征对机器学习算法的分类性能影响较大,而选择最具判别性的特征需要依赖于对问题的理解和专家经验。这在一定程度上制约了机器学习应用的推广。

彩图 4-7

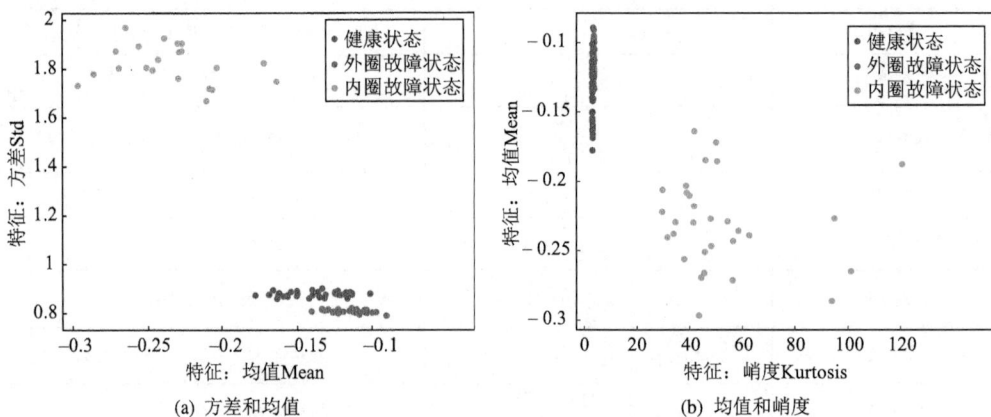

(a) 方差和均值

(b) 均值和峭度

图 4-7 轴承信号及包络谱

图 4-8 给出了精细树、线性判别、朴素贝叶斯、SVM、高效逻辑回归、KNN 六种模

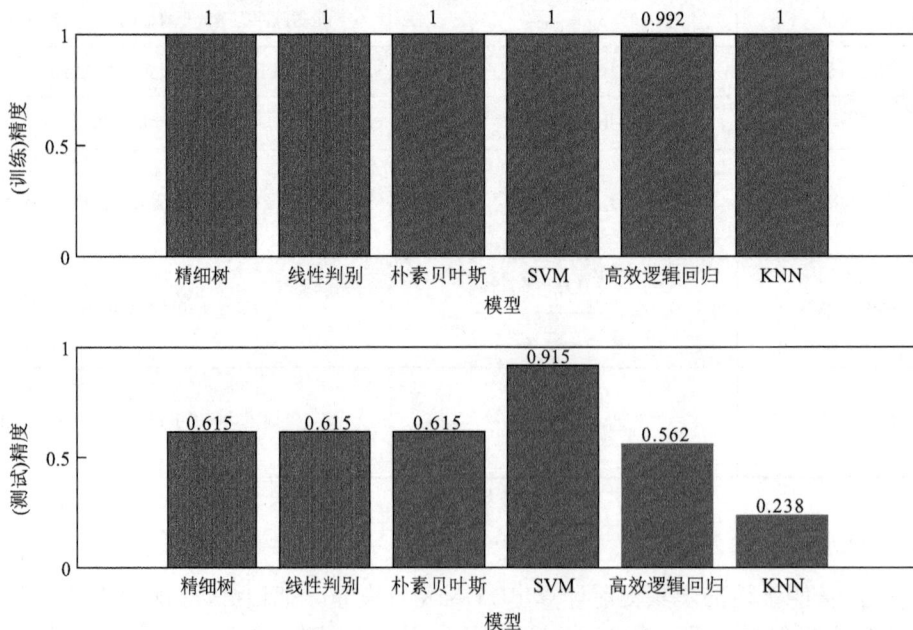

图 4-8 模型训练和测试精度

型的诊断效果。精细树模型最大分类数设为 100，分裂准则设为基尼多样性指数。线性判别设协方差结构为满。朴素贝叶斯数值变量预设为高斯变量。SVM 核函数设为高斯函数，核尺度为 3.3，多分类方法是一对一，框约束级别设为 1。高效逻辑回归中，学习器设为逻辑回归，误差设置为 0.0001。KNN 模型设邻节点个数为 1，距离度量为欧氏距离，距离权重为等距离，并用标准化数据。由图 4-8 可以看到，除了高斯逻辑回归，其他的模型训练精度都达到了 100%，但是用测试数据验证的时候，精细树、线性判别、朴素贝叶斯为 61.5%，高效逻辑回归为 56.2%，KNN 为 23.8%，测试精度都比较低，SVM 为 91.5%，有着较高的测试精度。通过对比，可以优先选择 SVM 算法对故障轴承进行分类诊断。

3. 总结

精细树 (决策树) 优点：易于理解和解释，可视化效果好；数据准备简单，能够处理数值型和常规型属性；可以对大型数据源快速做出可行且效果良好的结果；易于通过静态测试对模型进行评测；适用于多类别问题。缺点：对于类别不平衡的数据，决策树可能偏向于具有更多数值的特征；处理缺失数据时可能遇到困难；容易出现过度拟合问题；忽略了数据集中属性之间的相关性。

线性判别 (LDA) 优点：可以利用类别的先验知识经验进行降维；在样本分类信息依赖均值而不是方差的情况下，LDA 比 PCA 等算法更优。缺点：不适合对非高斯分布样本进行降维；降维的维度最多只能降到类别数 $k-1$，如果降维的维度需求大于 $k-1$，则不能使用 LDA；在样本分类信息依赖方差而不是均值的情况下，降维效果不好；可能会过度拟合数据。

朴素贝叶斯优点：简单快速，适用于大规模数据集；适用于多分类问题，并具有较好的分类效果；能够处理高维数据，对缺失数据不敏感；具有较好的泛化能力。缺点：假设特征之间相互独立，但实际中往往不满足此假设；对输入数据的表达方式较为敏感；无法处理连续型数据，需要进行离散化处理；对类别之间的先验概率敏感，不平衡的先验概率可能导致分类结果偏斜。

支持向量机优点：能够处理高维数据，具有较强的泛化能力；适用于小样本数据，可以处理非线性问题；具有较好的鲁棒性和可解释性。缺点：对参数的选择敏感，参数选择不当可能导致分类效果较差；计算复杂度高，对大规模数据集和高维数据集可能不适用；对数据的缩放敏感，需要进行归一化处理；对噪声数据敏感。

高效逻辑回归优点：实现简单，容易理解和实现；计算效率高，适用于大规模数据集；可解释性强，输出结果是概率值，可以直观解释模型的输出。缺点：是一种线性模型，对于非线性可分的问题表现较差；对输入特征之间的相关性较为敏感；当样本特征过多或样本数量较少时，容易出现过拟合的问题。

KNN(K 最近邻) 优点：简单易懂，易于实现；适用于多类别问题和大型数据集；对数据分布没有假设性，适用于非线性数据；可进行在线学习。缺点：计算复杂度高，对于大数据集可能不适用；需要确定 K 的值，不恰当的 K 值可能产生较大误差；对异常值敏感；数据不平衡问题可能影响分类结果；需要高维度数据和标准化处理以避免特征权重不平衡。

综上，这些模型各有其优缺点，在实际应用中需要根据具体的问题和数据特点来选择合适的模型。

4.3 基于机器学习的健康状态评估与预测技术

4.3.1 故障预测与健康管理

1. 介绍

故障预测与健康管理 (PHM) 作为现代工业维护与优化的前沿技术，正深刻改变着从航空航天、能源电力到交通运输、医疗设备等多个关键领域的运营方式。它融合了先进的传感器技术、大数据处理、机器学习、人工智能以及专家系统等多学科知识，构建了一个全面而精细的健康监测与预测体系。

PHM 系统的首要任务是实现对目标系统或设备运行状态的实时监测。通过部署在关键部位的高精度传感器网络，PHM 能够连续不断地收集包括振动、温度、压力、电流等在内的多维度数据。这些数据不仅是后续分析的基础，更是捕捉系统微小变化、识别潜在问题的关键。

收集到的大量数据随后会进入数据分析阶段，这里主要依赖于高级的数据处理技术和算法。通过数据清洗、特征提取、降维等技术手段，将原始数据转化为对健康管理有价值的信息。同时，利用机器学习算法进行模式识别，自动从海量数据中学习并识别出正常与异常操作模式的差异，为后续的预测建模提供有力支持。

基于历史数据和当前运行状态，PHM 采用统计模型、物理模型或混合模型等方法构建预测模型。这些模型能够预测系统或设备的未来性能变化趋势，包括性能衰退速度、潜在故障类型及发生时间等。尤为重要的是，PHM 能够进行剩余使用寿命 (remaining useful life，RUL) 预测，即在保证一定置信度的情况下，估计系统或设备从当前状态到达到预定性能阈值所剩余的时间，这对于制定科学合理的维护计划至关重要。

结合预测结果，PHM 系统能够生成维护决策建议，实现从被动响应式维护向主动预防性维修的转变。这些建议不仅限于何时进行维护，还包括维护的具体内容、所需资源及优先级排序等，以最大化维护效率并最小化对生产运营的影响。此外，PHM 系统还能根据长期运行数据持续优化维护策略，通过反馈循环不断提升预测精度和维护效率。

综上，故障预测与健康管理以其强大的实时监测、精准预测和智能决策能力，正逐步成为推动各行业向智能化、高效化转型的重要力量[6]。

2. 方法分类

PHM 的实现涉及多种方法，这些方法可以大致分为以下几类。

1) 基于物理模型的故障预测与健康管理

基于物理模型的故障预测与健康管理是一种深度依赖于研究对象物理本质和运行原理的预测与维护方法。基于物理模型的故障预测与健康管理，顾名思义就是通过深入理解和分析研究对象的物理原理、运行机制及失效模式，建立相应的物理模型，并结合历史数据和实时监测信息，对系统的健康状态进行评估、预测和管理。这种方法要求研究人员对研究对象的物理本质有深刻的认识，并能准确掌握其运行原理和失效机制。主要步骤如下。

(1) 物理原理分析：需要对研究对象的物理原理进行深入分析，明确其工作原理、结构组成及相互之间的作用关系。

(2) 物理模型建立：在物理原理分析的基础上，建立能够反映研究对象物理本质和运行原理的数学模型或物理模型。这些模型应能够准确描述系统的正常运行状态、异常状态及失效模式。

(3) 数据采集与处理：通过传感器等监测设备实时采集研究对象的运行数据，并对数据进行预处理和特征提取，以便后续分析。

(4) 健康状态评估：利用建立的物理模型对处理后的数据进行分析，评估系统的健康状态，包括正常、异常及故障等级等。

(5) 故障预测：基于历史数据和实时监测信息，结合物理模型预测系统未来的健康状态变化趋势，特别是故障发生的时间和可能性。

(6) 健康管理决策：根据故障预测结果，制定相应的健康管理决策，包括预防性维修、故障排查及修复等，以确保系统的可靠性和安全性。

基于物理模型的优势在于能够深入研究和理解研究对象的物理本质和运行原理，为故障预测提供坚实的基础。由于基于物理模型进行预测，因此具有较高的准确性和可靠性。其特别适用于结构简单、原理清晰、影响因素较少的研究对象。但是其也面临许多挑战：对于具有复杂结构和影响因素众多的研究对象，建立准确的物理模型具有较大难度；模型的准确性和预测效果高度依赖于数据的准确性和完整性；物理模型的建立和计算往往涉及复杂的数学运算和仿真模拟，对计算资源要求较高。

2) 基于数据驱动的故障预测与健康管理

基于数据驱动的故障预测与健康管理是以数据为核心，通过收集设备的运行数据(如温度、压力、振动等)，利用数据分析技术(如机器学习、信号处理等)提取关键特征，来构建预测模型，从而实现对设备健康状态的实时监测、评估和预测。该方法的核心在于数据的收集、处理和分析，以及基于数据的预测模型的构建和应用。主要步骤如下。

(1) 数据采集：通过传感器、监控设备等手段，实时采集设备的运行数据。这些数据应全面反映设备的运行状态、工作负载和环境信息等。

(2) 数据预处理：对采集到的数据进行清洗、滤波、标准化等预处理操作，以消除噪声、异常值和量纲不一致等问题，提高数据质量。

(3) 特征提取：从预处理后的数据中提取与设备故障相关的关键特征，这些特征应能够反映设备的健康状态和潜在故障信息。

(4) 模型构建：利用机器学习、深度学习等算法，基于提取的特征构建预测模型。这些模型应能够准确预测设备的未来健康状态和潜在故障。

(5) 故障预测与健康管理：将构建好的预测模型应用于实时监测数据中，对设备的健康状态进行评估和预测。根据预测结果，制定相应的健康管理策略，包括预防性维修、故障排查及修复等。

其优势在于：能够实时监测设备的运行状态，及时发现潜在故障；基于大量数据分析的预测模型具有较高的准确性；能够实现自动化监测和预测，减少人工干预；能够适应不同设备和场景的需求，具有较强的通用性。面临的挑战在于：数据质量直接影响预测模型的准确性和可靠性；构建高准确性的预测模型需要复杂的算法和大量的计算资源；对实时性要求较高的场景需要高效的数据处理和预测算法；在收集和处理设备数据时，需要考虑隐私保护和数据安全问题。

3) 基于概率统计的故障预测与健康管理

基于概率统计的故障预测与健康管理的核心在于利用概率统计理论来建模和分析设备的运行数据。通过构建概率统计模型，可以量化设备的健康状态、故障发生的概率以及剩余使用寿命等关键指标。这种方法不仅能够提供设备状态的定量评估，还能够为决策制定提供科学依据。主要步骤如下。

(1) 数据收集：需要收集设备的运行数据，包括温度、压力、振动、电流等多种参数。这些数据应全面反映设备的运行状态和工作环境。

(2) 数据预处理：对收集到的数据进行清洗、滤波、标准化等预处理操作，以消除噪声、异常值和量纲不一致等问题。预处理后的数据将用于后续的分析和建模。

(3) 概率统计模型构建：基于预处理后的数据，构建概率统计模型。这些模型可以是基于参数的 (如参数估计、假设检验等)，也可以是基于非参数的 (如核密度估计、聚类分析等)。模型的选择应根据数据的特性和分析需求来确定。

(4) 健康状态评估：利用构建好的概率统计模型对设备的健康状态进行评估。这通常涉及计算设备的健康指数、故障概率等关键指标，以量化设备的健康状态。

(5) 故障预测：基于概率统计模型，预测设备未来可能出现的故障类型、时间和概率。这有助于提前制定预防性维修计划，减少故障对生产的影响。

(6) 健康管理决策：根据故障预测结果，制定相应的健康管理决策。这包括预防性维修计划的制定、故障排查及修复等。通过实施这些决策，可以确保设备的可靠性和安全性。

该方法的优势在于能够提供设备状态的定量评估，为决策制定提供科学依据。基于概率统计模型的预测通常具有较高的准确性。不足的地方在于：构建准确的概率统计模型需要复杂的数学知识和计算资源；模型的准确性和预测效果高度依赖于数据的准确性和完整性；对实时性要求较高的场景需要高效的数据处理和预测算法。基于概率统计的故障预测与健康管理是一种具有定量评估、预测准确性和灵活性等优点的技术方法。然而，在实际应用中仍需注意模型复杂性、数据依赖性和实时性要求等问题[7]。

4.3.2 案例 1：使用振动信号进行状态监测和预测

1. 数据描述

加载存储在 (这是一个从 MathWorks 支持文件站点下载的 88MB 大型数据集) 中的振动数据。数据存储在单元阵列中，该阵列是使用滚动轴承信号模拟器生成的，轴承外圈上存在单点缺陷。它包含多个振动信号段，用于模拟不同健康条件下的轴承

(缺陷深度从 3μm 增加到 3mm)。每个段存储以 20kHz 的采样率收集 1s 的信号。在 pdmBearingConditionMonitoring 中，存储缺陷深度随时间的变化，同时存储相应的时间。数据有 600 个信号样本，且每个样本长度为 20000。图 4-9 绘制不同数据段中缺陷深度的变化情况。图 4-9 分别是在第 0min、第 3000min 和第 6000min 损伤相对应的轴承信号，由此可以把轴承状态划分成绘制正常、中等故障和严重故障。可以看到，随着缺陷深度加深，幅值变化越来越大，高频共振频率越来越明显。

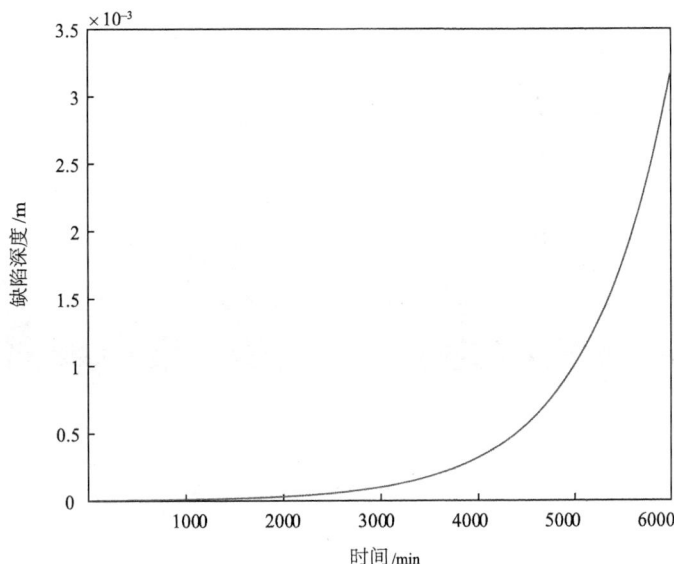

图 4-9　缺陷深度变化

2. 特征提取

在本部分中，将从每个数据段中提取代表性特征，这些特征将用于健康监测和预测。轴承诊断和预测的典型特征包括时域特征 (均方根值、峰值、信号峰度等) 或频域特征 (峰值、平均频率等)，参考表 4-1。

在选择要使用的特征之前，绘制振动信号时频图。在时域、频域或时频域中发现指示性能下降或故障的信号故障特征指标。

时频图是一种用于表示信号频率、幅度随时间变化的图形表示方法。它结合了时域图和频谱图的特点，能够同时展示信号在时间和频率两个维度上的特性。时频图是通过将信号进行傅里叶变换 (通常是短时傅里叶变换，即 STFT) 得到的。这种方法将信号分割成多个短时间段 (帧)，并对每个时间段进行傅里叶变换，从而得到该时间段内信号的频率成分及其幅度。然后，将这些信息以时间、频率和幅度为坐标轴绘制成三维图形或者用颜色深浅来表示幅度的二维图形。其优点在于能够在保持一定频率分辨率的同时，提供较高的时间分辨率，从而能够捕捉到信号中频率成分随时间的变化情况。通过时频图，可以直观地观察到信号在不同时间和频率上的能量分布，有助于分析信号的动态特性。

图 4-10(a) 和 (b) 分别代表健康轴承信号和严重故障轴承信号的时频图。使用前面定

义的采样频率 $f_s = 20\,\text{kHz}$、500 个数据点的窗口大小和 90% 的重叠率 (相当于 450 个数据点),将快速傅里叶变化的点数设置为 512。在 MATLAB 中使用函数 spectrogram() 进行计算。对比图 4-10(a) 和 (b) 可以看到,严重故障轴承信号的时频图的信号能量集中在更高的频率上。由于健康和故障轴承信号的时频图不同,因此可以从时频图中提取代表性特征,并用于状态监测和预测。在此案例中,从时频图中提取平均峰值频率作为健康指标[8]。将时频图表示为 $P(t,\omega)$,每个实例的峰值频率定义为

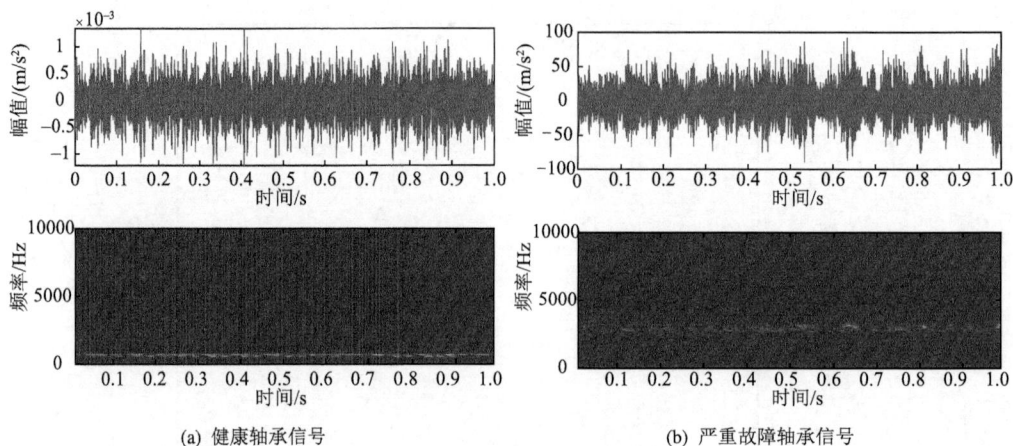

(a) 健康轴承信号　　　　　　　　　　　　(b) 严重故障轴承信号

图 4-10　不同类型信号时频图

$$\text{PeakFreq}(t) = \underset{\omega}{\text{argmax}}\, P(t,\omega) \tag{4-27}$$

平均峰值频率是上述峰值频率的平均值,可以表示为

$$\text{meanPeakFreq} = \frac{1}{T}\int_0^T \text{PeakFreq}(t)\mathrm{d}t \tag{4-28}$$

由式(4-28),可以计算健康轴承信号的平均峰值频率,约为 650Hz;接着计算严重故障轴承信号的平均峰值频率,约为 2800Hz。

在中间阶段检查数据,这里用的是第 3000min 的信号,如图 4-9 所示,此时缺陷深度不是很大,但开始影响振动信号。对信号进行频谱分析,如图 4-11(a) 所示,可以看到,高频噪声分量分布在整个时频图中。这种现象既是原始振动的混合效应,也是小缺陷引起的振动。要准确计算平均峰值频率,需要过滤数据以去除这些高频分量。这里对振动信号应用中值滤波器,在 MATLAB 中用函数 medfilt1(),以去除高频噪声分量,并保留高频中的有用信息,并进行频谱分析,得到图 4-11(b),其中高频分量被抑制。

由于平均峰值频率成功地将健康的滚动轴承与有缺陷的滚动轴承区分开,因此从每段数据中提取平均峰值频率,并绘制提取的平均峰值频率与时间的关系图,如图 4-12 所示。

3. 状态监测和预测

在本部分中,使用预定义的阈值和动态模型进行状态监测和预测。对于状态监测,创建一个警报,如果平均峰值频率超过预定义的阈值,则会触发该警报。对于预测,确

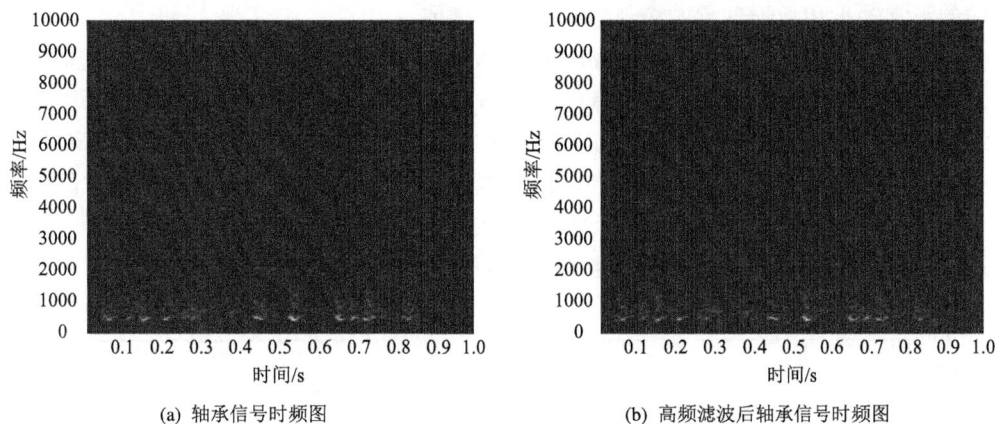

(a) 轴承信号时频图　　　　　　　　　　　　(b) 高频滤波后轴承信号时频图

图 4-11　时频图

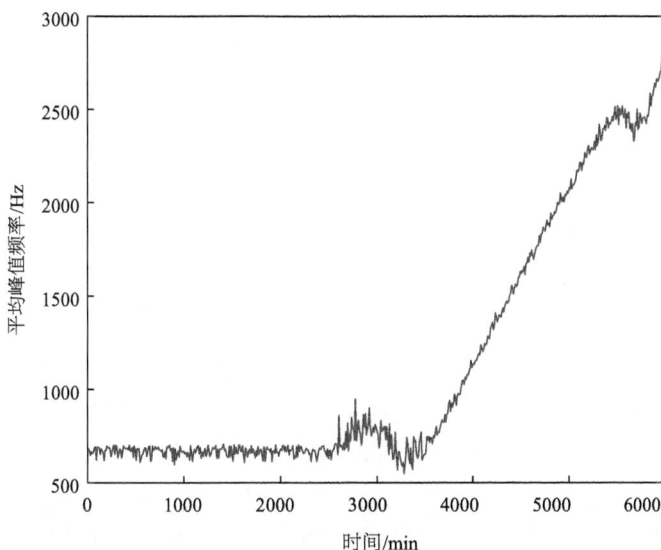

图 4-12　平均峰值频率与时间的关系图

定一个动态模型来预测未来几小时内的平均峰值频率值。预测可以帮助更好地为潜在故障做准备，在故障发生之前停止机器。

时间序列预测是指利用历史数据对未来数据点进行预测的过程，其基本思想是将时间序列作为一个随机变量的一个样本，用概率统计的方法尽可能减少偶然因素的影响，从而对未来若干时期可能达到的水平进行推测。

将平均峰值频率视为时间序列，可以估计平均峰值频率的时间序列模型，并使用该模型预测未来值。使用前 200 个平均峰值频率值创建初始时间序列模型，然后在有 10 个新值可用后，使用最后 100 个值更新时间序列模型。这种更新时间序列模型的批处理模式可捕获瞬时趋势。更新后的时间序列模型用于计算提前 10 步的预测。

对于状态监测，首先需要设置一个阈值来决定何时停止机器。在本例中，使用仿真生成的正常轴承和故障轴承的统计数据来确定阈值。

可在 MATLAB 中下载文件 pdmBearingConditionMonitoringStatistics.mat，其中存储正常轴承和故障轴承的平均峰值频率的概率分布。概率分布是通过扰动健康轴承和故障轴承的缺陷深度来计算的。图 4-13(a) 绘制正常轴承和故障轴承的平均峰值频率的概率分布。根据该图，将平均峰值频率的阈值设置为 2000Hz，以区分正常轴承和故障轴承。

图 4-13(b) 绘制前 200 个平均峰值频率数据。该图显示初始数据是恒定电平和噪声的组合。因为最初轴承是健康的，平均峰值频率预计不会发生显著变化。

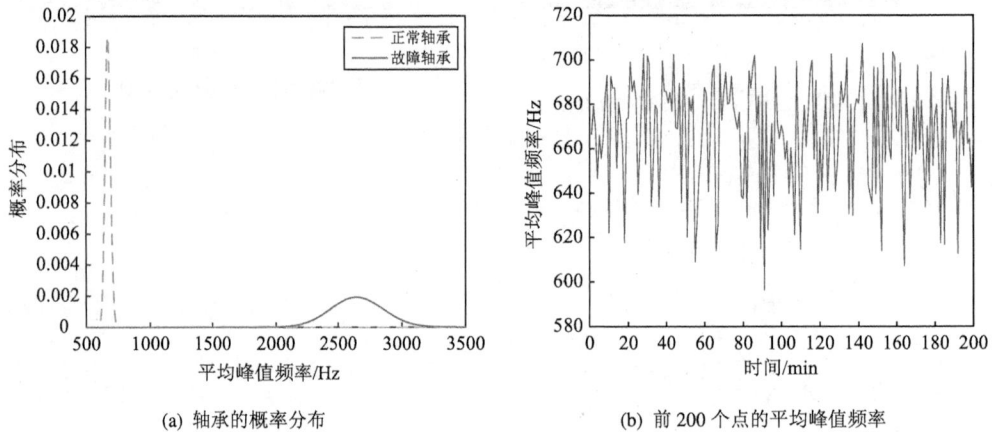

(a) 轴承的概率分布

(b) 前 200 个点的平均峰值频率

图 4-13　状态监测模型

状态空间模型是一种动态时域模型，它通过对系统状态的描述和观测，来揭示系统内部状态与外部输入和输出变量之间的联系。通过对模型参数的估计，可以预测未来的时间序列值。该模型由两个主要方程组成：状态方程和观测方程。

状态方程描述系统状态如何随时间变化，通常表示为 $x_t = f(x_{t-1}, u_t, w_t)$，其中 x_t 是时间 t 处的状态向量，f 是状态转移函数，u_t 是时间 t 处的控制输入，w_t 是过程噪声。观测方程描述如何从系统状态中观测到数据，通常表示为 $y_t = h(x_t, v_t)$，其中 y_t 是时间 t 处的观测向量，h 是观测函数，v_t 是观测噪声。

状态空间模型的假设条件是动态系统符合马尔可夫特性，即给定系统状态，则系统的将来与其过去独立。此外，还假设过程噪声和观测噪声是独立的，并且通常服从高斯分布。

ssest() 是 MATLAB 中的一个函数，全称为 system state-space estimation，即系统状态空间估计函数。该函数用于根据输入输出的时间序列数据或频域数据，估计连续时间或离散时间系统的状态空间模型。ssest() 函数通过最小化模型输出与实际数据输出之间的差异来估计状态空间模型的参数。这些参数包括系统矩阵 A、B、C、D 和噪声矩阵 K。默认情况下，所有矩阵的元素都被视为可估计的自由参数，但可以通过配置选项来指定某些元素的固定值或约束条件。

在本例中，使用 ssest() 函数来构建二阶状态空间模型，使用前 200 个数据点识别二

阶状态空间模型。以规范形式获取模型并指定采样时间为 600s。计算可得

$$x(t + Ts) = Ax(t) + Be(t)$$
$$y(t) = Cx(t) + e(t)$$

(4-29)

其中，$A = \begin{bmatrix} 0 & 1 \\ 0.8496 & 0.1503 \end{bmatrix}$；$C = \begin{bmatrix} 1 & 0 \end{bmatrix}$；$B = \begin{bmatrix} 0.03413 \\ -0.02907 \end{bmatrix}$。

forecast() 函数的基本思想是给定一个模型和一个数据集，forecast() 函数将可以利用这个模型来预测未来数据点的值。在本例中使用函数 forecast() 和上面构建的状态空间模型预测平均峰值频率值并计算预测值的标准差，绘制预测值和置信区间。

一般用归一化均方根误差 (NRMSE) 表示拟合优度指标[9]，计算公式为

$$\text{NRMSE} = 1 - \frac{\|x_{\text{true}} - x_{\text{pred}}\|}{\|x_{\text{true}} - \text{mean}(x_{\text{true}})\|}$$

其中，x_{true} 为真实值；x_{pred} 为预测值。以上模型得到的 NRMSE 值为 0.2763%，即 $x_{\text{pred}} \approx \text{mean}(x_{\text{true}})$，NRMSE 接近 0。

使用已识别的模型预测平均峰值频率值和计算预测值的标准差，并绘制预测值和置信区间在图 4-14(a) 所示，该图显示，平均峰值频率的预测值远低于阈值。现在，随着新数据的出现，更新模型参数，并重新估计预测值。此外，还要创建警报以检查信号或预测值是否超过故障阈值。最终结果如图 4-14(b) 所示，得到 $A = \begin{bmatrix} 0 & 1 \\ 0.2624 & 0.746 \end{bmatrix}$，$C = \begin{bmatrix} 1 & 0 \end{bmatrix}$，$B = \begin{bmatrix} 0.03902 \\ 0.3002 \end{bmatrix}$，NRMSE 值为 92.53%，拟合优度增加到 90% 以上，并正确捕捉趋势。

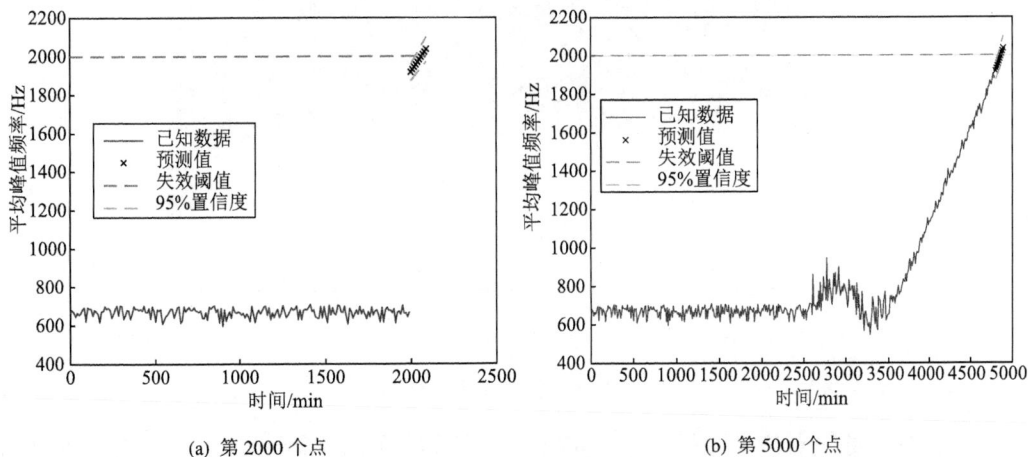

(a) 第 2000 个点　　　　　(b) 第 5000 个点

彩图 4-14

图 4-14　状态监测和预测图

总结：此案例说明如何从测量数据中提取特征以执行状态监测和预测。基于提取的特征，生成、验证动态模型并用于预测故障时间，以便在实际故障发生之前采取措施。

4.3.3 案例 2：风力涡轮机高速轴承预测和健康评估

此案例说明如何构建指数退化模型来实时预测风力涡轮机高速轴承的剩余使用寿命 (RUL)。指数退化模型根据其参数先验和最新测量值预测 RUL(历史运行故障数据可以帮助估计模型参数先验，但不是必需的)。该模型能够实时检测显著的退化趋势，并在有新的观测值可用时更新其参数先验。该案例遵循典型的预测工作流程：数据导入和探索、特征提取和后处理、特征重要性排序和融合、模型拟合和预测以及性能分析[10]。

1. 数据描述

数据集是从 20 齿小齿轮驱动的 2MW 风力涡轮机高速轴承中收集的[11]，连续 50 天每天采集 6s 的振动信号 (3 月 17 日有 2 次测量，在本例中视为两天)。在 50 天内，发生了内圈故障，并导致了轴承的故障。可视化时域中的振动信号。现在将 50 个振动信号一个接一个地绘制出来，如图 4-15 所示。时域中的振动信号呈现出信号脉冲的增加趋势。量化信号脉冲性的指标，如峰度、峰峰值、波峰因数等，是该风力涡轮机高速轴承数据集的潜在预测特征。另外，谱峭度 (spectral kurtosis，SK) 被认为是频域中风力涡轮机预测的有力工具。谱峭度是描述信号频谱特征的一个重要统计量，主要用于分析非平稳信号的非高斯性。谱峭度是峰度在频域的等效物，用于确定信号在频域上的尖峰性或平峰性。它反映了信号在特定频率下的能量分布特征，是一种归一化的时域统计参数。

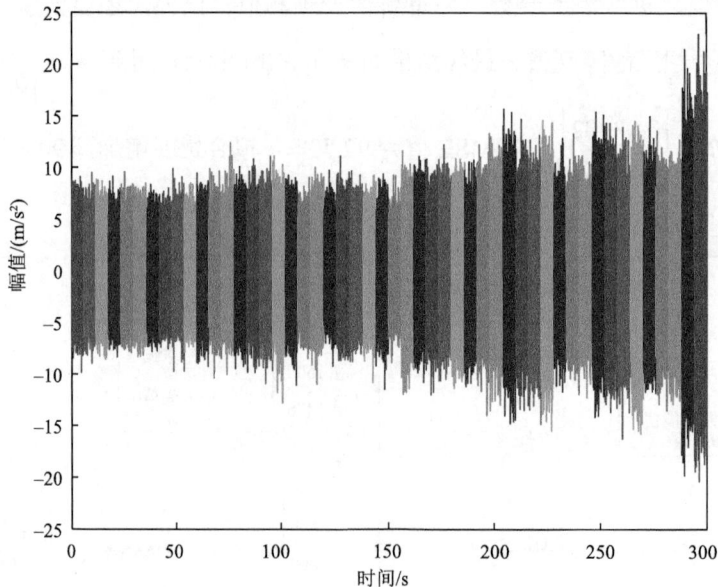

图 4-15　振动信号时域图

其原理是通过对信号进行傅里叶变换，将信号从时域转换到频域，然后在频域内计算各频率成分的峭度值。峭度值的大小反映了该频率成分相对于高斯分布的偏离程度，即尖峰性或平峰性。

谱峭度具备的特性：谱峭度对信号中的瞬态冲击成分 (如故障信号) 十分敏感，能够有效地从含有背景噪声的信号中识别出这些瞬态冲击及其在频带中的分布；谱峭度作为一种评价指标，其分析结果不受实验条件变化的影响，具有较高的稳定性和可靠性；谱峭度能够在频域中定位信号的高斯分量，是检测滚动轴承故障信号和带宽的有效工具[12,13]。

在 MATLAB 中，用 pkurtosis() 函数计算每日收集振动信号的谱峭度，输入为每日收集的振动信号，采样频率为 97656，窗口大小为 128。为了可视化光谱峰度随时间的变化，图 4-16 绘制了谱峭度值随频率和时间的变化。颜色条中指示的故障程度是标准化为 0 到 1 刻度的测量日期。据观察，随着机器条件的恶化，10 kHz 附近的频谱峰度值逐渐增加。谱峭度的统计特征，如平均值、标准偏差等，将是轴承退化的潜在指标。

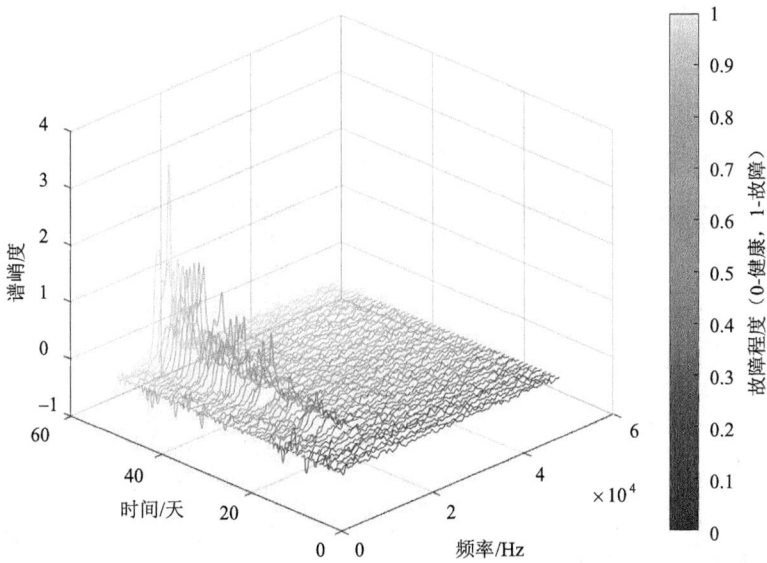

图 4-16　谱峭度图

2. 特征提取

基于前面的分析，将提取从时域信号和谱峭度导出的统计特征集合。有关这些特征的更多数学细节请参见表 4-1。这里计算每天信号的特征 Mean(均值)、Std(标准差)、Skewness(偏态)、Kurtosis(峭度)、Peak2Peak(峰峰值)、RMS(均方根误差)、CrestFactor(峰值因子)、ShapeFactor(形状因子)、ImpulseFactor(脉冲因子)、MarginFactor(裕度因子)、Energy(能量)、SKMean(谱峭度的均值)、SKStd(谱峭度的标准差)、SKSkewness(频峭度的偏态)、SKKurtosis(谱峭度的峭度)[14]，一共 15 个特征，形成一个 50×15 的矩阵。

接下来进行特征后处理，提取的特征通常与噪声相关，具有相反趋势的噪声有时可能对 RUL 预测有害。此外，介绍单调性指标，但是单调性对噪声的鲁棒性不强，因此，在本应用中引入因果移动平均滤波器提取的特征。在 MATLAB 中，用 movmean() 函数进行计算。

移动平均滤波器是一种常用的信号平滑技术，通过计算一定窗口内数据的平均值来减少随机噪声，同时保留信号的主要趋势。因果移动平均滤波器是其中的一种，其特殊性在于仅使用当前及过去的数据点来计算平均值，而不涉及任何未来的数据点。这种特殊性使得它在实时处理或在线分析中尤为重要，因为在实际应用中，未来的数据通常是不可知的。因果移动平均滤波器简单高效，易于实现；能够有效抑制高频噪声，保留信号的主要特征；由于是因果的，特别适用于实时或在线处理。但是对于快速变化的信号，可能会产生较大的延迟或模糊效应；窗口大小的选择对滤波效果有显著影响，需要根据具体应用场景进行调整。

在参数设置中，将滞后窗口设为 5 步。这里的"5 步滞后窗口"指的是滤波器在计算平均值时考虑的数据点范围。具体来说，对于序列中的任意一个点，滤波器会取该点及其前面的 4 个数据点 (共 5 个数据点)，计算这 5 个点的平均值作为当前点的输出。这种设定有助于在平滑信号的同时，保持一定的响应速度，因为窗口大小适中，既不过于敏感 (窗口小)，也不过于迟钝 (窗口大)。

图 4-17(a) 是一个示例，显示了平滑之前和之后的特征值。移动平均平滑会引入信号的时间延迟，但可以通过在 RUL 预测中选择适当的阈值来缓解延迟效应。

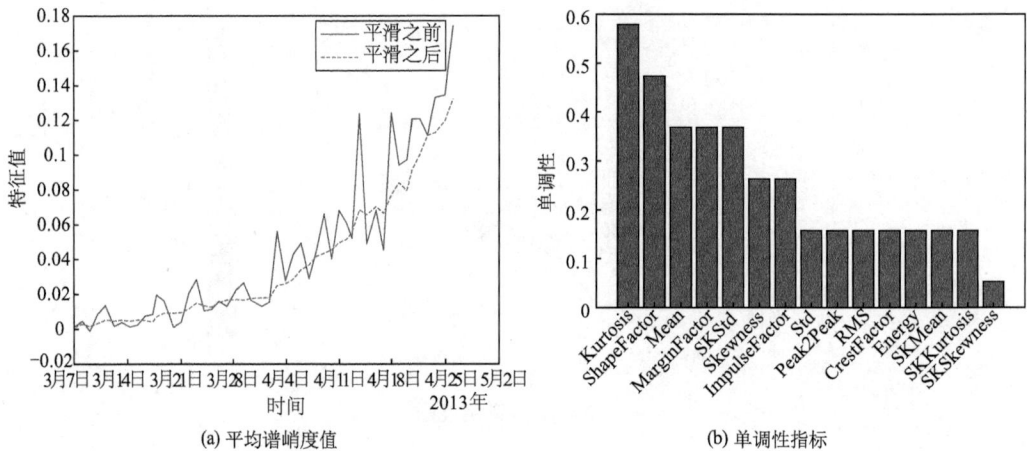

(a) 平均谱峭度值　　(b) 单调性指标

图 4-17　特征提取

然后是训练数据，在实践中，在开发预后算法时无法获得整个生命周期的数据，但可以合理地假设已经收集了生命周期早期阶段的一些数据。因此，在前 20 天 (生命周期的 40%) 收集的数据被视为训练数据。以下特征重要性排名和融合仅基于训练数据。在图 4-17(b) 中，单调性用来量化特征的优点，以达到预测的目的。单调性指标用 M 来表示，计算公式为

$$M(x_i) = \frac{1}{m}\sum_{j=1}^{m}\frac{|\text{diff}(x_i^j)^+ - \text{diff}(x_i^j)^-|}{n-1} \tag{4-30}$$

其中，n 是测量点的个数，这里取 50；m 是监测机器的个数，这里取 1；x_i^j 是在 j 个机器中的第 i 个特征，$\text{diff}(x_i^j) = x_i^j(t) - x_i^j(t-1)$，是信号 x_i^j 的差分，"+" 代表正 diff 的数量，"−" 代表负 diff 的数量。

由图 4-17(b)，可以看到各类特征基于单调性公式的得分，信号的 Kurtosis 是基于单调性的首要特征。单调性得分大于 0.3 的特征将在下面选择进行特征融合。

在这里，主成分分析 (PCA) 用于降维和特征融合。在执行 PCA 之前，将特征归一化为相同的比例。请注意，归一化中使用的 PCA 系数以及均值和标准差是从训练数据中获得的，并应用于整个数据集。图 4-18(a) 用 PCA 得到两个主成分，并进行了可视化。该图表明，当机器接近故障时，第一个主成分正在增加。因此，第一个主成分是有希望的融合健康指标。由此，图 4-18(b) 表示设备运行第一个主成分的状况。

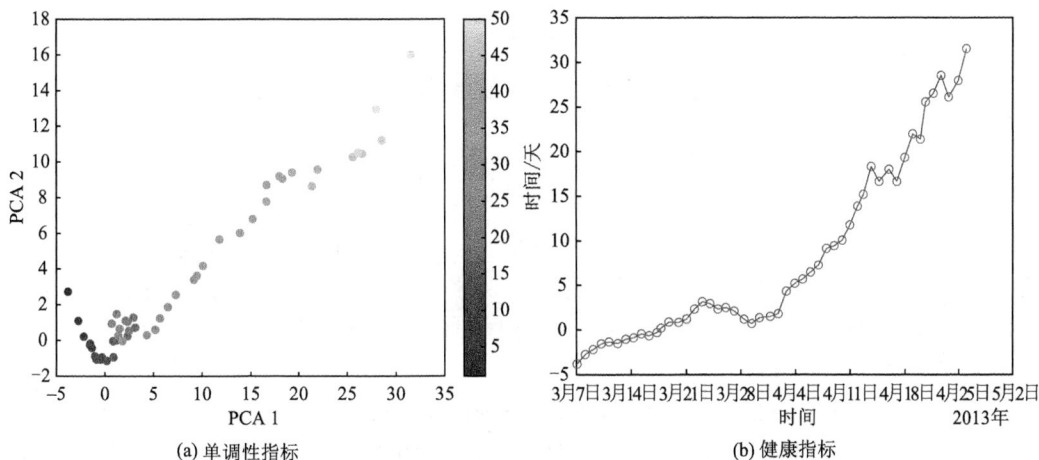

(a) 单调性指标　　　　　　　　　(b) 健康指标

图 4-18　特征指标

3. 拟合剩余使用寿命估计的指数退化模型

指数退化模型是一种描述设备性能随时间呈指数级下降的模型。它假设设备的某个关键性能指标 (如振动信号的某个特征量、电流、温度等) 随时间的变化遵循指数规律。通过拟合这一规律，可以预测设备在未来某个时间点的性能状态，进而结合设备的失效阈值 (即性能指标达到某一水平时设备将失效) 来估算其剩余使用寿命[15]。

这里选用的指数退化模型定义为

$$h(t) = \phi + \theta \exp\left(\beta t + \epsilon - \frac{\sigma^2}{2}\right) \tag{4-31}$$

其中，$h(t)$ 是作为时间函数的运行状况指标；ϕ 是被视为常数的截距项；θ 和 β 是确定模型斜率的随机参数，其中 θ 是对数正态分布的，β 是高斯分布的。在每个时间步 t，θ 和 β 的分布根据最新观察结果更新到 $h(t)$。ϵ 是高斯白噪声，服从于 $N = (0, \epsilon)$，指数中 $-\sigma^2/2$ 项是使期望 $h(t)$ 满足：

$$E[h(t)|\theta, \beta] = \phi + \theta \exp\left(\frac{\beta}{t}\right) \tag{4-32}$$

在这里，用前面中提取的运行状况指标拟合指数退化模型，并在下面用于评估性能。

阈值的选择通常基于机器的历史记录或某些特定领域的知识。由于此数据集中没有可用的历史数据，因此选择运行健康状况指示器的最后一个值作为阈值。建议根据平滑

(历史) 数据选择阈值，阈值 = 35.34，以便部分缓解平滑的延迟效应。

在其他案例中，如果历史数据可用，请使用提供的方法估计先验和截距。但是，此案例的历史数据不可用。斜率参数的先验是任意选择的，方差很大，相关参数为 $E(\theta) = 1$，$\mathrm{Var}(\theta) = 10^6$，$E(\beta) = 1$，$\mathrm{Var}(\beta) = 10^6$。

该模型主要依赖于观测数据。基于 $E[h(0)] = \phi + E(\theta)$ 和令截距 $\phi = -1$，模型 $h(t)$ 也将从 0 开始。

健康指标的变化与噪声的变化之间的关系可以推导出为

$$\Delta h(t) \approx (h(t) - \phi)\Delta e(t) \tag{4-33}$$

这里假设噪声的标准偏差在接近阈值时会导致健康指示器发生 10% 的变化。因此，噪声的标准偏差可以表示为

$$\sigma = \frac{10\% \times 阈值}{阈值 - \phi} \tag{4-34}$$

指数退化模型还提供了评估斜率值的功能。一旦检测到运行健康指标有较大的斜率值，模型将忘记之前的观测值，并根据原始先验重新开始估计。可以通过指定"斜率检测值"来调整检测算法的灵敏度。如果 p 值小于"斜率检测值"，则声明要检测斜率。此处斜率检测值设置为 0.05。

根据上面讨论所有的参数，用函数 exponentialDegradationModel() 创建一个指数退化模型，并用 predictRUL() 和 update() 函数实时预测 RUL，更新参数分布，如图 4-19 和图 4-20 所示。

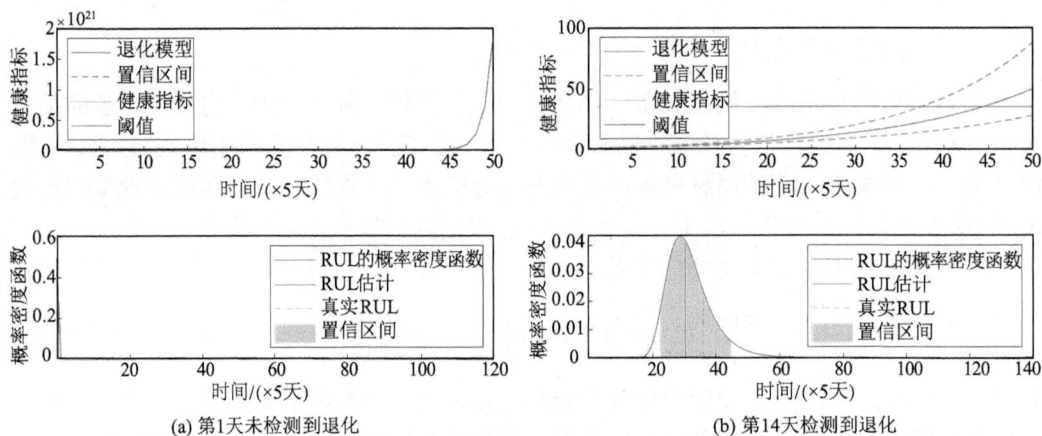

(a) 第1天未检测到退化　　(b) 第14天检测到退化

图 4-19　退化模型和 RUL 估计 1

α-λ 图可用于预测性能分析，其中 α 边界设置为 20%[16]。RUL 介于 α 真实 RUL 的界限计算为模型的性能指标：

$$\mathrm{Pr}\left[r^*(t) - ar^*(t) < r(t) < r^*(t) + ar^*(t)\big|\Theta(t)\right] \tag{4-35}$$

其中，$r^*(t)$ 是 RUL 在 t 时刻真实值；$r(t)$ 是 RUL 在 t 时刻的估计值；$\Theta(t)$ 是在 t 时刻估计的模型参数。可绘制 α-λ 图，如图 4-21(a) 所示。由于预设先验不反映真实先验，因

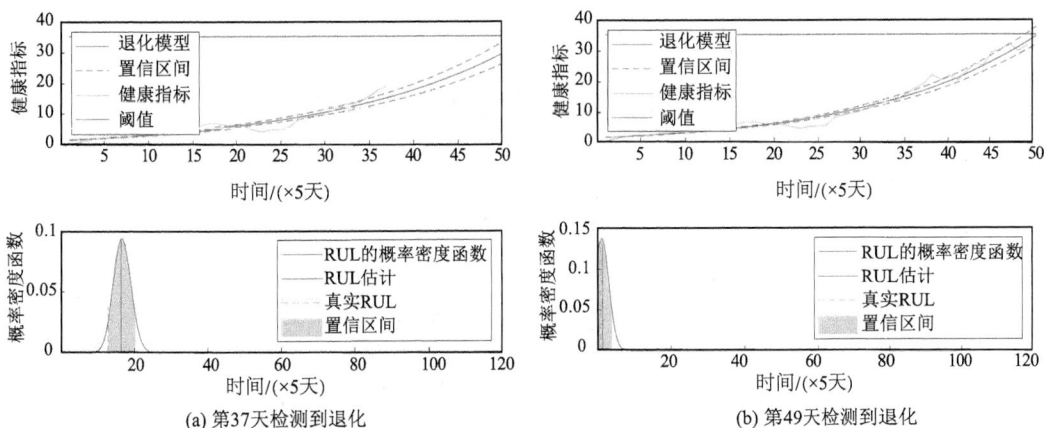

(a) 第37天检测到退化　　　　　　　(b) 第49天检测到退化

图 4-20　退化模型和 RUL 估计 2

此模型通常需要几个时间步长来调整到适当的参数分布。随着更多数据点的可用，预测变得更加准确。可视化预测 RUL 在 α 边界的概率如图 4-21(b) 所示。

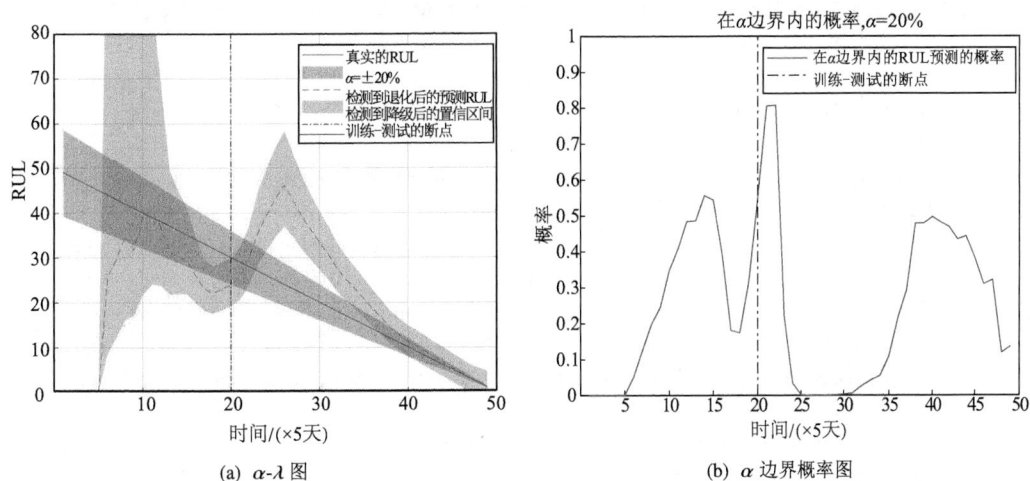

(a) α-λ 图　　　　　　　(b) α 边界概率图

图 4-21　预测性能分析

本 章 小 结

　　本章主要描述了机器学习在故障诊断中的应用，介绍了机器学习步骤和机器学习故障诊断框架的内容。另外，经典机器学习，包括线性回归、支持向量机、朴素贝叶斯、K 均值聚类、层次聚类和主成分分析等算法概念和公式推导步骤。在此基础上，用相关案例来说明机器学习在故障诊断中的应用。利用振动信号并结合机器学习，对机器设备进行了故障诊断、状态监测和预测。

思 考 题

4.1 如何选择合适的机器学习算法来优化不同类型设备的故障诊断准确性？

4.2 如何有效处理不平衡数据集，以提高故障诊断模型的性能？

4.3 如何融合多源异构数据，以提升故障诊断的全面性和准确性？

4.4 如何构建故障预警系统，实现故障的提前预测而非事后诊断？

4.5 如何评估机器学习故障诊断模型的鲁棒性和泛化能力？

4.6 如何解释机器学习模型的诊断结果，以满足可解释性要求？

4.7 在实时故障诊断系统中，如何平衡模型的复杂度和计算效率？

4.8 如何持续学习和更新故障诊断模型，以适应系统的变化？如何设计一种机制，使得故障诊断模型能够不断学习新的数据并更新自身，以适应这些变化？

参 考 文 献

[1] 毛文滔, 李源, 陈佳鲜. 基于机器学习的轴承智能健康预警与故障预测[M]. 北京: 科学出版社, 2021.

[2] 布树辉. 机器学习算法与实现: Python 编程与应用实例[M]. 北京: 电子工业出版社, 2022.

[3] 哈林顿. 机器学习实战[M]. 李锐, 等译. 北京: 人民邮电出版社, 2013.

[4] TAHAN M, TSOUTSANIS E, MUHAMMAD M, et al. Performance-based health monitoring, diagnostics and prognostics for condition-based maintenance of gas turbines: a review[J]. Applied energy, 2017, 198: 122-144.

[5] RANDALL R B, ANTONI J. Rolling element bearing diagnostics—a tutorial[J]. Mechanical systems and signal processing, 2011, 25(2): 485-520.

[6] ZIO E. Prognostics and health management (PHM): where are we and where do we (need to) go in theory and practice[J]. Reliability engineering & system safety, 2022, 218: 108119.

[7] XU J P, WANG Y S, XU L. PHM-oriented integrated fusion prognostics for aircraft engines based on sensor data[J]. IEEE sensors journal, 2013, 14(4): 1124-1132.

[8] BOASHASH B, MESBAH M. Signal enhancement by time-frequency peak filtering[J]. IEEE transactions on signal processing, 2004, 52(4): 929-937.

[9] HODSON T O. Root mean square error (RMSE) or mean absolute error (MAE): when to use them or not [J]. Geoscientific model development discussions, 2022, 15(14): 5481-5487.

[10] 姚娜. 基于机器学习的风力机滚动轴承故障诊断[D]. 吉林: 东北电力大学, 2023.

[11] BECHHOEFER E, VAN HECKE B, HE D. Processing for improved spectral analysis[J]. Annual conference of the PHM society, 2013, 5(1).

[12] SAIDI L, BEN ALI J, BECHHOEFER E, et al. Wind turbine high-speed shaft bearings health prognosis through a spectral kurtosis-derived indices and SVR[J]. Applied acoustics, 2017, 120: 1-8.

[13] ANTONI J. The spectral kurtosis: a useful tool for characterising non-stationary signals[J]. Mechanical systems and signal processing, 2006, 20(2): 282-307.

[14] BEN ALI J, SAIDI L, HARRATH S, et al. Online automatic diagnosis of wind turbine bearings progressive degradations under real experimental conditions based on unsupervised machine learning[J]. Applied acoustics, 2018, 132: 167-181.

[15] COBLE J B. Merging data sources to predict remaining useful life — an automated method to identify prognostic parameters[D]. Knoxville: University of Tennessee, 2010.

[16] SAXENA A, CELAYA J, SAHA B, et al. Metrics for offline evaluation of prognostic performance[J]. International journal of prognostics and health management, 2021, 1(1): 4-23.

深度学习与状态评估技术

深度学习是机器学习的一个子领域,它是基于人工神经网络的进一步研究,特别是利用多层次的神经网络来进行学习和模式识别。深度学习模型能够学习数据的高层次特征,这些特征对于图像和语音识别、自然语言处理、医学图像分析等应用至关重要。学习深度学习需要哪些预备知识呢?首先对深度学习的基础理论进行介绍,包括张量、卷积神经网络等。在此基础之上,介绍基于卷积神经网络的应用。

5.1 张 量

要了解张量是什么,首先要清楚什么是向量,向量是既有大小又有方向的物理量,向量的每一个分量都可以由一个基向量组成。

数学和物理领域以一种方式定义张量,机器学习领域则以另一种方式定义张量。本书中,将专注于机器学习领域中的张量进行介绍,张量与神经网络一起使用,张量是输入数据的存储方式。图像处理中张量不仅存储着每个像素点的像素值,还存储着构成神经网络的权重和偏置等参数。

不同于普通的标量、数组、矩阵,张量被设计用来利用硬件加速的优势,即张量不仅有类似的数据存储方式,它还使得与数据相关的所有数学计算通过 GPU 来加速完成,此外,张量通过自动微分处理反向传播,详细内容在后续章节进行介绍。

5.1.1 自动求导

神经网络做的最重要的运算就是通过反向传播估算最优的权重和偏置,通过一系列导数的推导并进行大量的链式法则的计算实现,对于简单的神经网络,导数计算相对简单,对于后面介绍的卷积神经网络等复杂网络,由于连接关系复杂,导数计算势必会对训练效率造成影响。

1. 自动求导实例一

首先,定义一个能够求导的变量,在生成张量时加上参数"requires_grad = True"。"requires_grad = True"是一个非常重要的属性,用于指示一个张量是否需要进行梯度计算,这个属性通常用于自动求导系统中,以便计算和优化神经网络的参数。设置了

"requires_grad = True"的张量会记录所有对它的操作，以便在反向传播时计算梯度[1]。

对如下公式进行求导计算：

$$z = (x + 1)^2 \tag{5-1}$$

z 对 x 求导的结果为

$$\frac{\partial z}{\partial x} = 2(x + 1) \tag{5-2}$$

2. 自动求导实例二

前面一个简单的例子是对标量进行求导计算，下面介绍如何对多维数组进行求导。

$$n = (n_0, n_1) = (m_0^2, m_1^3) = (4^2, 3^3) \tag{5-3}$$

对 n 进行反向传播，求解 n 对 m 的导数，如下：

$$\frac{\partial n}{\partial m} = \frac{\partial(n_0, n_1)}{\partial(m_0, m_1)} \tag{5-4}$$

调用自动求导，需要向 backward() 传入权重参数 (w_0, w_1)，得到自动求导的结果如下：

$$\frac{\partial n}{\partial m_0} = w_0 \frac{\partial n_0}{\partial m_0} + w_1 \frac{\partial n_1}{\partial m_0} \tag{5-5}$$

$$\frac{\partial n}{\partial m_1} = w_0 \frac{\partial n_0}{\partial m_1} + w_1 \frac{\partial n_1}{\partial m_1} \tag{5-6}$$

通过手动计算推导得到梯度分别为 8 和 27，计算过程如下：

$$\frac{\partial n}{\partial m_0} = w_0 \frac{\partial n_0}{\partial m_0} + w_1 \frac{\partial n_1}{\partial m_0} = 2m_0 + 0 = 2 \times 4 = 8 \tag{5-7}$$

$$\frac{\partial n}{\partial m_1} = w_0 \frac{\partial n_0}{\partial m_1} + w_1 \frac{\partial n_1}{\partial m_1} = 0 + 3m_1^2 = 3 \times 3^2 = 27 \tag{5-8}$$

5.1.2　神经网络模型

深度神经网络是由众多神经元堆叠在一起形成的网络，大量的样本作为输入，输出由所要解决的问题来决定，通过训练来学习输入与输出的关系，以建立恰当的模型。

神经网络的建立主要分为划分数据集、训练神经网络、测试神经网络、使用神经网络。

1. 划分数据集

数据中的每个样本必须包含输入特征与输出特征，将数据集按一定的比例划分为训练集和测试集，分别用于网络的训练阶段和测试阶段。神经网络结构如表 5-1 所示。

表 5-1　神经网络结构

数据集	样本	输入特征				输出特征	
		特征 1	特征 2	特征 3	特征 4	特征 5	特征 6
训练集	1	*	*	*	*	*	*
	2	*	*	*	*	*	*
	⋮	*	*	*	*	*	*
	70	*	*	*	*	*	*
测试集	71	*	*	*	*	*	*
	⋮	*	*	*	*	*	*
	100	*	*	*	*	*	*

根据已有数据集，搭建一个全连接神经网络，即每个节点都与上一层的所有节点相连，如图 5-1 所示。

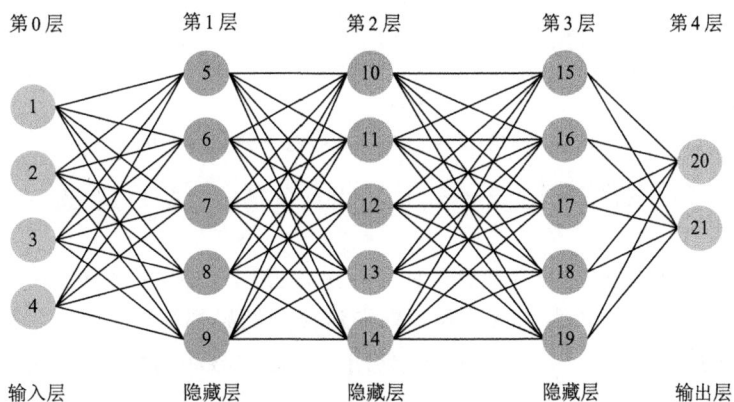

图 5-1　神经网络节点结构

考虑到 Python 列表、NumPy 数组以及 PyTorch 张量都是从索引 [0] 开始的，并且输入层没有内部参数，如权重 w、偏置 b，故将神经网络的输入层称为第 0 层。

模型参数初始化如下：

训练网络之前，一些外部参数就要预设好，例如，激活函数的类型、学习率、网络的层数、每个隐藏层的节点数以及神经网络的连接类型等不是机器学习出来的，而是人为事先设定好的，这类参数称为超参数 (hyper-parameters)。而相对应的神经网络的内部参数 (权重 w 和偏置 b 等) 则是机器学习确定的，但是训练开始前也要对网络内部参数赋予初值，一般是对内部参数进行随机初始化。

2. 训练神经网络

定义了网络模型以及对模型的参数进行初始化后，代入数据就可以进行模型训练了。神经网络模型的训练过程主要是经过很多次的前向传播与反向传播的迭代，实现模型参数 (权重 w 和偏置 b 等) 的不断调整，进而拟合复杂的函数的过程。

1) 前向传播

以搭建好的神经网络模型为例，在输入层，将单个样本的 4 个输入特征送入神经网络，神经网络会逐层计算各层的取值，最终得到神经网络预测的 2 个输出特征。所有的隐藏层和输出层都有内部参数 (权重 w 和偏置 b 等)，以第三层的第一个神经元为例进行说明，如图 5-2 所示。

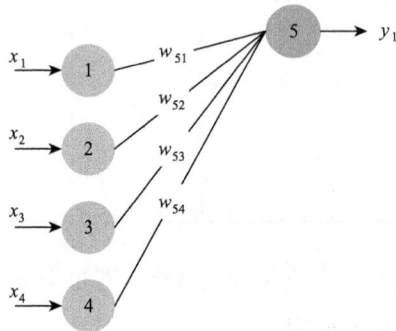

图 5-2　神经网络节点计算

该神经元节点计算的结果为

$$y_1 = w_{51}x_1 + w_{52}x_2 + w_{53}x_3 + w_{54}x_4 + b \tag{5-9}$$

式中，b 是节点 5 的偏置项；w_{51}、w_{52}、w_{53}、w_{54} 分别为节点 1、2、3、4 连接节点 5 的权重值。

该节点的计算目前只是线性计算，如果不进行操作，多层神经网络每个节点的计算都是线性计算，那么无论网络有多少层，前向传播的结果都等同于单层神经网络。因此，为了实现复杂的特征变换，必须在每层中使用非线性的激活函数：

$$y_1 = \sigma(w_{51}x_1 + w_{52}x_2 + w_{53}x_3 + w_{54}x_4 + b) \tag{5-10}$$

式中，σ 称为激活函数。

2) 计算损失

经过前向传播，神经网络根据内部参数计算得到输出节点，输出节点作为真实值的预测。用随机初始化的内部参数计算得到的预测值与真实值一定会存在"差距"，需要对这个"差距"进行度量，称为损失函数，以便利用这个损失函数来改进神经网络的参数。简单地说，差的绝对值就是一种损失函数，下面对常用的损失函数进行介绍。

(1) 均方误差损失。

均方误差 (MSE) 损失是机器学习、深度学习回归任务中最常用的一种损失函数，又称为 L2 Loss。其基本形式如下：

$$J_{\mathrm{MSE}} = \frac{1}{N} \sum_{i=1}^{N} (\hat{y}_i - y_i)^2 \tag{5-11}$$

(2) 交叉熵损失。

对于类问题，最常用的损失函数是交叉熵损失函数 (cross entropy loss)。在二分类中，通常使用 sigmoid 函数将模型的输出压缩到 $(0,1)$ 内，$\hat{y}_i \in (0,1)$ 用来代表给定输入 $\hat{x}_i$，模型判断为正类的概率，$1 - \hat{y}_i \in (0,1)$ 则表示模型判断为负类的概率。

对于二分类问题, 交叉熵损失函数为

$$J_{\mathrm{CE}} = -\sum_{i=1}^{N} y_i \log(\hat{y}_i) + (1 - y_i) \log(1 - \hat{y}_i) \tag{5-12}$$

3) 反向传播

损失计算好之后，网络会逐层退回求解梯度，即反向传播。反向传播是神经网络训练中的核心内容，它基于各种优化算法来有效降低损失函数的值，进而优化网络的权重配置，即通过精确计算损失函数对网络参数的梯度，指导权重的调整，使得模型能够逐步学习到数据间的复杂映射关系。通俗来说就是通过梯度来调整内部参数的大小，实现损失函数的值变小，实现优化网络的目的。各种优化算法在本节尾进行介绍。

一般情况下，经过一轮前向传播、反向传播是达不到网络模型最优的目的的，因此需要设置一个超参数：轮数 (epoch)。通过设置网络训练的轮数来达到优化模型的目的；此外，还可以调整另一个超参数：学习率 (learning rate)。

3. 测试神经网络

为了防止训练好的网络出现过拟合或欠拟合问题，需要用测试集进行测试，检验网络的可用性。首先明确过拟合的概念：它是指神经网络模型在训练数据上表现出色，但在新的、未见过的数据 (测试数据) 上表现不佳的现象。如图 5-3 所示，以线性回归为例，图 5-3(a) 过拟合得到的曲线可以完美地经过每一个数据点，训练样本上的准确率可以达到 100%，但是面对新的样本它的准确率一定会很低。相较而言，图 5-3(b) 虽然在训练样本上的准确率可能不太高，但是面对新的样本，网络仍然能够保持一个不错的拟合效果。

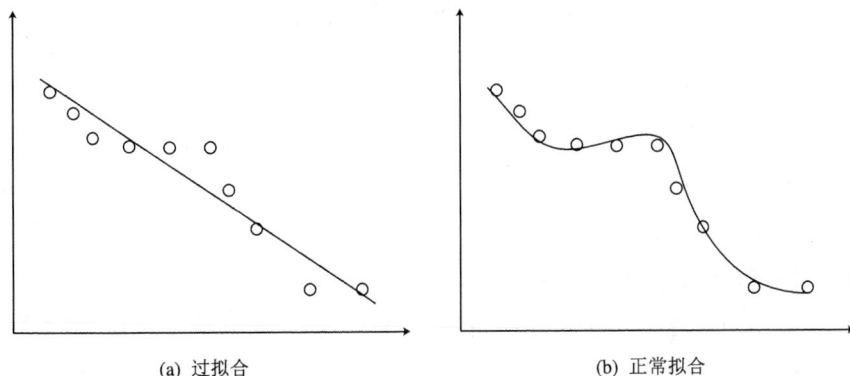

(a) 过拟合　　　　　(b) 正常拟合

图 5-3　神经网络拟合

因此，当网络训练好之后，将测试集作为网络的输入，进行一次前向传播，将预测值与测试集的真实值进行对比，查看准确率。

过拟合的原因主要归结为以下两个：模型过于复杂，网络层数过多或神经元数量过多，导致模型能够很好地拟合训练数据中的噪声和随机波动；训练数据不足，经过多轮的训练，模型更容易记住训练数据的特征，而无法泛化到新的数据中。

此外，也简单介绍欠拟合的概念，和过拟合对立，欠拟合则是指模型无法充分学习到训练数据中的模式和规律，在训练集和测试集上的表现都不佳。造成欠拟合的原因通常有：模型结构过于简单，不能捕捉数据中的复杂关系；训练时间不足，模型还没有充分地优化参数。比如，使用一个只有一层神经元的简单神经网络来处理复杂的图像分类问题，就很可能出现欠拟合，无法准确区分不同的图像类别。

4. 使用神经网络

使用神经网络其实和测试神经网络没有太大的差别，同样是只进行一次前向传播。将掌握的数据输入网络模型，即可借助网络进行预测。

5. 网络训练实例

通过一个神经网络结果来详细说明反向传播的过程。假设有一个简单的三层神经网络，用于二分类问题，网络结构如图 5-4 所示。

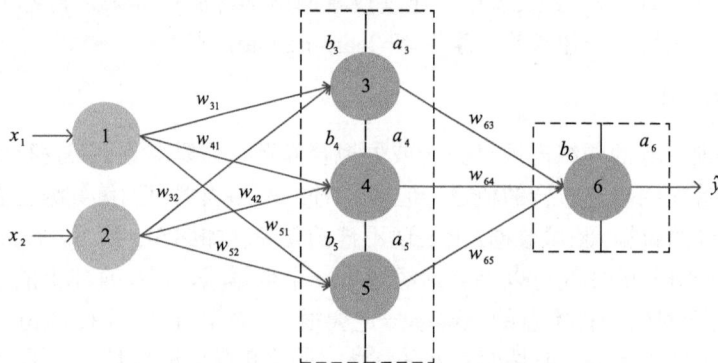

图 5-4　神经网络中神经元编号

1) 初始化网络参数

设权重矩阵和偏置向量如下：

$W^{(1)}$，输入层到隐藏层的权重矩阵，尺寸为 3×2；

$b^{(1)}$，隐藏层的偏置向量，尺寸为 3×1；

$W^{(2)}$，隐藏层到输出层的权重向量，尺寸为 1×3；

$b^{(2)}$，输出层的偏置，尺寸为 1×1。

如图 5-4 所示，模型的权重和偏置矩阵如下：

$$W^{(1)} = \begin{bmatrix} w_{31} & w_{41} & w_{51} \\ w_{32} & w_{42} & w_{52} \end{bmatrix}, \quad W^{(2)} = \begin{bmatrix} w_{63} \\ w_{64} \\ w_{65} \end{bmatrix}$$

$$\boldsymbol{b}^{(1)} = \begin{bmatrix} b_3 & b_4 & b_5 \end{bmatrix}, \quad \boldsymbol{b}^{(2)} = \begin{bmatrix} b_6 \end{bmatrix}$$

2) 前向传播

给定输入 $\boldsymbol{x} = \begin{bmatrix} x_1 \\ x_2 \end{bmatrix}$，进行以下计算：

$$
\begin{aligned}
\boldsymbol{y}^{(1)} &= \boldsymbol{W}^{(1)}\boldsymbol{x} + \boldsymbol{b}^{(1)} \\
\boldsymbol{a}^{(1)} &= \sigma(\boldsymbol{y}^{(1)}) \\
\boldsymbol{y}^{(2)} &= \boldsymbol{W}^{(2)}\boldsymbol{a}^{(1)} + \boldsymbol{b}^{(2)} \\
\boldsymbol{a}^{(2)} &= \sigma(\boldsymbol{y}^{(2)})
\end{aligned}
\tag{5-13}
$$

其中，σ 是 sigmoid 激活函数。其实前向传播分为两个步骤，除了输入层以外的神经元都会进行这两个步骤：一是乘以权重加上偏置得到 y；二是将 y 输入到激活函数 σ 中得到预测 $\hat{y}$，通过一个简单的流程图对前向传播继续进行详细的理解，如图 5-5 所示。

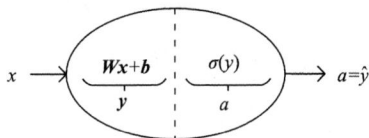

图 5-5　单个神经元节点的计算过程

3) 损失函数

假设使用均方误差作为损失函数：

$$L = \frac{1}{2}(\boldsymbol{a}^{(2)} - \boldsymbol{y})^2 \tag{5-14}$$

其中，y 是目标值。

4) 反向传播

计算损失函数关于网络参数的梯度。

输出层梯度：

$$
\begin{aligned}
\frac{\partial L}{\partial \boldsymbol{a}^{(2)}} &= \boldsymbol{a}^{(2)} - \boldsymbol{y} \\
\frac{\partial L}{\partial \boldsymbol{a}^{(2)}} &= \frac{\partial L}{\partial \boldsymbol{a}^{(2)}} \cdot \sigma'(\boldsymbol{y}^{(2)})
\end{aligned}
\tag{5-15}
$$

隐藏层梯度：

$$
\begin{aligned}
\frac{\partial L}{\partial \boldsymbol{a}^{(1)}} &= \frac{\partial L}{\partial \boldsymbol{y}^{(2)}} \cdot (\boldsymbol{W}^{(2)})^{\mathrm{T}} \\
\frac{\partial L}{\partial \boldsymbol{y}^{(1)}} &= \frac{\partial L}{\partial \boldsymbol{a}^{(1)}} \sigma'(\boldsymbol{y}^{(1)})
\end{aligned}
\tag{5-16}
$$

根据链式法则，由前面的计算结果可以得到损失函数对权重和偏置参数的梯度：

$$\frac{\partial L}{\partial \boldsymbol{W}^{(2)}} = \frac{\partial L}{\partial \boldsymbol{a}^{(2)}} \cdot \frac{\partial \boldsymbol{a}^{(2)}}{\partial \boldsymbol{y}^{(2)}} \cdot \frac{\partial \boldsymbol{y}^{(2)}}{\partial \boldsymbol{W}^{(2)}} = (\boldsymbol{a}^{(2)} - \boldsymbol{y}) \cdot \sigma'(\boldsymbol{y}^{(2)}) \cdot \boldsymbol{a}^{(1)}$$

$$\frac{\partial L}{\partial \boldsymbol{b}^{(2)}} = \frac{\partial L}{\partial \boldsymbol{a}^{(2)}} \cdot \frac{\partial \boldsymbol{a}^{(2)}}{\partial \boldsymbol{y}^{(2)}} \cdot \frac{\partial \boldsymbol{y}^{(2)}}{\partial \boldsymbol{b}^{(2)}} = (\boldsymbol{a}^{(2)} - \boldsymbol{y}) \cdot \sigma'(\boldsymbol{y}^{(2)})$$

$$\frac{\partial L}{\partial \boldsymbol{W}^{(1)}} = \frac{\partial L}{\partial \boldsymbol{y}^{(1)}} \cdot \frac{\partial \boldsymbol{y}^{(1)}}{\partial \boldsymbol{W}^{(1)}} = \frac{\partial L}{\partial \boldsymbol{y}^{(2)}} \cdot \boldsymbol{W}^{(2)} \cdot \sigma'(\boldsymbol{y}^{(1)}) \cdot \boldsymbol{x} \tag{5-17}$$

$$\frac{\partial L}{\partial \boldsymbol{b}^{(1)}} = \frac{\partial L}{\partial \boldsymbol{y}^{(1)}} \cdot \frac{\partial \boldsymbol{y}^{(1)}}{\partial \boldsymbol{b}^{(1)}} = \frac{\partial L}{\partial \boldsymbol{y}^{(2)}} \cdot \boldsymbol{W}^{(2)} \cdot \sigma'(\boldsymbol{y}^{(1)})$$

其中，σ' 是激活函数的导数；$\boldsymbol{a}^{(1)}$ 是隐藏层的激活输出；$\boldsymbol{a}^{(2)}$ 是输出层的激活输出；$\boldsymbol{y}^{(1)}$ 和 $\boldsymbol{y}^{(2)}$ 是网络层的输入 (加权和)；$\boldsymbol{W}^{(1)}$ 和 $\boldsymbol{W}^{(2)}$ 是层间的权重矩阵；$\boldsymbol{b}^{(1)}$ 和 $\boldsymbol{b}^{(2)}$ 是网络层的偏置项；y 是目标值。

5) 参数更新

现在，计算出了导数，就可以使学习率 (η) 利用梯度下降法实现对权重的更新，新网络权重和偏置参数的计算过程如下：

$$\boldsymbol{W}_*^{(1)} \leftarrow \boldsymbol{W}^{(1)} - \eta \cdot \frac{\partial L}{\partial \boldsymbol{W}^{(1)}}$$

$$\boldsymbol{b}_*^{(1)} \leftarrow \boldsymbol{b}^{(1)} - \eta \cdot \frac{\partial L}{\partial \boldsymbol{b}^{(1)}}$$

$$\boldsymbol{W}_*^{(2)} \leftarrow \boldsymbol{W}^{(2)} - \eta \cdot \frac{\partial L}{\partial \boldsymbol{W}^{(2)}} \tag{5-18}$$

$$\boldsymbol{b}_*^{(2)} \leftarrow \boldsymbol{b}^{(2)} - \eta \cdot \frac{\partial L}{\partial \boldsymbol{b}^{(2)}}$$

6) 迭代训练

重复步骤 2)~5)，直到网络性能达到满意的水平。

5.1.3　梯度下降算法

1. 梯度下降的基本概念

梯度下降 (gradient descent) 是一种优化算法，用于最小化 (或最大化) 函数，通过沿着目标函数梯度的反方向迭代更新参数，找到函数的局部极小值 (或极大值)。目标函数是需要最小化 (或最大化) 的函数，通常是损失函数 (如均方误差或交叉熵)。而梯度是目标函数相对于参数的导数，表示函数在该点的斜率方向和大小，梯度表示函数在该点上升最快的方向，其反方向则是下降最快的方向。如图 5-6 所示。对于 $L(w,b)$ 使用梯度

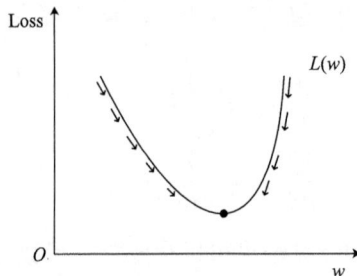

图 5-6　梯度下降示意图

下降法，需要使用某初始值初始化 w 和 b，即选定一个梯度下降的起始点，图 5-6 中假设损失函数只有一个参数 $w:L(w)$，无论初始化是最小值左侧还是右侧，梯度下降的结果都会到达一点或大致相同的点。

2. 梯度下降的基本步骤

(1) 初始化参数：随机初始化模型参数 (如神经网络的权重)。

(2) 计算梯度：根据当前参数计算损失函数的梯度。

(3) 更新参数：沿梯度的反方向调整参数，更新公式为

$$(w, b) = (w, b) - \eta \cdot \nabla_{w,b} L(w, b) \tag{5-19}$$

式中，w 表示参数；η 表示学习率；$\nabla_{w,b} L(w, b)$ 表示损失函数 $L(w, b)$ 关于参数 w 和 b 的梯度。

(4) 迭代更新：重复计算梯度和更新参数的过程，直到损失函数收敛或达到预设的迭代轮数。

3. 梯度下降的变种

1) 批量梯度下降 (batch gradient descent，BGD)

批量梯度下降法的训练模式是每轮训练使用整个训练集进行梯度计算，这就使得梯度下降过程十分平稳。同时，精确的梯度计算保证了算法的精确度，能够找到全局最优解，但是每轮都将全部数据用于计算，过大的计算量使得训练速度缓慢。

2) 随机梯度下降 (stochastic gradient descent，SGD)

随机梯度下降法的训练模式与批量梯度下降法不同，每轮只使用一个样本计算梯度，计算量小，避免了随机梯度下降法每轮训练过大的计算量，因此，随机梯度下降法的训练速度很快，也易于跳出局部极小值。但是每个数据之间的差异使得梯度估计误差大，这将导致收敛不稳定的问题。

3) 小批量梯度下降 (mini-batch gradient descent，MBGD)

结合批量梯度下降与随机梯度下降的优点，总结出小批量梯度下降法，它的训练模式则是每次使用一个小批量样本计算梯度，平衡计算效率和梯度估计稳定性。常用的小批量大小为 2 的整数倍：32、64、128 等。

4. 学习率

在深度学习中，学习率是一个非常重要的超参数。学习率决定了每次参数更新的步长大小。如果把梯度下降法中参数的更新过程想象成在一个山坡上寻找最低点，学习率就相当于每次迈步子的大小。

学习率较大时，可能会使算法更快地收敛到一个较好的解，尤其是在初始阶段，能够快速跨越一些较小的局部最优解，从而有可能找到更好的全局最优解，但是步子迈得太大可能会导致直接越过最优解，甚至导致算法无法收敛，出现振荡的情况。

相反，学习率较小时，参数的更新更加稳定和精细，不太容易错过最优解，能够在最优解附近进行更细致的搜索。更细致的搜索带来的问题是收敛速度会比较慢，需要更

多的迭代轮数才能达到较好的效果。

因此，选择合适的学习率通常需要通过试验和错误数据来确定。一些常见的策略如下。

(1) 固定学习率：在整个训练过程中使用一个恒定的学习率。

(2) 动态调整学习率：例如，随着训练的进行逐渐减小学习率，以在初始阶段快速接近最优解，在后期进行精细调整。

(3) 自适应学习率：根据参数的不同或者训练的情况自动调整学习率。

5. 梯度下降的挑战

传统的梯度下降算法虽然为优化问题提供了基础的解决思路，但在面对复杂的神经网络模型和大规模数据时，其局限性逐渐显现：梯度下降可能陷入局部极小值，无法找到全局最优解；在高维空间中，梯度可能会在鞍点处变得非常小，导致收敛缓慢；在深层神经网络中，梯度可能会在反向传播过程中逐层变小或变大，出现梯度消失和梯度爆炸现象，影响训练效果。

针对以上问题，Adam 和 RMSprop 等更高级的优化算法应运而生，为深度学习的发展带来了新的突破。

6. 自适应优化算法

自适应优化算法 (如 Adam、RMSprop) 是梯度下降算法的变种和改进，属于梯度下降内容的一部分。这些算法通过动态调整学习率和其他参数，改进了标准梯度下降算法的性能和收敛速度。因此，自适应优化算法可以被视为梯度下降优化算法的一种更高级形式。

1) Adam (adaptive moment estimation)

Adam 通过计算梯度的一阶矩估计 (即均值) 和二阶矩估计 (即未中心化的方差) 来为不同的参数动态地计算独立的自适应学习率。在更新参数时，不仅考虑了当前梯度，还考虑了过去梯度的累积信息。一阶矩估计用于捕捉梯度的均值方向，类似于动量的概念，有助于加速收敛和跨越局部最优。二阶矩估计用于自适应地调整学习率，对于梯度变化较大的参数，学习率会相应变小，以防止步长过大；对于梯度变化较小的参数，学习率会相应变大，以加快收敛速度。使用 Adam 优化器往往能够比传统的随机梯度下降(SGD) 算法更快地达到较好的准确率。

2) RMSprop (root mean square propagation)

类似于 Adam 算法，RMSprop 算法的主要目的是解决在梯度下降过程中学习率难以自适应调整的问题。RMSprop 算法的核心思想是对梯度的平方进行指数加权平均来动态地调整每个参数的学习率，即根据梯度的变化情况自适应调整学习率。对于梯度变化较大的参数，学习率会自动变小，以防止步长过大导致的不稳定；对于梯度变化较小的参数，学习率会自动变大，加快收敛速度。相较于传统优化算法，RMSprop 算法有助于减少训练过程中的振荡，使训练更加稳定。此外，RMSprop 算法还可以根据每个参数的梯度历史信息独立地调整学习率，适用于具有不同特性的参数。

5.2　卷积神经网络

卷积神经网络与深度神经网络非常相似，深度神经网络 (DNN) 由具有可学习的权重和偏置的神经元组成。与全连接神经网络最主要的不同是，卷积神经网络 (CNN) 增加了卷积层与池化层，同时卷积核在整个输入图像上共享同一组权重，以上改进大大减少了参数数量，并使模型更易于训练。

基于 PyTorch 官方网站 https://pytorch.org 中提供的文档，对 torch.nn 中常用的卷积层进行介绍，读者遇到相关问题时也可以查阅文档。

5.2.1　卷积层

卷积层 (convolutional layer) 是卷积神经网络的核心组件，用于提取输入数据的特征。第一个卷积层只能提取粗糙的特征，但是随着卷积操作的增加，被提取的特征会逐渐复杂。

1. 卷积操作

(1) 卷积核：一个小矩阵 (如 3×3 矩阵、5×5 矩阵等)，在输入数据上滑动，对每个局部区域进行加权求和。

(2) 卷积计算：卷积核在输入图像上滑动 (移动)，每次滑动一个步幅 (stride)，对覆盖的区域进行元素相乘并求和，得到一个输出值。这个输出值填入特征图 (feature map) 的对应位置。

2. 公式表示

假设输入图像为 I，卷积核为 K，输出特征图为 O。卷积操作可以表示为

$$O(i, j) = \sum_m \sum_n I(i + m, j + n) K(m, n) \tag{5-20}$$

其中，(i, j) 是输出特征图的位置；(m, n) 是卷积核的位置。

3. 卷积层的参数

(1) 卷积核大小：如 3×3、5×5 等，与全连接层不同，卷积层中的每个神经元只与前一层的局部区域 (感受野) 相连，通过卷积核 (滤波器 (filter)) 在图像上滑动进行计算。因此卷积核的大小决定了局部感受野的大小。

(2) 步幅：卷积核滑动的步长，决定了卷积输出特征图的尺寸大小。

(3) 填充 (padding)：为控制输出特征图的尺寸，可以在输入图像的边缘填充零值 (zero-padding)。

5.2.2　池化层

池化层 (pooling layer) 又称为下采样，用于减小特征图的尺寸，减少参数和计算量，并引入平移不变性。池化层进行的运算一般包括最大池化 (max pooling) 和平均池化

(average pooling)。最大池化从局部区域中取最大值，以保留特征图中的显著特征。平均池化从局部区域中取平均值，以达到平滑特征图的目的。池化层的参数主要如下。

(1) 池化窗口大小：决定了池化区域的尺寸大小，如 2×2、3×3 等。

(2) 步幅：池化窗口滑动的步长，决定了池化后的特征图尺寸。

池化操作对网络中的特征数据进行降维，同时防止过拟合。最大池化或平均池化减小了特征图的尺寸，降低了计算复杂度。降维后的特征更加平滑或显著，减少了模型过拟合的风险。

5.2.3 权重共享

权重共享是卷积神经网络中一种重要的机制，用于减少模型参数数量。

1. 原理

(1) 共享权重：在卷积层中，同一个卷积核在整个输入图像上滑动，所有位置使用相同的权重。这意味着卷积核的权重在整个输入图像上是共享的。

(2) 局部连接：每个卷积核只与输入图像的局部区域相连，而不是与所有输入像素相连。

2. 优点

(1) 减少参数：相比全连接层，卷积层的参数大大减少。例如，一个 3×3 的卷积核只有 9 个参数，而一个全连接层的参数数量与输入尺寸成正比。

(2) 提高计算效率：参数减少后，计算量显著减小，使得卷积神经网络在处理大尺寸图像时更加高效。

(3) 平移不变性：卷积操作具有平移不变性，即卷积核可以检测到在图像中不同位置出现的相同特征。

卷积层通过共享权重和局部连接进行特征提取，减少参数数量，提取特征；池化层通过降维和特征平滑减少计算量和参数数量，引入平移不变性；权重共享通过在整个输入图像上共享同一组权重，显著减少参数数量，提高计算效率，并具有平移不变性。卷积神经网络主要位于神经网络的后端，将卷积层与池化层提取的高维特征映射到低维空间，用于分类和回归任务。卷积层、池化层和权重共享是卷积神经网络的关键组件，使其在处理图像数据时具有效率高、参数少、特征提取能力强等优势。

5.3　深度稀疏卷积神经网络

深度稀疏卷积神经网络 (deep sparse convolutional neural networks，DSCNN) 是一类特殊的卷积神经网络，结合了深度学习和稀疏性的优势，既保持了模型的表达能力，又显著减少了计算量和存储需求，其特点是利用稀疏性技术减少网络模型中的参数数量和计算复杂度，从而提高训练效率和模型推理速度。稀疏卷积神经网络可以应用于多种任务，包括图像分类、目标检测、图像去噪等。一些研究工作已经证明了在特定任务上，稀疏网络可以与全连接网络相媲美甚至更优。目前，最新的研究工作继续探索如何更有效地利用稀疏性，包括开发新的稀疏性模式、压缩策略和硬件加速方法等。

深度稀疏卷积神经网络的核心在于其稀疏性。这种稀疏性可以体现在多个方面。

(1) 神经元连接的稀疏性：与传统的密集连接神经网络不同，深度稀疏卷积神经网络中的神经元之间的连接相对较少。这意味着并非每个神经元都与其他所有神经元相互作用，从而大大减少了参数数量和计算量。

(2) 特征图的稀疏性：在某些情况下，经过卷积操作生成的特征图中可能存在大量的零值或接近零的值，这反映了数据中的内在稀疏性。

可以从网络体系的不同方面定义稀疏网络模型中稀疏的概念[2]。

5.3.1　稀疏性分类

1. 输入输出连接的稀疏性

在一些神经网络模型中，通过稀疏化输入和输出之间的连接，可以提取相关特征并提高模型的泛化能力。例如，神经常微分方程 (NODE) 通过稀疏化输入输出连接来提高泛化性能和预测准确性[3]。

2. 双向稀疏性

在时变网络模型中，双向稀疏性分别在时间和变量 (即在时间内) 之间促进稀疏性。这种稀疏性通过引入一种新的先验结构来实现，可以有效地推断时间变化的网络结构[4]。

3. 激活稀疏性

在一些神经网络中，通过稀疏化激活函数 (如 ReLU) 来实现稀疏性，可以减少非零输出的数量，从而减少计算需求。这种方法可以通过剪枝或正则化来实现[5]。

4. 输入特征稀疏性

通过选择性地使用输入特征来进行模型训练，可以实现输入特征的稀疏性。这种方法可以提高模型的可解释性和性能[6]。

5. 门控递归神经网络中的稀疏性

在递归神经网络 (RNN) 中，通过稀疏化个别权重和神经元，以及门控前激活，可以简化网络结构，减少计算复杂度。这种方法特别适用于长短期记忆网络 (LSTM)[7]。

6. 结构性稀疏性

结构性稀疏性指的是在网络结构中的稀疏性，例如，在卷积神经网络中，稀疏性可以通过使部分神经元组或连接组的权重为零来实现，从而减少计算和存储需求。这种稀疏性可以通过正则化方法来实现，例如，使用稀疏组 Lasso 正则化来移除冗余连接和神经元[8]。

7. 图神经网络中的稀疏性

在处理实际图数据时，图神经网络的参数数量可以非常庞大，通过剪枝冗余节点和边可以显著减少计算和内存成本。这种方法通常用于大型图模型的优化，以提高训练和推理的效率[9]。

本章节讨论的是一种特定类型的稀疏性，即关于网络权重 (即模型参数) 的稀疏性。

5.3.2 稀疏性约束方法——L2 正则化

1. 原理

L2 正则化通过在损失函数中加入权重的平方和作为正则化项，鼓励模型权重变得平滑。L2 正则化不会将权重直接缩减为零，但会减小权重，以防止过拟合。

2. 公式

在传统的损失函数基础上，加入 L2 正则化项后的损失函数为

$$\text{Loss} = \text{Original Loss} + \lambda \sum_i w_i^2 \tag{5-21}$$

其中，λ 是正则化参数，用于控制正则化项的权重；w_i 是模型的权重参数。

3. 实现权重稀疏化的方法

L2 正则化不直接实现权重稀疏化，而是通过减小权重来防止模型过拟合。L2 正则化的梯度更新如下：

$$\frac{\partial \text{Loss}}{\partial w_i} = \frac{\partial \text{Original Loss}}{\partial w_i} + 2\lambda w_i \tag{5-22}$$

从梯度更新公式可以看出，L2 正则化通过在原有梯度的基础上增加一个与权重成正比的惩罚项，使得所有权重都会被缩减，但不会直接被缩减为零。因此，L2 正则化不会像 L1 正则化那样实现稀疏化，而是让所有权重更平滑、更小，从而提高模型的泛化能力。

5.3.3 稀疏性约束在 DSCNN 中的实现

从一个稀疏卷积神经网络案例中的稀疏约束入手，借助代码帮助读者更加直观地理解正则化的实现。在 DSCNN 训练过程中，以 L2 范数为例引入稀疏性约束。

在训练过程中使用 L2 正则化技术，鼓励模型权重变得平滑。

以下代码定义了 L2 范数。

```
def group_lasso_regularization(self,weight_decay):
regularization_loss=0.0
for name, param in self.model.named_parameters():
if 'conv'in name:
regularization_loss+=torch.norm(param,2)
return weight_decay*regularization_loss
```

为了构建这个网络，将使用与前面相同的网络架构，考虑到与前面网络的对比，除了在计算损失的时候加入了 L2 范数外，没有更改其他部分，训练模型的代码是一样的。

5.3.4 稀疏性的优势

考虑到目前所讨论的卷积神经网络 (卷积网络) 和深度稀疏卷积神经网络 (稀疏网络)，计算并绘制每种训练模型的权重向量范数。

按 L1 范数计算的结果如图 5-7 所示，以便更清楚地考察这些模型的特点。横轴表示层数，纵轴表示 L1 范数的累积值，随着网络层数的增加而增加。通过这种方法，可以从网络参数的角度分析和理解不同网络模型之间的差异以及这些差异的原因。与其他网络模型相比，稀疏网络模型的累积 L1 范数值明显更小。对于可能在芯片或其他类似应用上实现的网络来说，这可能是一个非常有趣并重要的性质，对于这些应用，零权重可以使得计算更加高效[10]。

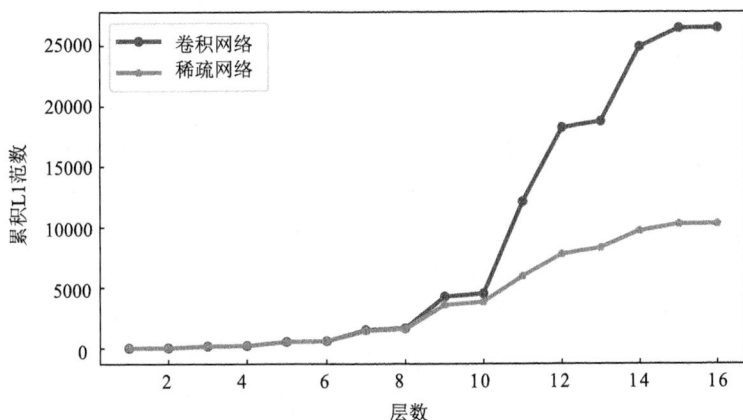

图 5-7　模型权重随层数变化的累积 L1 范数

5.4　深度学习及其故障特征挖掘

轴承作为机械设备的重要部件，其健康状况直接影响设备的正常运行。常见的轴承故障类型包括滚动体故障、内圈故障、外圈故障等。特征挖掘是指通过信号处理和分析，从轴承振动信号中提取能够反映故障状态的特征参数。深度学习的发展为轴承故障特征的挖掘提供了新方法，它使用多层神经网络进行数据的特征学习和分类，自动学习数据中的高层次特征，适用于复杂数据的模式识别和分类任务。

5.4.1 轴承故障特征提取概述

传统轴承故障诊断的核心是特征提取，即从振动信号中提取能够反映故障类型和严重程度的特征。通常采用时域、频域和时频域分析方法，例如，常见的时域特征包括均值、均方根、峰度和偏态等；频域特征则包括频谱图的幅值、频率和能量分布等。这些方法在一定程度上能够反映轴承的工作状态，然而，传统的特征提取方法依赖于专家经验和领域知识，不仅耗时费力，而且容易遗漏重要特征或引入冗余特征。

深度学习作为一种能够自动提取特征的先进技术，正在迅速应用于轴承故障诊断领域。相比传统方法，深度学习在特征提取方面具有以下优势。

(1) 自动化特征提取：深度学习模型能够从原始数据中自动学习并提取复杂特征，无须人工干预，减少了对专家经验的依赖。

(2) 处理非线性和高维数据：深度学习模型，特别是卷积神经网络 (CNN) 和递归神经网络 (RNN)，能够有效处理包含非线性和高维特征的数据，提升了特征提取的准确性。

(3) 端到端学习：深度学习方法能够实现从输入数据到输出结果的端到端学习，简化了特征提取和故障分类的流程，提高了诊断效率。

通过引入深度学习技术，轴承故障特征提取过程得到了极大优化，为实现更高效、更准确的故障诊断奠定了基础。

5.4.2 深度学习在轴承故障特征提取中的应用

案例 1：基于卷积神经网的特征提取

基于卷积神经网络，通过案例介绍深度学习在轴承故障特征提取方面的潜力，该方法通过卷积神经网络包括正常、内圈故障、外圈故障的三类轴承数据进行特征提取，训练集包括 240 组数据，每组数据包括 1024 个数据，测试集包括 60 组数据，每组数据包括 1024 个数据。

(1) 模型训练：使用一维卷积神经网络提取训练集的时域特征。

(2) 模型微调：通过微调训练模型的参数，提高训练集的分类准确率。

(3) 故障分类：将测试集输入训练好的网络中，进行轴承故障诊断。

构建的网络与前面相同，网络结构不再赘述。图 5-8 和图 5-9 绘制损失以及训练准确率的变化情况，从图中可以清楚地看到在第 3 轮训练后训练集和测试集的准确率都已经达到了 100%，可见，深度卷积神经网络在提取轴承特征方面具有很明显的优势。如图 5-9 所示是测试集的分类混淆矩阵。

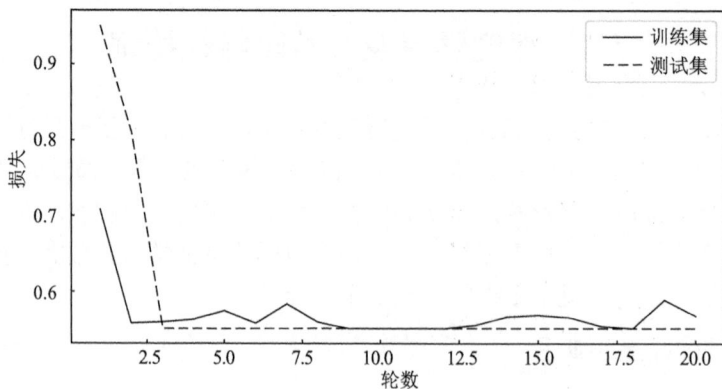

图 5-8　训练集和测试集损失 (案例 1)

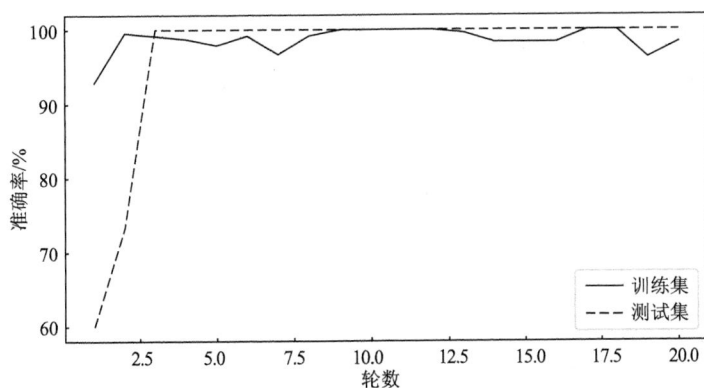

图 5-9　训练集和测试集准确率 (案例 1)

案例 2：基于稀疏卷积神经网络的特征提取

通过稀疏卷积神经网络包括正常数据、内圈故障、外圈故障的三类轴承数据进行特征提取，训练集包括 240 组数据，每组数据包括 1024 个数据，测试集包括 60 组数据，每组数据包括 1024 个数据。

(1) 模型训练：使用一维卷积神经网络提取训练集的时域特征，在损失函数中引入 L1、L2 范数，促进网络模型权重参数的稀疏性。

(2) 模型微调：通过微调训练模型的参数，提高训练集的分类准确率。

(3) 故障分类：将测试集输入训练好的网络中，进行轴承故障诊断。

构建的网络与 5.3 节深度稀疏卷积神经网络相同，同时，损失函数中添加了 L1 范数和 L2 范数，绘制训练集和验证集的损失及准确率，如图 5-10、图 5-11 所示。

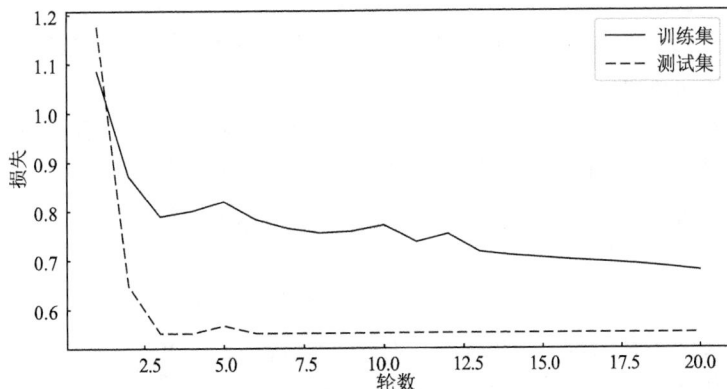

图 5-10　训练集和验证集损失 (案例 2)

对于目前所讨论的卷积神经网络、稀疏卷积神经网络，它们之间的性能差异难以区分，但是在处理大规模模型的优化问题时，可以提高训练和推理的效率。

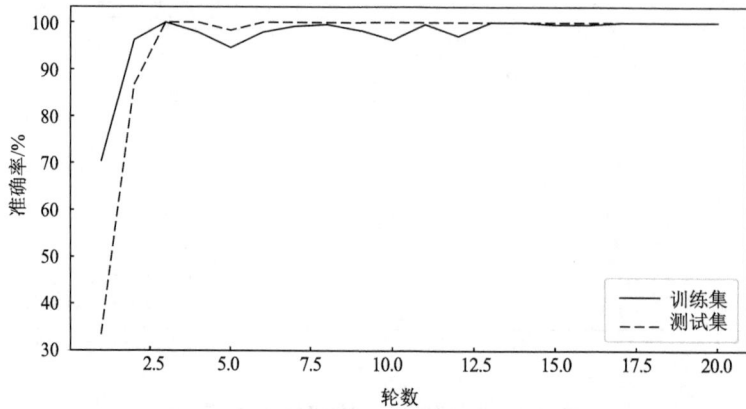

图 5-11   训练集和测试集准确率 (案例 2)

5.5   深度学习及剩余使用寿命预测技术

近几十年来，设备健康管理技术得到工程领域的广泛关注，成为发展热点，对保证设备安全可靠运行有重大意义，剩余使用寿命预测技术是健康管理技术的基础和核心，处理好剩余使用寿命的预测，对设备的健康管理有重大意义[11]。轴承是机械设备中的关键部件，其健康状态直接影响整个系统的性能和安全性。深度学习技术近年来在轴承故障诊断和剩余使用寿命 (RUL) 预测方面取得了显著进展。本节旨在介绍深度学习在轴承 RUL 预测中的应用，包括基本概念、模型选择与构建等内容。

5.5.1   基本概念

剩余使用寿命预测的目标是根据轴承的历史数据和当前状态，预测其在未来某一时间点之前失效的可能性。

考虑到设备在实际运作过程中不可避免地会遇到随机变化的运行环境和负载，因此，其剩余使用寿命往往展现出不可预测的随机性。在现有的研究中，一般将设备的剩余使用寿命描述为一个条件随机变量，表示当前时刻到设备失效时刻的有效时间间隔[12]，定义为

$$T - t \mid T \leqslant t, X(t) \tag{5-23}$$

式中，T 为设备的失效时间 (即寿命)；t 为当前时刻；$X(t)$ 表示设备从运行开始到当前时刻的检测退化数据，即 $X(t) = \{x(s), 0 \leqslant s \leqslant t\}$。

基于数据驱动的方法众多分支中，相似模型法、退化模型法和生存模型法较为常见，如图 5-12 所示。在众多数据驱动的剩余使用寿命预测技术中，传统寿命预测方法十分典型。这种方法依赖于充分的寿命数据基础，即失效时间记录。通过对这些关键数据进行统计分析，可以推断出设备预期寿命 T 的概率分布信息。由此，为预测设备剩余的有效使用时间提供了科学依据。

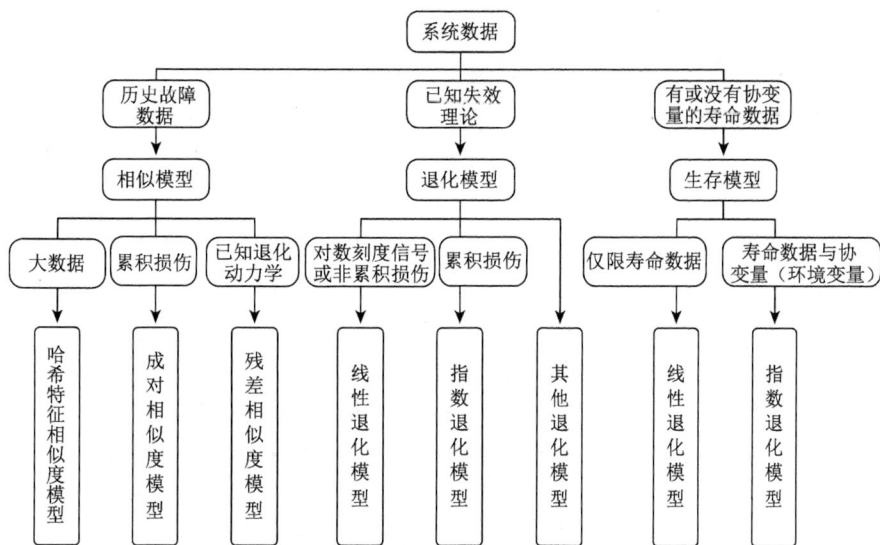

图 5-12　寿命预测方法分类

5.5.2　深度学习模型的选择与构建

在第 4 章中，基于机器学习模型对寿命预测技术进行了建模应用相关知识的介绍，此处略过基础理论部分，直接对深度学习模型进行介绍。根据不同的应用场景和数据特征，选择合适的深度学习模型是关键步骤之一。以下是几种常用模型及其构建过程。

1. 模型选择

(1) 卷积神经网络 (convolutional neural network，CNN)：适用于处理图像数据和时频域数据。通过卷积层提取局部特征，通过池化层降低维度，最终通过全连接层进行分类和预测[13]。

(2) 递归神经网络 (recurrent neural network，RNN)：擅长处理序列数据，如时间序列振动信号。通过隐藏层的循环连接捕捉时间依赖性信息[14]。

(3) 长短期记忆 (long short-term memory，LSTM) 网络：RNN 的改进版本，能够更好地处理长时间依赖问题，适用于长时间序列数据的预测[15]。

2. 模型构建

(1) 网络架构设计：根据具体任务设计网络层数、每层的神经元数量、卷积核大小等参数，确保网络既能充分学习数据特征，又不至于过度复杂导致过拟合。

(2) 激活函数选择：介绍常用的激活函数，如 ReLU、sigmoid、tanh 等，不同的激活函数对网络性能有不同影响。

(3) 模型评估：选择合适的损失函数，如均方误差 (MSE)、交叉熵损失、均方根误差 (RMSE) 等，根据具体任务和数据特点进行选择。

5.5.3 应用案例

下面展示如何使用深度卷积神经网络 (DCNN) 预测引擎的剩余使用寿命 (RUL)。深度学习方法的优点是模型不需要手动进行特征提取或特征选择来预测 RUL。此外，寿命的预测不需要机器的健康预测信息或信号处理的先验知识来开发基于深度学习的 RUL 预测模型。

本节案例参考 MathWorks 中的帮助文档：Remaining Useful Life Estimation Using Convolutional Neural Network，使用涡轮发动机退化模拟数据集[16]。该数据集包含 4 个不同数据集 (即 FD001、FD002、FD003 和 FD004) 的运行到故障时间序列数据，这些数据是在不同的操作条件和故障模式组合下模拟的。本例使用 FD003 数据集，该数据集进一步被分为训练子集和测试子集。训练子集包含 100 个引擎的模拟时间序列数据。每个引擎都有多个传感器，这些传感器的值在连续过程中记录在给定实例中。因此，记录数据的序列在长度上各不相同，并且对应于一个完整的运行到失败 (RTF) 实例。测试子集包含 100 个部分序列和每个序列末尾剩余使用寿命的相应值。

1. 涡轮发动机退化模拟数据集

数据文件夹现在包含 26 列数字的文本文件，用空格分隔。每一行都是在单个操作周期内获取的数据快照，每一列代表一个不同的变量：

(1) 第 1 列为单元编号；

(2) 第 2 列为时间步；

(3) 第 3~5 列为操作设置；

(4) 第 6~26 列为传感器测量值 1~21。

2. 可视化某些预测变量的时间序列数据

图 5-13 所示为传感器 1、2、3、10、11、19 与操作设置 1、3 的预测变量的时间序列数据。

3. 移除变异性较小的特征

在所有时间步长内保持不变的特征可能会对训练产生负面影响。使用可预测性函数来测量失效时特征的变异性。

对于某些特征，可预测性等于零或 NaN，放弃这些特征。

4. 归一化训练预测变量

将训练预测变量归一化，使其均值和单位方差为零。

5. 剪辑响应

响应数据表示每个发动机在整个生命周期内的 RUL 值，并且基于单个引擎的生命周期。该序列假设从初始测量时间到发动机故障时间呈线性下降。

为了使网络专注于引擎中更有可能发生故障 (引擎寿命结束) 的数据部分，将响应剪辑在阈值 150 处。剪辑响应会导致网络将具有较高 RUL 值的实例视为平等。

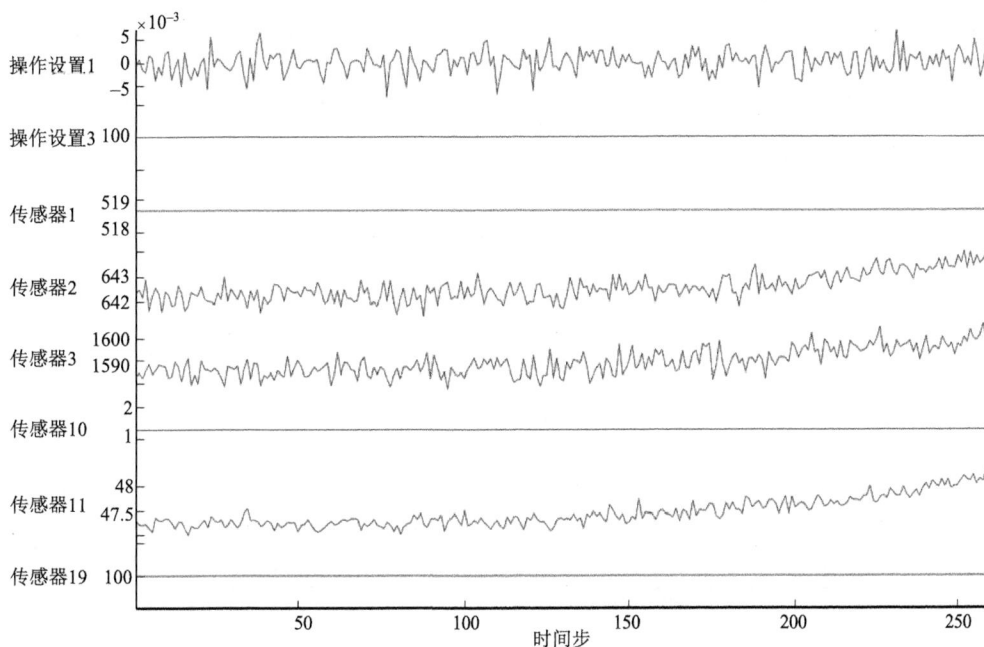

图 5-13　预测变量的时间序列

6. 准备用于填充的数据

该网络支持具有不同序列长度的输入数据。当通过网络传递数据时，软件会填充、截断或拆分序列，以便每个小批量中的所有序列都具有指定的长度。若要最大限度地减少添加到小批量的填充量，应按序列长度对训练数据进行排序。然后，选择一个小批量大小，该大小可以均匀分配训练数据并减少小批量中的填充量。

7. 网络架构

用于 RUL 估计的深度卷积神经网络架构在文献 [16] 中进行了描述，在这里，将以序列格式对数据进行处理和排序，其中第一个维度表示所选要素的数量，第二个维度表示时间序列的长度。将卷积层与批量归一化层捆绑在一起，然后是激活层 (在本例中为 ReLU)，再将这些层堆叠在一起形成深度卷积神经网络以进行特征提取，最后使用全连接层来获取最终的 RUL 值作为输出。网络架构仅沿时序方向应用一维卷积。因此，特征的顺序不会影响训练，并且一次只考虑一个特征的趋势。网络架构如表 5-2 所示。

8. 训练网络

使用 Adam 优化器，训练 50 轮，训练批量大小为 16，学习率指定为 0.01，要防止梯度爆炸，将阈值设置为 1，使用并将损失函数指定为均方误差 (MSE) 来训练网络，训练结果如图 5-14 所示。

表 5-2　网络架构

神经网络架构	网络参数
卷积层	卷积核 5×1，输入通道 17，输出通道 32，因果填充，步长 1
归一化层	batchNormalizationLayer
激活层	reluLayer()
卷积层	卷积核 7×1，输入通道 32，输出通道 64，因果填充，步长 1
归一化层	batchNormalizationLayer
激活层	reluLayer()
卷积层	卷积核 11×1，输入通道 64，输出通道 128，因果填充，步长 1
归一化层	batchNormalizationLayer
激活层	reluLayer()
卷积层	卷积核 13×1，输入通道 128，输出通道 256，因果填充，步长 1
归一化层	batchNormalizationLayer
激活层	reluLayer()
卷积层	卷积核 15×1，输入通道 256，输出通道 512，因果填充，步长 1
归一化层	batchNormalizationLayer
激活层	reluLayer()
Dropout 层	$p = 0.5$
全连接层	输出尺寸 1
回归输出层	regressionLayer()

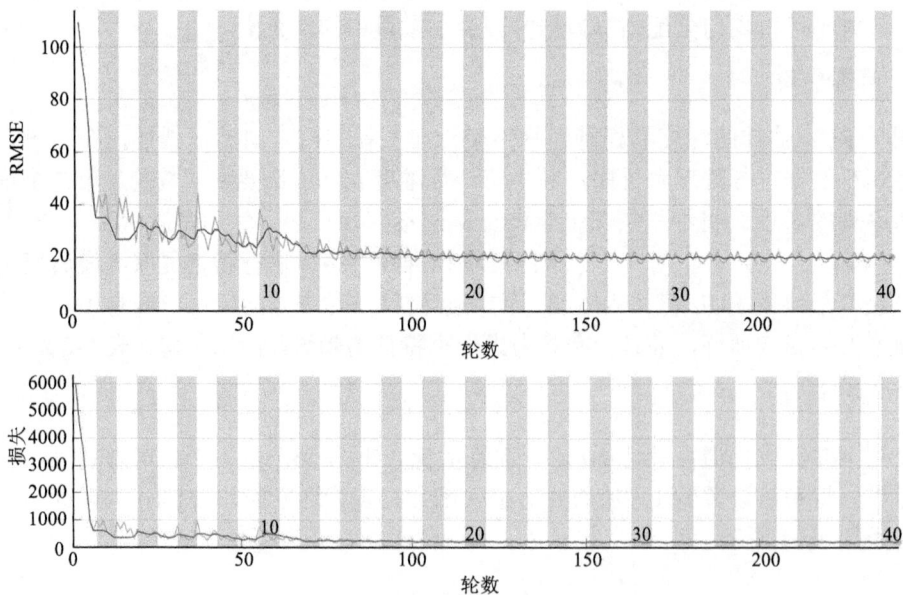

图 5-14　训练结果

9. 网络性能测试

计算测试序列所有时间周期的均方根误差 (RMSE)，以分析网络在测试数据上的性能。测试数据包含 100 个部分序列和每个序列末尾剩余使用寿命的相应值，创建直方图以可视化 RMSE 值在所有测试引擎中的分布，如图 5-15 所示。

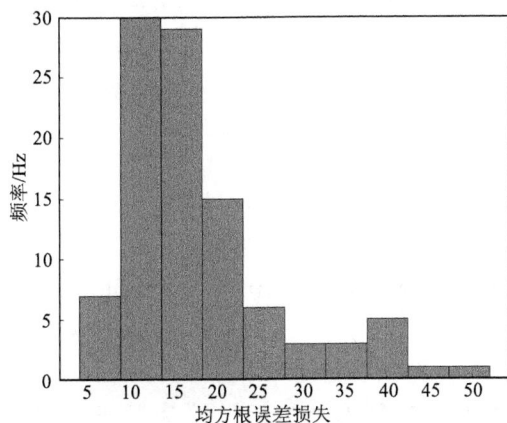

图 5-15　均方根误差

使用者可以查看网络模型预测器在测试引擎中给定数据序列的性能，将预测的 RUL 与随机测试引擎的真实 RUL 进行对比，如图 5-16 所示。

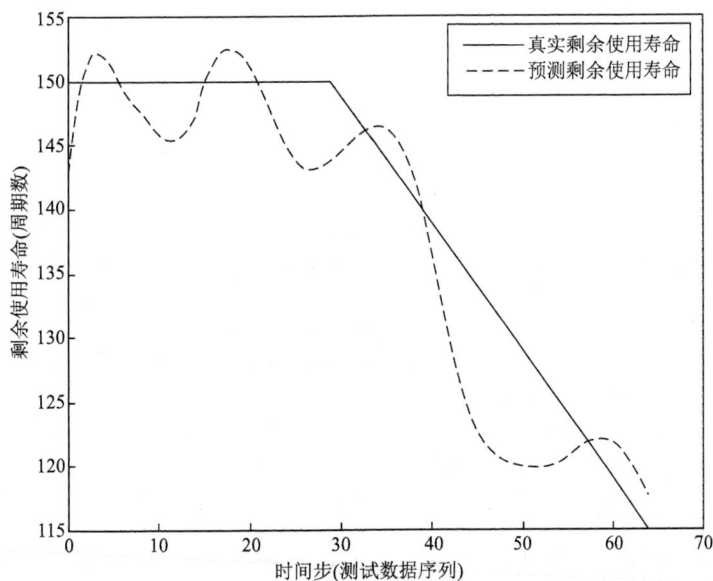

图 5-16　剩余使用寿命曲线

结果表明，用于估计涡轮发动机数据 RUL 的 CNN 深度学习架构是预测 RUL 的可行方法。所有时间戳处的 RMSE 值表示网络在给定测试序列数据的末尾表现良好。因此，在尝试预测 RUL 时，了解传感器数据的简要历史记录非常重要。

本 章 小 结

深度学习是人工智能发展的重要成果，本章围绕深度学习基础知识，介绍了自动求导、过拟合与正则化等，进而对卷积神经网络中的卷积层、池化层等进行分析。同时，基于以上知识，引入深度稀疏卷积神经网络，介绍了稀疏性分类、稀疏性约束、稀疏性的优势等。利用案例将卷积神经网络与稀疏卷积神经网络进行对比，稀疏卷积神经网络在大型计算中体现着明显优势。最后，将深度卷积神经网络应用于剩余使用寿命预测中，展现了其在特征挖掘中的能力。

思 考 题

5.1 现在有 20480 个样本，batch_size=1024，epoch=40，那么全部样本一共会进行多少轮前向和反向传播？

5.2 神经网络的过拟合问题如何避免？

5.3 求导：使用 PyTorch 对 $y = (x^3 + 2x^2 - x)^2$ 求其在 $x = 3.0$ 处的导数值。

5.4 对卷积神经网络进行更改，调整网络的层数、激活函数、卷积的参数等，观察结构有什么变化。

5.5 解释稀疏性在深度神经网络中的作用，以及它如何帮助提高模型的计算效率和降低存储需求。

5.6 解释卷积神经网络中卷积核权重共享的概念，以及这种设计如何减少模型的复杂度。

参 考 文 献

[1] 布树辉. 机器学习算法与实现: Python 编程与应用实例[M]. 北京: 电子工业出版社, 2022.

[2] CRIPON V, BERROU C. Sparse neural networks with large learning diversity[J]. IEEE transactions on neural networks, 2011, 22(7): 1087-1096.

[3] ALIEE H, RICHTER T, SOLONIN M, et al. Sparsity in continuous-depth neural networks[A/OL]. CALIFORNIA 92037 USA: Neural Information Processing Systems (NIPS), 2022.[2024-08-13].

[4] BARTLETT T E, KOSMIDIS I, SILVA R. Two-way sparsity for time-varying networks with applications in genomics[J/OL]. The annals of applied statistics, 2018, 15(2): 856-879.[2024-08-13].

[5] HOEFLER T, ALISTARH D, BEN-NUN T, et al. Sparsity in deep learning: pruning and growth for efficient inference and training in neural networks[J/OL]. Journal of machine learning research, 2021, 22: 241:1-241:124.[2024-08-13].

[6] LEMHADRI I, RUAN F, TIBSHIRANI R. LassoNet: neural networks with feature sparsity[J/OL]. Proceedings of machine learning research, 2019, 130: 10-18.[2024-08-13].

[7] LOBACHEVA E, CHIRKOVA N, MARKOVICH A, et al. Structured sparsification of gated recurrent neural networks[A/OL]. New York: AAAI Conference on Artificial Intelligence, 2020.[2024-08-14].

[8] PANDIT M K, BANDAY M. Variance-guided structured sparsity in deep neural networks[J/OL]. IEEE transactions on artificial intelligence, 2023, 4(6): 1714-1723.[2024-08-14].

[9] PENG H W, GUREVIN D, HUANG S Y, et al. Towards sparsification of graph neural networks[C/OL]. 2022 IEEE 40th international conference on computer design (ICCD). Olympic Valley, 2022.[2024-08-16].

[10] WANG P Q, JI Y, HONG C, et al. SNRRAM: an efficient sparse neural network computation architecture based on resistive random-access memory[C].2018 55th ACM/ESDA/IEEE design automation conference (DAC). San Francisco, 2018.

[11] 司小胜, 胡昌华. 数据驱动的设备剩余寿命预测[M]. 北京: 国防工业出版社, 2016.

[12] SI X S, WANG W B, HU C H, et al. Remaining useful life estimation: a review on the statistical data driven approaches[J]. European journal of operational research, 2011, 213(1): 1-14.

[13] XU Y, LI Z X, WANG S Q, et al. A hybrid deep-learning model for fault diagnosis of rolling bearings [J/OL]. Measurement, 2021, 169: 108502.[2024-09-01].

[14] MA S, CHU F L. Ensemble deep learning-based fault diagnosis of rotor bearing systems[J/OL]. Computers in Industry, 2019, 105: 143-152.[2024-09-01].

[15] ZHANG Y Y, LI X Y, GAO L, et al. A new subset based deep feature learning method for intelligent fault diagnosis of bearing[J/OL]. Expert systems with applications, 2018, 110: 125-142.[2024-09-01].

[16] LI X, DING Q, SUN J Q. Remaining useful life estimation in prognostics using deep convolution neural networks[J]. Reliability engineering & system safety, 2018, 172: 1-11.

第 6 章

小样本下飞行器关键部件故障智能诊断与预测

近些年来，随着计算机技术和深度学习的飞速发展，各类技术突破层出不穷。在深度学习等先进技术的推动下，基于数据驱动的故障诊断方法得到了令人兴奋不已的成就，其中以深度卷积神经网络及其各种改进为代表的深度学习模型贡献尤为突出。但是深度学习模型诊断性能表现良好的前提是拥有大量充足的标记样本数据，而实际上获得充足的样本数据是困难的。

首先，飞行器往往保持在稳定运行状态，且故障的发展过程通常是渐进的，一旦检测到故障，设备通常会立即停止运行并进行必要的维护。因此，正常运行状态下的样本数量往往会显著超过故障状态下的样本，导致正常样本和故障样本类别之间存在不平衡的现象。

其次，数据的质量和一致性也难以保证，可能存在噪声、缺失值等问题，进一步增加了获得高质量标记样本数据的难度。例如，滚动轴承在运作时，往往会面临多样化的工作条件：不同的负载和转速，这些条件都可能导致从加速度传感器收集到的样本数据出现分布上的差异，这种情况在实际应用中是难以完全避免的。

最后，在拥有大量样本数据的情况下，进行人工标注依然是一项极具挑战性的工作，它不仅需要消耗大量的人力资源，还需要依赖专家的知识和经验。通常情况下，对故障样本进行准确标记需要由具有专业知识和经验丰富的工程师来完成。

因此，在小样本下训练的网络模型面对罕见的数据时很可能会出现过拟合，正所谓"巧妇难为无米之炊"。当一个类别中的样本数量明显超过另一个类别时，学习模型往往会偏向大多数类别，从而导致性能不佳的问题，这也对以深度学习为主的智能诊断模型提出了新的挑战[1]。针对深度学习模型在面对有限的诊断样本时所遭遇的难题，小样本学习 (few-shot learning) 策略应运而生，这类学习策略的核心目标是有效解决小样本故障诊断任务中数据不平衡的问题。

6.1 小样本下飞行器故障诊断需求

那么小样本问题该如何定义呢？基于认知和数量来看，故障数据量的"大小"和正常数据量的"大小"差距很大，故障数据属于小样本。

目前，从数据增强、特征学习及分类器设计三个方面来解决小样本飞行器故障诊断问题，如图 6-1 所示。

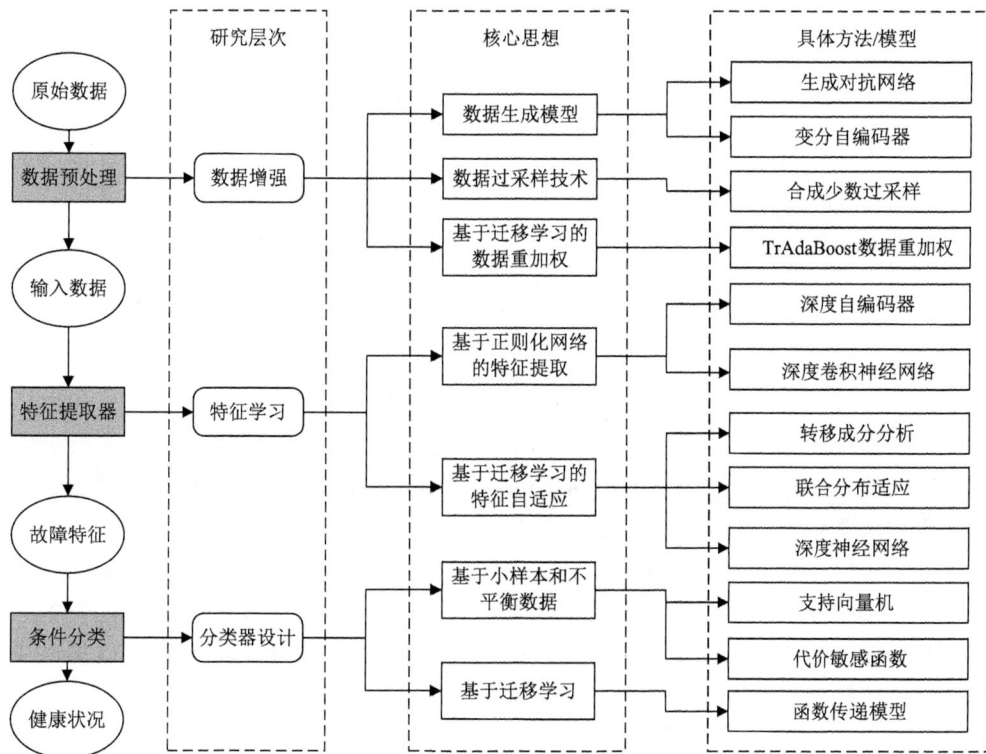

图 6-1　小样本问题研究方法

6.1.1　数据增强

数据增强是一种提高模型泛化能力的技术，为处理小样本数据提供思路。它的核心原理是通过创建数据的各式变体，有效地扩充数据集的规模，这些变体在保持原有特征的同时，增加了数据的多样性。常见的数据增强方法包括各种采样技术，如图 6-2 所示。

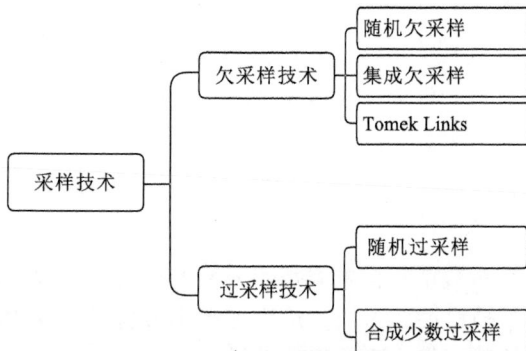

图 6-2　数据采样技术

1. 数据欠采样技术

1) 随机欠采样

随机欠采样是在数据集样本类别不平衡的情况下，从大数目类别样本随机选取和小数目类别样本数目相当的样本，再与小数目类别样本组成新的数据集，在新的数据集中所有类别样本的数量一致。值得注意的是，随机欠采样后，样本数目取决于原来的小数目类别样本数目，而当大数目类别样本和小数目类别样本数目差距很大而且小数目类别样本数目比较少时，这样很可能会导致大数目类别样本损失很多重要信息。

2) 集成欠采样

通过聚类算法将多数类样本聚类为若干个簇，并用簇的中心代替原始样本，从而减少多数类样本的数量。

3) Tomek Links

Tomek Links 是指邻近的两个相反类的例子，如图 6-3 所示。对于二分类问题，如果两个不同类别的样本互为最近邻，即样本 x_i 的最近邻是 x_j，同时样本 x_j 的最近邻也是 x_i，这样的一对样本就构成了 Tomek Links。Tomek Links 的存在可能指示了数据集中的不稳定性或类别间的模糊界限。为了优化数据集并减少 Tomek Links 可能带来的负面影响，可以采取一种策略来删除这些 Tomek Links。具体来说，对于每一个 Tomek Links，如果其中一个样本属于多数类，而另一个属于少数类，可以选择删除少数类的样本。这种方法基于这样的假设：在不平衡的数据集中，多数类的样本数量较多，因此移除少数类样本对整体数据分布的影响较小。

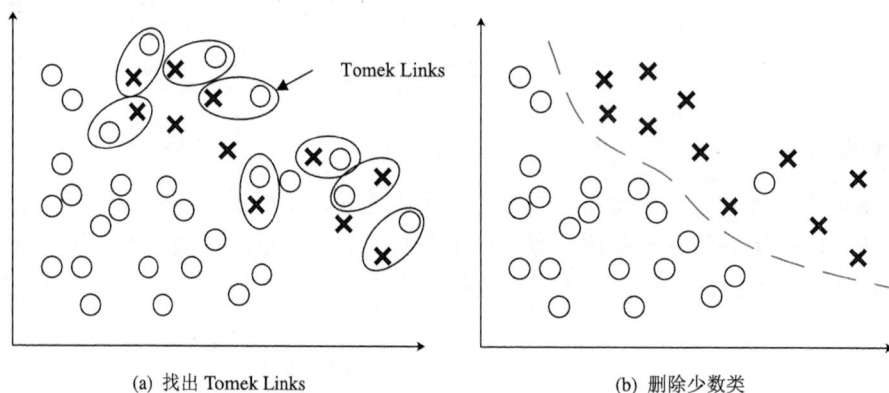

(a) 找出 Tomek Links (b) 删除少数类

图 6-3 Tomek Links 算法示意图

2. 数据过采样技术

1) 随机过采样

随机过采样同样是针对数据集样本类别不平衡的情况，与欠采样相反，过采样是将小数目类别样本中的样本随机抽取多次，从而使得小数目类别样本的数目与大数目类别样本相当，组成一个新的数据集，再进行特征学习和分类工作。然而，小数目类别样本的扩充会导致模型训练复杂度加大。样本的直接复制会使得学习到的信息过于具体化而不够泛化，容易出现过拟合现象。

2) 合成少数过采样

针对过采样的过拟合问题，出现了过采样代表性技术，即为合成少数过采样技术 (SMOTE)。它已成为解决数据不平衡问题的强大且广泛采用的方案，通过在少数类样本之间插值生成新的样本，SMOTE 不仅复制少数类样本，还生成新的合成样本来平衡类别分布。

SMOTE 改进了过采样的随机复制操作。SMOTE 的基本思想是：对于少数类样本 x_i，随机选择少数类中与 x_i 最近邻的样本 $\hat{x}_i$，然后在 x_i 与 $\hat{x}_i$ 的连线上随机选择数据点作为新样本。重复操作，直到数据集平衡为止。SMOTE 有效防止了过拟合问题，同时也有效提升了数据分类的性能。

但是 SMOTE 算法也存在缺点：算法无法解决非平衡数据集的数据分布问题，容易产生分布边缘化问题，负类样本的分布情况在很大程度上制约了其近邻的选择范围。当某个负类样本位于负类样本集的分布边缘时，由其与相邻样本共同产生的"合成实例"也会陷入这个边缘区域。而且，随着数据处理过程的持续进行，这种边缘化的态势会不断加剧，从而模糊了正类样本和负类样本的边界，而且使边界变得越来越模糊。这种边界模糊性虽然使数据集的平衡性得到了改善，但加大了分类算法进行分类的难度。

6.1.2　特征学习

特征学习是故障诊断中的关键步骤，它涉及从原始数据中提取出能够代表轴承状态的关键信息。特征学习的方法如下。

1. 深度自编码器 (deep auto-encoders，DAE)

基于传统编码器，深度自编码器是一种强大的无监督学习神经网络模型，由编码器 (encoder) 和解码器 (decoder) 两部分组成，如图 6-4 所示，编码器将输入数据压缩成低维的潜在表示，而解码器则尝试从潜在表示中重构原始数据。这种结构使得自编码器能够在降维的同时保留数据的主要特征信息，这些特征信息对于后续的分类、回归等任务更具有判别性，因此它在特征学习方面具有显著的优势。

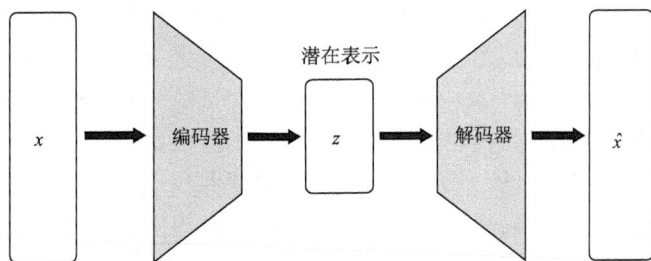

图 6-4　深度自编码器

2. 深度卷积神经网络 (deep convolutional neural networks，DCNN)

在特征学习方面，深度卷积神经网络通过其深层网络结构能够学习从简单到复杂的特征表示。在较浅层，网络可能学习到边缘等基础视觉元素，而在更深层，网络能够识别更加复杂的形状、对象部件甚至完整的对象。

6.1.3 常用生成模型

1. 自编码器 (auto-encoder, AE)

自编码器包含编码器和解码器两部分。设计初衷是数据降维，假设原始特征 $x \in \mathcal{X}$ 维度过高，那么希望通过编码器 E 将其编码成低维特征向量 $z = E(x)$，编码的原则是尽可能保留原始信息，因此再训练一个解码器 D，希望能通过 $z \in \mathcal{F}$ 重构原始信息，即 $x \approx D(E(x))$，其优化目标一般是

$$E, D = \underset{E,D}{\arg\min} E_{x \sim \mathcal{X}}[\|x - D(E(x))\|^2] \tag{6-1}$$

由编码器输出的隐藏层特征 $z \in \mathcal{F}$ 即特征向量可视为输入数据 x 的表征，换言之，学习到了这个表征信息也就学习到了原始输入数据的信息。然而特征向量也会因为编码方式的不同而有所区别，每个 x 都对应一个特征向量 z。通过编码空间的形状模拟图 (图 6-5) 可以形象地观察出编码向量的质量。

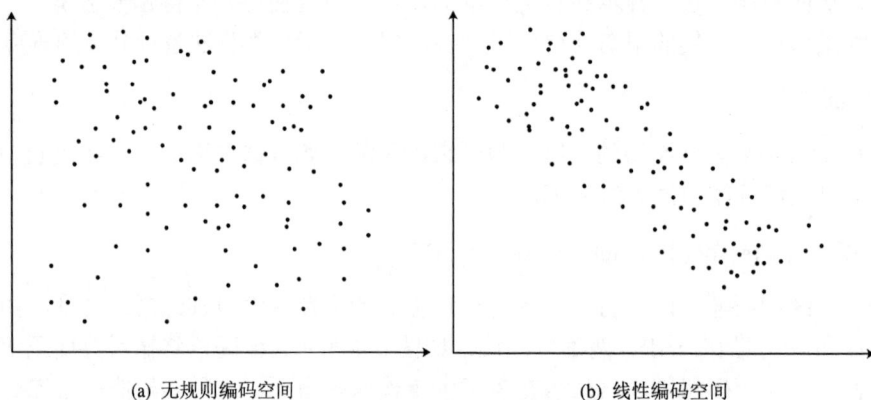

(a) 无规则编码空间　　　　　　　　　　(b) 线性编码空间

图 6-5　编码空间形状模拟图

如图 6-5(a) 所示，编码空间中的特征向量分布是杂乱无章的，没有规则；如图 6-5(b) 所示，特征向量分布在一条线上，说明编码向量的维度之间存在一定的冗余，这会使得训练的模型过拟合于特定的样本。图 6-6 所示特征向量的分布类似一个规则的圆形，特征向量按照可预测的模式排列，也反映了潜在数据的生成过程，同时，该编码空间比较规则地覆盖了一块连续的空间，没有突兀的跳跃和断层。相较而言，认为图 6-6 的编码空间覆盖得比较理想，特征向量的空间分布是规则的、连续的、无冗余的。

由于编码空间的规则性和连续性，学习算法能够较容易地推断出训练样本之间"缝隙"所代表的潜在数据。这些"缝隙"即图 6-6 中的点与点之间的空白部分，预示着未知样本可能存在的区域，学习到这些连续的编码向量的分布形式，模型能够对未知样本进行更加准确的预测；同时，无冗余的特征向量分布也减少了学习过程中对特定样本的依赖，从而提高了模型的稳定性和鲁棒性。

另外，要提的一点是通过编码器的每个输入数据 x 被编码后对应于特征空间中的一

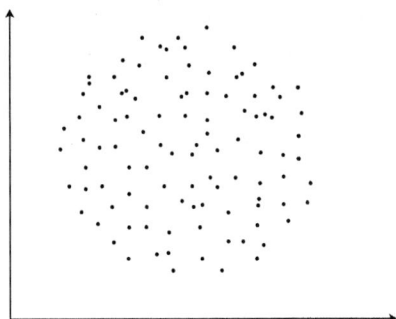

图 6-6　圆形编码空间

个特征向量 z，而特征向量 z 是确切的数值，随后，这个特征向量被送入解码器网络，解码器结构通常与编码器相反，逐步增加数据的维度，尝试重构原始输入数据。随着训练的进行，输入和重构输出之间的差异越来越小，就会出现过拟合的现象。当对输入数据的特征向量进行解码时，模型能生成一个不错的输出，而当解码器面对的是未见过的数据时，可能无法有效地重构或编码。这也就是 AE 多用于数据降维的原因。针对以上 AE 出现的问题，变分自编码器提供了新的思路。

2. 变分自编码器 (variational auto-encoder，VAE)

为了使编码空间更加规则、连续，变分自编码器引入了后验分布 $p(z|x)$，如何理解后验分布呢？后验分布的引入使得 VAE 与 AE 最大的不同在于：编码器的输出不再是和输入数据 x 对应的一个确定数值的特征向量，编码器完成的工作变为为每个数据训练出来一个高斯分布的均值和方差，从高斯分布中采样得到随机向量，进而做解码工作[2]，公式表示为式(6-2)：

$$\mathcal{L} = E_{x \sim \bar{p}(x)} \left[E_{z \sim p(z|x)} [-\lg q(x|z)] + \mathrm{KL}(p(z|x) \| q(z)) \right] \tag{6-2}$$

其中，第一项就是重构项，$E_{z \sim p(z|x)}$ 是通过重参数来实现的；第二项则称为 KL 散度项，这是 VAE 与普通自编码器的显式差别。

将这个过程形象地表示为图 6-7，观察到在 VAE 中每个样本的编码从一个点变成了一个面 (椭圆)，于是原本由点覆盖的编码空间变成了由面覆盖，从概率的角度来说，椭

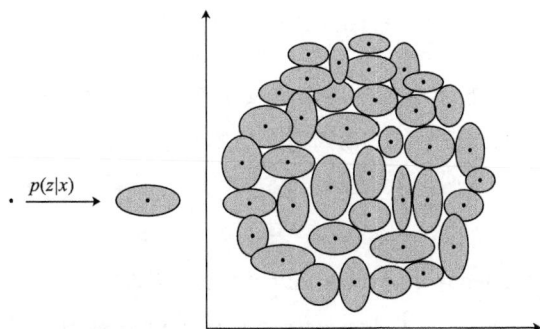

图 6-7　VAE 编码空间模拟图

圆对应着"假设 $p(z|x)$ 各分量独立的高斯分布"。想象一下，如果编码空间中的椭圆足够多，编码空间就会被椭圆完全覆盖，也就实现了前面所提到的特征向量的空间分布是连续的。

1) 采样重构

现在每个样本 x 都对应一个"椭圆"，而确定一个"椭圆"需要两个信息：椭圆中心、椭圆轴长，它们各自构成一个向量，并且这个向量依赖于样本 x，将其记为 $\mu(x)$、$\sigma(x)$。既然整个椭圆都对应着样本 x，要求椭圆内任意一点都可以重构 x，所以训练目标为

$$\mu, \sigma, D = \underset{\mu,\sigma,D}{\arg\min} E_{x \sim \mathcal{X}}[\|x - D(\mu(x) + \varepsilon \otimes \sigma(x))\|^2], \quad \varepsilon \sim \mathcal{N}(0,1) \tag{6-3}$$

其中，$\mathcal{X}$ 是训练数据；$\mathcal{N}(0,1)$ 为标准正态分布，可以将它理解为一个单位圆，即先从单位圆内采样 ε，然后通过平移缩放变换 $\mu(x) + \varepsilon \otimes \sigma(x)$ 将其变为"中心为 $\mu(x)$、轴长为 $\sigma(x)$"的椭圆内的点，这个过程就是"重参数"(reparameterization)。

2) 空间正则

采样重构实现了编码向量对编码空间的面覆盖，而引入分量独立的高斯分布则是人为地将特征向量在编码空间中的分布规则化了。"椭圆"可以使编码向量对编码空间更全面地覆盖，但不能实现编码空间的规则性。现在希望编码向量满足标准正态分布 (可以将它理解为一个单位圆)，即所有的椭圆覆盖的空间组成一个单位圆。

为此，希望每个椭圆都能向单位圆靠近，单位圆的中心为 0，半径为 1，所以一个基本想法是引入正则项：

$$E_{x \sim \mathcal{X}}[\|\mu(x) - 0\|^2 + \|\sigma(x) - 1\|^2] \tag{6-4}$$

前面两项 Loss 结合起来，就已经非常接近标准的变分自编码器了。标准的变分自编码器用了一个复杂一些、功能类似的正则项，如式(6-5) 所示。

$$E_{x \sim \mathcal{X}}\left[\sum_{i=1}^{d} \frac{1}{2}\left(\mu_i^2(x) + \sigma_i^2(x) - \log \sigma_i^2(x) - 1\right)\right] \tag{6-5}$$

将两项目标组合起来，就得到了最终的变分自编码器，如式(6-6) 所示。

$$\|x - D(\mu(x) + \varepsilon \otimes \sigma(x))\|^2 + \sum_{i=1}^{d} \frac{1}{2}\left(\mu_i^2(x) + \sigma_i^2(x) - \log \sigma_i^2(x) - 1\right), \quad \varepsilon \sim \mathcal{N}(0,1) \tag{6-6}$$

至此，VAE 中的编码器实现的不再是像 AE 简单地对数据进行编码，而是做了两件事：①为每个数据 x 计算均值 μ_k；②为每个数据 x 计算方差 σ_k，如图 6-8 所示。VAE 使得编码向量在编码空间中分布得更加紧凑，并规范了编码分布为标准正态分布 (单位圆)。

3. 生成对抗网络 (generative adversarial network，GAN)

GAN 采用无监督的学习方式，自动从源数据中进行学习，在不需要人工对数据集进行标记的情况下就可以产生令人惊叹的效果[2-5]。GAN 的灵感来自博弈论中的纳什均

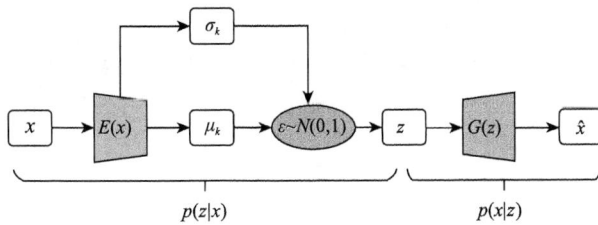

图 6-8　VAE 训练流程

衡，由一个生成模型 G 和一个判别模型 D 组成。实际学习过程可以看作生成模型 G 和判别模型 D 之间的竞争过程，该竞争过程随机地取一个真实样本和由生成模型 G 生成的"假样本"来判断判别模型 D 是否为真。

6.1.4　GAN 介绍

GAN 是生成模型的一种，GAN 的最终目标是了解实际数据的模样，对实际数据的分布或者密度进行预估，并能够根据学到的知识生成新的数据。GAN 是制造数据，而不是提供一个预测密度函数。

1. GAN 形象化理解

举一个简单的例子来理解 GAN 的原理：城市中流通着大量的货币，其中不乏一些假币。随着城市开始加强金融监管，警察开始加强对货币流通的整治。一开始，警察的货币识别技术还不够先进，只有一批制作粗糙的假币被查获了，侥幸跳脱的假币作坊开始提高技术水平来逃避打击。

同时，警察也在提高自己的货币识别技术，通过对查获的假币技术的研究，警察也练就了特别的本事，他们能很快从一堆货币中发现假币。为了避免被查获，假币作坊仍不断提高自己的制作技术，使得假币越来越难以被识别。

随着警察和假币作坊之间的这种"交流"与"切磋"，假币作坊有着越来越高的假币制作技巧，制作出来的假币几乎跟真币一模一样，而警察也有"火眼金睛"。最终，同时得到了最高超的假币作坊和最专业的破案警察。

将以上过程转化为神经网络的语言，如图 6-9 所示，由 G 生成网络来代替假币作坊，称为生成器 (generator)，同时，由 D 分类器网络来代替警察，分类器也称为判别器 (discriminator)，如果判别器输入是真实的货币，则判别器应该输出 1，对应真 (true)；如

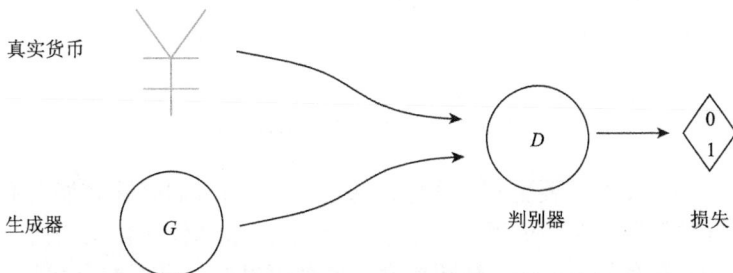

图 6-9　制作与判别假币

果输入的不是真实的货币，输出值应该是 0 ，对应假 (false)。类似于上面的例子，随着训练的进行，判别器的判别能力越来越强，生成器生成的假数据越来越逼真。判别器和生成器是竞争对手 (adversary) 关系，双方都试图超越对方，并在这个过程中逐渐提高。称这种框架为生成对抗网络[6]。

2. GAN 训练过程

在前面的介绍中，已经知道在 GAN 的训练中，生成器和判别器都需要训练，并且不希望先用所有的训练数据训练某一方，再训练另一方。希望二者在竞争之中可以同时进步，不希望任何一方超过另一方太多。因此，将整个 GAN 的训练过程分为：①训练判别器；②训练生成器。具体的训练循环由以下三步实现，第一步和第二步都来更新判别器，第三步来更新生成器。

第一步：实际数据输入判别器，数据的标签是 1 ，对应 true，判别器对实际数据进行 0 或 1 分类，利用损失函数进行判别器更新，实现流程如图 6-10 所示。

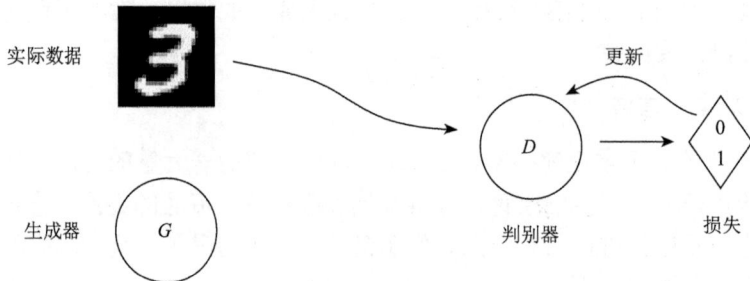

图 6-10   实际数据更新判别器

第二步：将生成器生成的假数据输入判别器，数据的标签是 0 ，对应 false，判别器对生成的假数据进行 0 或 1 分类，利用损失函数进行判别器更新，训练流程如图 6-11 所示。

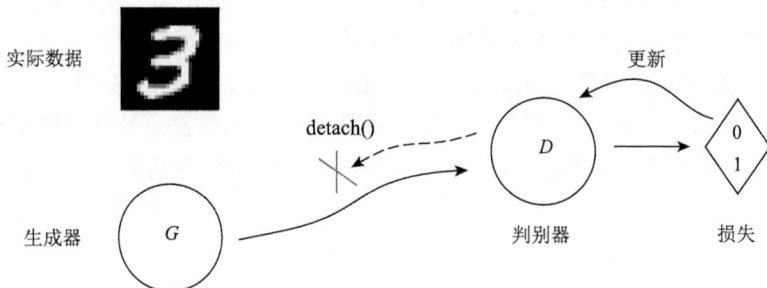

图 6-11   生成数据更新判别器

在这一步，需要注意不要更新生成器，通常，利用 detach() 来截断反向传播的梯度，防止梯度通过计算图回传到生成器。由于只希望训练判别器，因此不需要计算生成器的梯度。其实，如果不使用 detach() 截断梯度，也是可以的，只不过会增加计算量。在较庞大的网络中，正确使用 detach() 可以节省训练的成本。

第三步：将生成器生成的假数据输入判别器进行 0 或 1 分类。试想一下，想提高生成器的生成能力，使得生成的数据更加逼真，这时候计算损失时生成器假数据的标签应该赋 0(假) 还是 1(真) 呢？是 1 。换言之，希望生成器能够骗过判别器，使其认为数据就是真的。只用损失对生成器进行更新，不更新判别器，如图 6-12 所示。

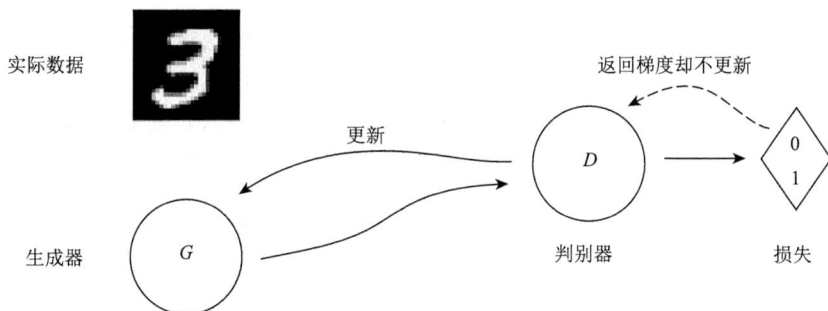

图 6-12　更新生成器

生成器的目的是最大限度地捕捉训练样本的特征，期望能使生成样本达到"以假乱真"的程度，以欺骗判别网络。判别器的目的是将两者进行对比，尽可能分辨出输入数据的真假，通过不断学习缩小正例样本与负例样本之间的偏差，进而改善自己。在训练过程中，生成器在提高"造假能力"的同时，判别器也在提高"辨别能力"。这样，G和 D 相互对抗就构成了一个"动态博弈"过程。在最理想的状态下，G 可以生成足以"以假乱真"的图片。对于 D 来说，样本已经真假难辨，此时就达到了纳什平衡 (Nash equilibrium)。

生成模型与对抗模型是完全独立的两个模型，训练这两个模型的方法就是单独交替迭代优化训练，优化过程是一个"二元极大极小博弈"问题。

6.1.5　GAN 原理

现在对 GAN 训练过程有了形象的理解，下面对它的数学原理进行介绍。如图 6-13 所示，生成器 $G(z)$ 是一个用于生成类似原始图片的样本的神经网络，它的输入是一个随机噪声 z，服从概率分布 $P(z)$，输出即为生成的样本，并且将生成数据提供给判别器 $D(x)$。$D(x)$ 是一个判别网络，以实际数据 x 和生成数据为输入，并试图预测当前输入是实际数据还是生成数据。

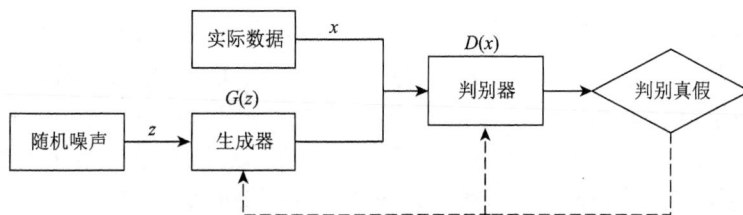

图 6-13　GAN 基本网络结构

其中，x 从实际数据分布 P_{data} 中采样得到，$G(z)$ 从生成的数据分布 P_G 中采样得到。

判别器的输出为 $D(x)$，表示数据为真数据的概率，依托 $D(x)$ 可以得到 GAN 中判别器的期望损失函数如式(6-7) 所示。

$$L_D = -E_{x \sim P_{\text{data}}}[\log(D(x))] - E_{x \sim P_G}[\log(1 - D(x))] \tag{6-7}$$

式中，P_{data} 表示实际数据分布；P_G 表示生成数据分布。对判别器而言，希望期望损失越小越好。在计算损失 L_D 后，将误差梯度反向传递至判别器的输入端，对模型参数进行更新优化，更新判别器的参数后，再更新生成器的参数。为方便后面的统一，对期望损失取负，最小化函数转变为最大化函数，可得到以下损失函数形式：

$$\max_D V(D, G) = E_{x \sim P_{\text{data}}}[\log(D(x))] + E_{x \sim P_G}[\log(1 - D(x))] \tag{6-8}$$

对生成器来说，训练的目的是让 $G(z)$ 产生的数据尽可能和原始的数据分布一致。这里依然采用判别器输出的 $D(x)$ 来建立生成器的损失函数，如式(6-9)所示。

$$L_G = -E_{x \sim P_G}[\log(1 - D(x))] \tag{6-9}$$

优化生成器就是要使生成器的期望损失最小。在判别器不更新的情况下，将由生成器生成的数据送给判别器，并尽量使判别器输出概率值 $D(x)$ 趋于 1，即让判别器误认为输入的是实际数据。同时，由于 $D(x)$ 趋于 1，所以 $1 - D(x)$ 趋于 0，期望损失达到最大。对生成器而言，希望期望损失越大越好。同样，类似于判别器损失变换，得到式(6-10)：

$$\min_G V(D, G) = E_{x \sim P_G}[\log(1 - D(x))] \tag{6-10}$$

通过对上述判别器和生成器损失函数的分析，可以看出两者并不矛盾，能够统一为一个损失函数 $V(D, G)$，如式 (6-11) 所示。

$$V(D, G) = E_{x \sim P_{\text{duta}}}[\log(D(x))] + E_{x \sim P_G}[\log(1 - D(x))] \tag{6-11}$$

在训练判别器时，固定生成器，希望目标函数 $V(D, G)$ 的值越大越好；在训练生成器时，固定判别器，希望目标函数 $V(D, G)$ 的值越小越好。这样，对 GAN 的优化训练就是最小化最大的目标函数，如式(6-12)所示。

$$\min_G \max_D V(D, G) = E_{x \sim P_{\text{data}}}[\log(D(x))] + E_{x \sim P_G}[\log(1 - D(x))] \tag{6-12}$$

训练网络 D 使 $\log D(x)$ 最大化，以最大概率对其样本进行训练，并使训练网络 G 最小化 $\log(1 - D(x))$。在训练过程中固定一方，更新另一方网络参数，交替迭代，使另一方的误差最大，最后，G 可根据 P_{data} 进行真实分布。GAN 原始文献证明了这个极大极小博弈有一个最优解 $P_G = P_{\text{data}}$，当其成立时即达到纳什均衡。引用文献 [7] 的一幅图进行解释 (图 6-14)。图中黑点代表实际数据的分布，这里为高斯分布，实线代表生成模型产生的数据分布。GAN 的目标便是通过不断地训练网络 D 和 G，最终使两条曲线逐渐拟合，让网络 D 分不清楚两条线。

从二分类角度理解了 GAN 的训练过程后，从分布间"距离"角度也可以对优化目标进行理解，可以利用 JS 散度来描述实际数据分布 P_{data} 和生成数据分布 P_G 之间的

······ 实际数据分布　　—— 生成数据分布　　-------- 生成数据对应在判别器中的分布效果

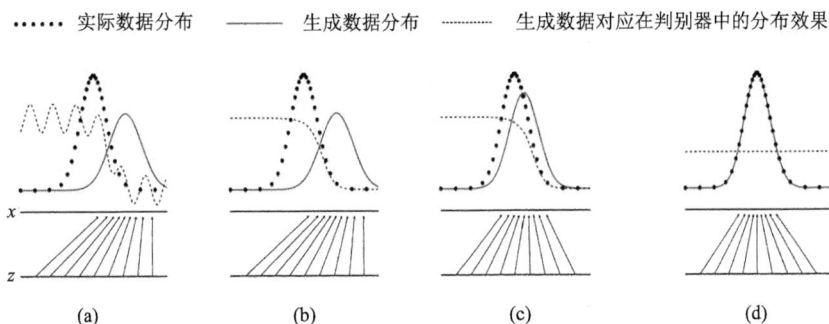

(a)　　　　　　(b)　　　　　　(c)　　　　　　(d)

图 6-14　GAN 训练过程

"距离"，那么这个"距离"就可以当作损失函数，损失函数越大，表示"距离"越大，损失函数越小，表示"距离"越小。对于判别器来说，希望它能够找到实际数据和生成数据分布之间的差距并且差距越大越好；对于生成器来说，希望能够生成和实际数据分布一样的数据，"距离"越小越好。这个结果和式(6-12)相对应。其实式(6-8)的结果和 JS 散度是相关的，相关推理在文献 [8] 中提供，这里不再陈述。事实上，不仅只有 JS 散度可以用于判别器的更新，KL 散度同样在 GAN 训练中使用。

训练中通常采用 KL 散度 (Kullback-Leibler divergence) 和 JS 散度 (Jensen-Shannon divergence) 衡量 P_{data} 和 P_G 两个分布之间的差异。KL 散度衡量一个随机变量的两个独立概率分布的相似程度，KL 散度越小，表示两个概率分布越接近。若 P 和 Q 是 x 的两个不同的概率分布函数，则 P 对 Q 的 KL 散度定义如式(6-9) 所示。

$$\text{KL}\left(P(x)\big\|Q(x)\right) = \int P(x)\ln\frac{P(x)}{Q(x)}\mathrm{d}x = E_{x\sim P(x)}\left[\ln\frac{P(x)}{Q(x)}\right] \tag{6-13}$$

但 KL 散度是不对称的，这在使用中会带来困扰。为了解决这个问题，定义了 JS 散度，如式(6-14) 所示。

$$\text{JS}\left(P(x)\|Q(x)\right) = \frac{1}{2}\text{KL}\left(P(x)\bigg\|\frac{P(x)+Q(x)}{2}\right) + \frac{1}{2}\text{KL}\left(Q(x)\bigg\|\frac{P(x)+Q(x)}{2}\right) \tag{6-14}$$

求目标函数的最优解，即求在 $V(D,G)$ 取得极小的极大值时 D 和 G 的参数 D^* 和 G^*：

$$D^* = \arg\max_D V(D,G) \tag{6-15}$$

$$G^* = \arg\min_G\left[\max_D V(D,G)\right] \tag{6-16}$$

对 JS 散度继续进行讨论，在训练开始后，先固定生成器，如果判别器判断正确，将实际数据判为 1，将生成数据尽量判为 0，会使目标函数 $V(D,G)$ 的值尽量增大；反之，如果判别器出现错判，则会使 $V(D,G)$ 的值迅速减小。因此，调整判别器的参数，希望 $V(D,G)$ 值越大越好。当 $D(x) = D(x)^*$ 时，$V(D,G)$ 获得极大值，即

$$D^* = \frac{P_{\text{data}}(x)}{P_{\text{data}}(x) + P_G(x)} \tag{6-17}$$

然后固定判别器，训练生成器。将 D^* 代入目标函数 $V(D, G)$，后用 $C_G(x)$ 表示，如式(6-18) 所示。

$$C_G(x) = \max_D V(D, G) = V(D^*, G)$$

$$= \mathrm{KL}\left(P_{\text{data}}(x) \left\| \frac{P_{\text{data}}(x) + P_G(x)}{2} \right.\right)$$

$$+ \mathrm{KL}\left(P_G(x) \left\| \frac{P_{\text{data}}(x) + P_G(x)}{2} \right.\right) - \log 4 \tag{6-18}$$

式中，KL 为散度项，表示同一变量 x 的两个概率分布的差异程度；$P_G(x)$ 表示生成数据的分布。

通过调整 $G(x)$，使 $D(G(x))$ 的输出更大，才能更好地"骗过"判别器，等效于希望 $1 - D(G(x))$ 或 $V(D, G)$ 或 $C_G(x)$ 的值越小越好，让判别器分不清真假数据。在式(6-18)中，KL 散度值总是大于 0。只有在两个分布相同时，KL 散度值才达到最小值 0，可以证明，当 $P_{\text{data}}(x) = P_G(x)$ 时，$C_G(x)$ 取得极小值，如式(6-19) 所示。

$$\max_G C_G(x) = \min_G \left[C_G(D^*, G) \right] = \min_G \left[\max_D V(D, G) \right] = -\log 4 \tag{6-19}$$

此时，$D^*(x) = 1/2$。可见，判别器的输出为 0.5，此时判别器已经分不清输入数据的真假，模型生成能力达到了理想的状态。

6.1.6 GAN 构架

原始 GAN 架构对生成器和判别器都使用完全连接的神经网络[7]。这种类型的体系结构适用于相对简单的图像数据集，如手写数字 (MNIST)、自然图像 (CIFAR-10) 等。自从 GAN 提出以来，又出现了各种 GAN 的衍生模型，这些模型主要是结构改进、理论推广和应用等方面的创新。

1. 条件生成对抗网络

为了解决 GAN 过于自由的问题，一个很自然的想法是对 GAN 施加约束条件，即条件生成对抗网络 (conditional generative adversarial network，CGAN)[9]。CGAN 通过向模型添加附加信息条件 y 指导数据生成。如果条件变量 y 是一个类别标号，则它可以看作将无监督 GAN 转化为有监督模型的一种改进。CGAN 的构架如图 6-15(a) 所示。基于信息最大化的可解释的特征学习生成对抗网络 (interpretable representation learning by information maximizing generative adversarial network，InfoGAN)[9] 是条件生成对抗网络中的另一重要模型。InfoGAN 在生成器中除了噪声 z 还增加了一个隐藏编码 c，I 为互信息，表示生成的数据 x 和隐藏代码 c 之间的关联程度。InfoGAN 构架如图 6-15(b) 所示。为了使 x 和 c 之间的关系更加紧密，必须使 Info 的值最大化，相当于增加了一个互信息的正则化项。InfoGAN 通过改变隐藏代码 c 值控制生成图片的属性，如生成数字的倾斜角度或者粗细数字，对人脸的三维模型进行旋转等操作[10]。

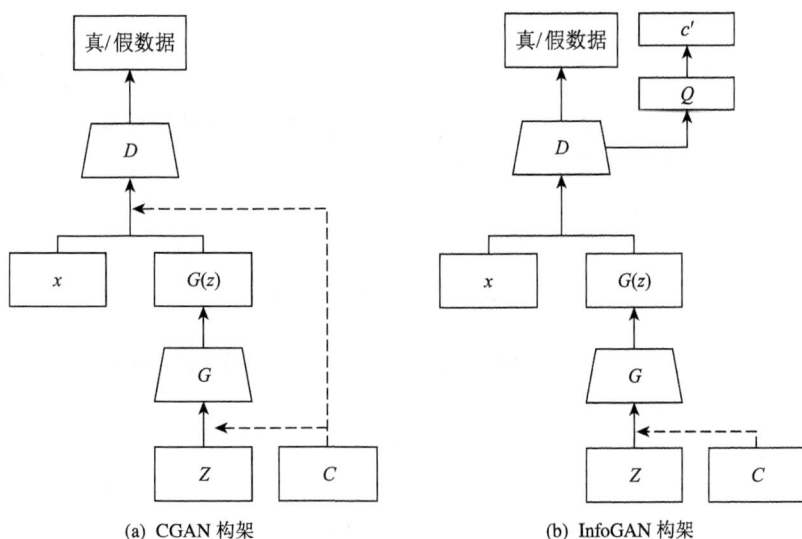

(a) CGAN 构架　　　　　　　　　(b) InfoGAN 构架

图 6-15　GAN 衍生网络模型架构

2. 深度卷积生成对抗网络

从全连接到卷积神经网络 (CNN) 是一个很自然的发展过程。卷积神经网络是图像处理任务中常用的一种网络结构，被认为可以自动提取图像特征[11]。深度卷积生成对抗网络 (deep convolutional generative adversarial network，DCGAN)[12] 是 GAN 模型比较典型的一类改进，将有监督学习中的 CNN 和无监督学习中的 GAN 结合起来，形成了一种训练稳固的网络结构。DCGAN 取消池化层和全连接层，变为全卷积网络，并成功地在 G 和 D 上使用了批量标准化 (batch normalization，BN)，缓解了模型崩溃问题，有效避免了模型的振荡和不稳定问题。

3. 自动编码器生成对抗网络

自动编码器是由编码器和解码器组成的网络，它学习隐变量所表达的性质——从数据空间映射 (通过编码器) 到隐空间，以及从隐空间映射 (通过解码器) 到数据空间。在这两个映射过程中，将数据进行重构，并且两个映射通过训练使重构的数据尽可能接近原始数据[13]。

4. 探索生成对抗网络

对于复杂问题，仅仅使用一个生成对抗网络并不能很好地解决。一种更好的方式是将复杂问题拆分成多个子问题，并且在每个子问题上单独运行 GAN 进行学习，最终可能会堆叠、平移或者组合多个 GAN 得到解决方案。探索生成对抗网络 (discovery generative adversarial network，DiscoGAN)[14] 探索了两个不同视觉域的关系，成功地将一个域的图像转化到另一个域，并且不需要任何两个域之间关系的信息，可以不经过监督学习的过程就很轻易地发现两个不同域数据之间的联系。

5. GAN 的其他衍生模型

为了解决训练梯度消失问题，Wasserstein (沃瑟斯坦) 生成对抗网络 (Wasserstein generative adversarial network，WGAN)[15] 试图通过给网络提供简单梯度 (如果输出被认为是真，则加 1，反之减 1) 的方法来最小化 Wasserstein 距离 (也称为"推土机"距离)。边界平衡生成对抗网络 (boundary equilibrium generative adversarial network，BEGAN)[16] 的主要思想是通过将一个自编码器作为判别器来生成一个新的损失函数。真实的损失由沃瑟斯坦距离 (用来解决模型坍塌问题) 和重构真实图像与生成图像的损失衍生而来。

6.2 基于对抗神经网络的故障样本生成及故障诊断技术

本节介绍小样本下基于条件生成对抗网络 (CGAN) 生成轴承数据，对不平衡数据集进行扩充，之后将其用于轴承的故障诊断。由于研究尚未全面，仅为读者提供一个简单、不太成熟的基于对抗神经网络的轴承故障诊断样本生成的实例。

6.2.1 诊断流程

首先，采集原始轴承振动信号，对信号进行预处理，得到训练集；其次，利用提出的 CGAN 模型进行样本生成，利用生成数据进行故障诊断。诊断流程如图 6-16 所示。

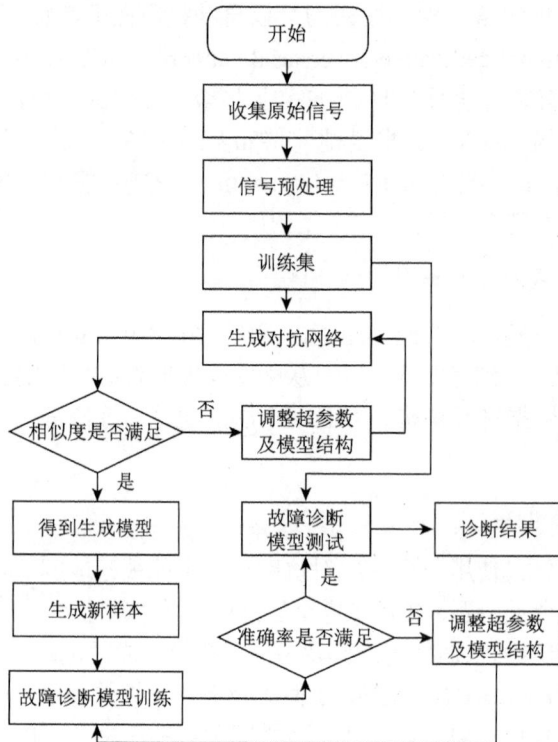

图 6-16　基于 GGAN 的轴承故障诊断流程

(1) 从试验台收集轴承原始信号并进行信号预处理。

(2) 利用训练集中的样本训练生成对抗网络模型，对生成的样本进行相似度验证，从而生成更多的训练样本。

(3) 用生成的样本组成新的训练集，用于训练故障诊断模型。

(4) 利用原始信号组成的训练集数据测试训练好的故障诊断模型。

(5) 输出故障诊断结果。

6.2.2　CGAN 实例验证

此实例中 CGAN 使用一维卷积网络，并使用自定义训练循环和深度学习数组进行训练，参考 MathWorks 中的帮助文档：Generate Synthetic Signals Using Conditional GAN。此外，本例使用主成分分析 (PCA) 直观地比较生成信号和实际信号的异同。

网络的训练集由自凯斯西储大学公开数据集[17]制作而成，包含 1575 个轴承振动信号，其中 1200 个为健康轴承信号，375 个为内圈单一故障信号。每个信号有 1201 个信号样本，采样率为 12000 Hz。正常的轴承数据标签为 1，故障轴承数据标签为 2。

1. 定义生成网络

生成网络为双输入网络，该网络生成 $1 \times 1 \times 100$ 的随机值数组和相应标签的轴承振动信号。

(1) 通过自定义层将 $1 \times 1 \times 100$ 的噪声阵列投影并重构为 $4 \times 1 \times 1024$ 的阵列。

(2) 将分类标签转换为嵌入向量，并将它们重新调整为 $4 \times 1 \times 1$ 的数组。

(3) 沿通道维度连接两个输入的结果。输出是一个 $4 \times 1 \times 1025$ 的数组。

(4) 使用一系列具有批量归一化和 ReLU 层的一维转置卷积网络，将生成的数组上采样为 $1201 \times 1 \times 1$ 的数组。

2. 定义判别器网络

判别器网络在给定信号及相应标签的情况下对实际信号和生成的 1201×1 的信号进行分类。

(1) 网络将 $1201 \times 1 \times 1$ 的信号作为输入。

(2) 将分类标签转换为嵌入向量，并将它们重构为 $1201 \times 1 \times 1$ 的信号。

(3) 沿通道维度连接两个输入的结果，输出是一个 $1201 \times 1 \times 1025$ 的信号。

(4) 使用一系列具有 0.2° 的 leakyReLU 层的一维卷积网络，将生成的数组下采样为标量，预测是生成数据还是实际数据，以预测的概率取平均表示最终的预测概率，即 $1 \times 1 \times 1$ 的数组。

网络结构及其参数如表 6-1 所示。

3. 网络训练

设置网络训练的参数：训练轮数设置为 1000；Adam 优化器的学习率设置为 0.0002；批量大小设置为 256。

不跳过训练过程，实时编辑器选择"立即训练"，从头开始训练网络。训练结果如图 6-17 所示，生成器和判别器的预测概率都有收敛到 0.5 的趋势，但是稳定性还较弱。

表 6-1　网络结构及其参数

模块	网络结构	网络参数
生成器	全连接层	输入尺寸 $1\times1\times100$，输出尺寸 $4\times1\times1024$
	卷积层	转置卷积核 5×1，通道 512，步长 1，激活函数 ReLU；批量归一化
	卷积层	转置卷积核 10×1，通道 256，步长 4，激活函数 ReLU；批量归一化
	卷积层	转置卷积核 12×1，通道 128，步长 4，激活函数 ReLU；批量归一化
	卷积层	转置卷积核 5×1，通道 64，步长 4，激活函数 ReLU；批量归一化
	卷积层	转置卷积核 7×1，通道 1，步长 2，激活函数 ReLU；批量归一化
判别器	卷积层	卷积核 17×1，通道数 512，步长 2，激活函数 leakyReLU
	卷积层	卷积核 16×1，通道数 256，步长 4，激活函数 leakyReLU
	卷积层	卷积核 16×1，通道数 128，步长 4，激活函数 leakyReLU
	卷积层	卷积核 8×1，通道数 64，步长 4，激活函数 leakyReLU
	卷积层	卷积核 8×1，通道数 1，步长 1

彩图 6-17

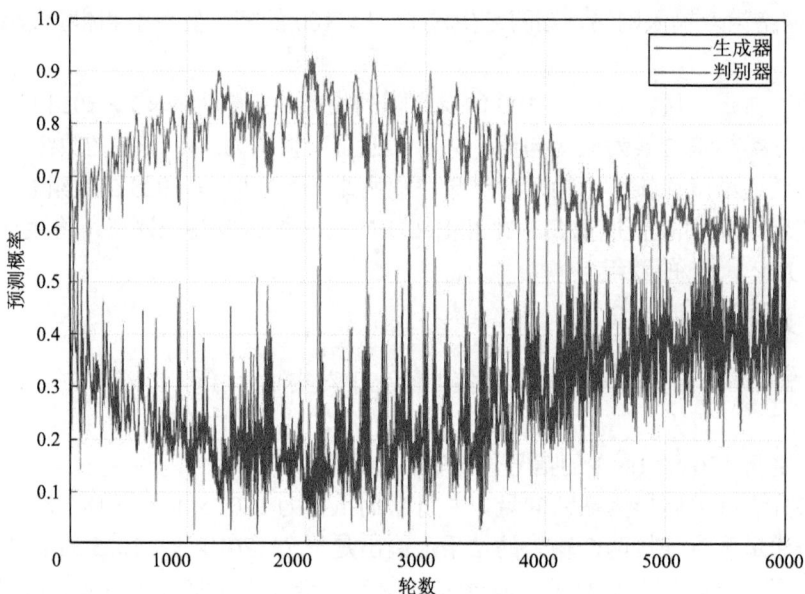

图 6-17　生成器和判别器网络的预测概率

4. 信号特征可视化

为了比较实际轴承数据和生成的轴承数据或正常的轴承数据和故障轴承数据，对实际的轴承数据应用主成分分析 (PCA) 进行特征可视化，然后将生成的轴承数据的特征投影到相同的 PCA 子空间。利用前三个高能量主成分来可视化信号特征，使用前三个主成分绘制所有信号的特征。在 PCA 子空间中，生成信号的分布与实际信号的分布相似，如图 6-18(a) 所示。

为了更好地捕获实际信号和生成信号之间的差异，使用前两个主成分绘制子空间，

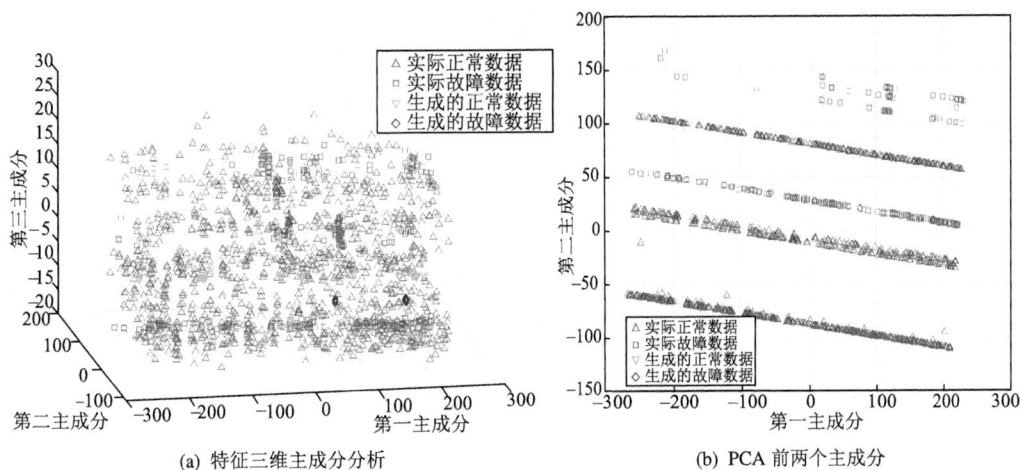

(a) 特征三维主成分分析　　　　　　　　　(b) PCA 前两个主成分

图 6-18　特征成分分析

如图 6-18(b) 所示。

从图 6-18 可知，正常和故障信号位于 PCA 子空间的同一区域，无论它们是实际的还是生成的，这表明生成的信号具有与实际信号相似的特征，这也表明对抗网络学习到了原始信号的主要特征，但是，也注意到生成的正常的数据的分布和实际数据有较大差距，生成数据只分布空间中的某些点。可见，生成数据的多样性还远远不够，对丰富数据作用有限。

5. 预测实际信号的标签

为了进一步说明 CGAN 的性能，利用生成数据训练 SVM 分类器，使用训练好的分类器来预测实际信号是正常的还是有故障的，以此实现轴承的故障诊断。

将生成的信号设置为训练集，将实际信号设置为测试集，将数字标签更改为字符向量。混淆矩阵的结果如图 6-19 所示。

图 6-19　正常与故障数据分类混淆矩阵

本 章 小 结

数据生成模型是解决小样本下飞行器关键部件故障智能诊断的重要方法，本章主要围绕数据增强方法、常用数据生成模型、生成对抗网络的基本概念及关键技术等进行介绍。数据增强方法涵盖了数据欠采样技术、数据过采样技术，数据过采样技术着重介绍了 SMOTE。常用数据生成模型涵盖自编码器、变分自动编码器、生成对抗网络，着重介绍了变分自动编码器的几何原理。生成对抗网络的介绍作为本章的重点，从基本原理、训练过程进行介绍，在生成器和判别器的相互博弈中，实现样本的生成，扩充样本数量。在 GAN 的原理基础上，进一步介绍了其他相关 GAN 架构，并基于 MathWork 帮助文档，针对 CGAN 进行实例验证。

思 考 题

6.1 自动编码器和变分自动编码器的差异体现在哪些方面？

6.2 在变分自编码中为什么要用椭圆来覆盖特征空间呢？换言之，为什么用高斯分布呢？其他分布均匀分布可以吗？

6.3 在 GAN 中，生成器和判别器是如何进行"对抗"的？

6.4 在 GAN 中，除 KL 散度外，还有哪些可以衡量分布之差异的算法？对应的损失函数又是什么？

6.5 目前有哪些方法可以改进生成对抗网络，以提高其稳定性和生成质量？

6.6 随着生成对抗网络生成的内容越来越逼真，可能会带来哪些伦理问题？

参 考 文 献

[1] ZHANG T C, CHEN J L, LI F D, et al. Intelligent fault diagnosis of machines with small imbalanced data: a state-of-the-art review and possible extensions[J]. ISA transactions, 2022, 119(2): 152-171.

[2] ZEN G, SANGINETO E, RICCI E, et al. Unsupervised domain adaptation for personalized facial emotion recognition[C]. The 16th international conference on multimodal interaction. Istanbul, 2014.

[3] Fanny, CENGGORO T W. Deep learning for imbalance data classification using class expert generative adversarial network[J]. Procedia computer science, 2018, 135: 60-67.

[4] LIU W, LUO Z M, LI S Z. Improving deep ensemble vehicle classification by using selected adversarial samples[J]. Knowledge-based systems, 2018, 160: 167-175.

[5] BROCK A, DONAHUE J, SIMONYAN K. Large scale gan training for high fidelity natural image synthesis[J]. DOI: 10.48550/arXiv.1809, 2018: 11096.

[6] 拉希德. PyTorch 生成对抗网络编程[M]. 韩江雷, 译. 北京: 人民邮电出版社, 2020.

[7] GOODFELLOW I J, POUGET-ABADIE J, MIRZA M, et al. Generative adversarial nets[C]. International conference on neural information processing systems. Montreal, 2014.

[8] MIRZA M, SIMON O. Conditional generative adversarial nets[J]. arXiv:1411, 2014: 1784.

[9] CHENG X, DUAN Y, HOUTHOOFT R, et al. InfoGAN: interpretable representation learning by information maximizing generative adversarial nets[C]. Advances in neural information processing systems. Barcelona, 2016.

[10] LIN Y L, DAI X Y, LI L, et al. The new frontier of ai research: generative adversarial networks[J]. ACTA automatica sinica, 2018, 44(5): 775-792.

[11] BENGIO Y. Learning deep architectures for AI[J]. Foundations and trends in machine learning, 2009, 2 (1): 1-127.

[12] RADFORD A, METZ L, CHINTALA S. Unsupervised representation learning with deep convolutional generative adversarial networks[C]. 4th international conference on learning representations, ICLR 2016. Puerto rico: San Juan, 2016.

[13] KINGMA D P, WELLING M. Auto-encoding variational Bayes[C]. 2nd international conference on learning representations, ICLR 2014. Banff AB, 2014.

[14] KIM T, CHA M, KIM H, et al. Learning to discover cross-domain relations with generative adversarial networks[C]. proceedings of the 34th international conference on machine learning, PMLR 70. Sydney, 2017.

[15] ARJOVSKY M, BOTTOU L. Towards principled methods for training generative adversarial networks[J]. arXiv:1701, 2017: .04862.

[16] BERTHELOT D, SCHUMM T, METZ L. Began: boundary equilibrium generative adversarial networks [J]. arXiv:1703, 2017: 10717.

[17] SMITH W A, RANDALR B. Rolling element bearing diagnostics using the case western reserve university data: a benchmark study[J]. Mechanical systems and signal processing, 2015, 64-65: 100-131.

飞行器跨设备迁移智能诊断

"温故而知新"是孔子在《论语·为政》中的一句话,意思是通过复习旧知识来获得新的理解或启示。这句话强调了学习过程中对已有知识的深入理解和反思的重要性,通过回顾和思考过去学到的知识,可以产生新的认识和见解[1]。

如果仔细想一想,其实从小就直接或间接地运用了:旧的知识提炼升华后迁移到新的知识的学习上。例如,图 7-1(a) 中,已经精通篮球运动,那么在尝试学习另一项运动时,如排球,可以利用已有的身体协调性、力量和速度等技能轻松上手;图 7-1(b) 中,如果已经掌握了面向对象的 Java 语言,便可以按照类似的学习路径来学习 C# 语言了。可以说,在日常生活中,迁移学习能力是天生的,常说要学会"举一反三",恰恰就是在说提高迁移学习的能力。

(a) 打篮球和打排球

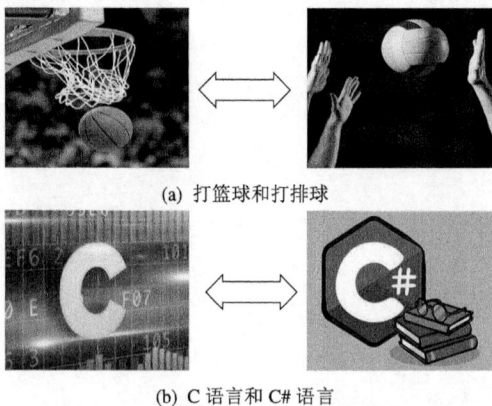

(b) C 语言和 C# 语言

图 7-1　生活中常见的迁移学习实例

迁移学习是一种机器学习方法,其中,跨设备和跨工况的迁移学习通过将一个设备或工况下学习到的模型和知识迁移到另一个设备或工况,来提高故障诊断的准确性和效率。深度迁移学习结合深度学习特征提取的优势,可以从其他数据或模型中学习到的知识进行迁移,以应对实际场景中数据分布不一致的挑战,从而提高故障诊断性能。深度迁移学习方法因其出色的特征学习和领域迁移能力,在飞行器故障诊断中得到了广泛应用。

7.1　迁移学习

机器学习是人工智能领域的一个重要方法，它的发展可以追溯到 20 世纪 50 年代，近年来，随着大数据和计算能力的提升，机器学习在许多领域取得了显著的成果，如计算机视觉、自然语言处理和语音识别等。它侧重于开发算法和技术，使计算机能够从数据中自动学习模式、规律和知识，从而改进自身的性能和决策能力。迁移学习允许模型在一种任务上学习知识后，在另一种不同但相关的任务上进行知识的迁移，从而在新任务上获得更好的性能。图 7-2 展示了人工智能、机器学习与迁移学习的关系。

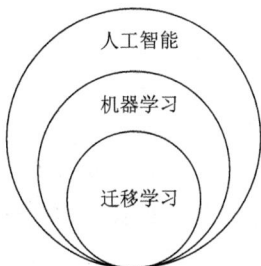

图 7-2　人工智能、机器学习与迁移学习的关系

更进一步思考日常生活中的迁移学习技巧，也不难发现：决定知识是否能够高效迁移的关键是两者之间的相似性。以上所举例子都有很好的相似性，使得知识的迁移很容易实现。可以想想，篮球如果和围棋迁移学习，是很滑稽的，篮球是一项需要身体协调和团队合作的体育活动，而围棋是一种策略性极强的棋类游戏，两者在技能要求上几乎没有相似之处，也不能进行类比学习。因此，在知识迁移的过程中，起到连接桥梁作用的就是两者之间的相似性。

而在人工智能和机器学习范畴中，迁移学习[2] 是一个特定的领域，它涉及将一个任务上学习到的知识应用到另一个相关任务上。这种方法允许模型利用已有的知识，从而在新任务上更快地学习或提高性能。1993 年 Lorien Pratt 首次将迁移 (transfer) 引入机器学习领域，自此开始了迁移学习领域发展的研究历程。迁移学习旨在利用数据、任务或模型之间的相似性，将在旧领域学习过的模型和知识应用于新的领域。到目前为止，迁移学习已发展为机器学习中的一个重要领域分支，并具备了较为完整的基础理论作为后续研究与应用的依据。

7.1.1　迁移学习的必要性

通过生活中的常见例子，基本了解了迁移学习的概念，那么迁移学习的存在必要性是什么呢？换言之，为什么要使用迁移学习来解决实际问题呢？

1. 解决大数据量与少标签信息之间的矛盾

身处大数据时代，每天都要在手机端、计算机端等各个交互平台处理各式各样的信息，图像、语音、时频等数据层出不穷。深度学习的训练得益于这些海量的数据，从大量数据中学习，然而，存在一个关键的问题：往往大量的数据是缺少完善的标签信息的，这就为机器学习和深度学习模型的训练带来了巨大的挑战。然而迁移学习可以利用在一个相关但不同的任务或领域中学习到的知识和模式，来帮助在新的任务或领域中进行学习和预测。当面临大数据但少标签的情况时，迁移学习能够利用已有的大规模有标签数据训练模型，将从这些数据中学习到的特征和模式迁移到特定领域的少标签数据上，从而提高模型的性能。比如，在图像识别领域，利用在 ImageNet 数据集上训练好的卷积神经网络模型来初始化对医学图像的分类模型。从相关领域的已有知识中迁移，模型可以更快地收敛和达到较好的性能，从而降低了对大量新数据标签的依赖。

2. 解决大数据与弱计算能力之间的矛盾

在进行深度学习模型训练时，往往受限于设备计算和存储的能力，实验室和个人往往缺乏具有强大计算与存储能力的设备，那么对于普通的科研工作者，如何利用手中的计算设备来做出科研突破呢？迁移学习为这一问题带来了解决方案：迁移学习允许将在强大计算资源下训练好的大规模模型的知识和特征迁移到计算能力有限的环境中。将训练好的深度神经网络模型的参数应用到本地设备或边缘计算设备上，这些设备可能计算能力较弱，但能够利用迁移过来的模型进行有效的推理和预测。例如，在自动驾驶领域，云端可以训练出复杂而高精度的模型，然后将关键的模型参数或特征提取器迁移到车载计算机上。尽管车载计算机的计算能力相对较弱，但借助迁移学习，仍然能够实现实时的车辆感知和决策。

3. 解决有限数据与模型泛化能力之间的矛盾

具有稳定和可靠的泛化能力的深度学习模型要求基于给定的训练数据训练出高准确度的预测模型，以便对未知的新数据、新任务等进行正确的预测。这种在未知数据上的精确预测称为分布外泛化/领域泛化 (out-of-distribution generalization，或 domain generalization)[3]。尽管可以着手于收集更多的训练数据，总有和目标数据相似的数据存在，但在这浩如烟海的数据中，又怎么确保能精确地找到和目标域数据相似的数据呢？

深度学习模型的泛化能力一直都是人工智能领域的研究重点。迁移学习是一种解决机器学习模型泛化问题的有效方法，包括领域自适应 (domain adaptation，DA)[4]、领域泛化[5] 等。领域自适应与领域泛化最大的不同在于：在领域自适应中，源域和目标域数据均能访问 (无监督领域自适应中则只有无标签的目标域数据)；而在领域泛化中，只能访问若干个用于训练的源域数据，目标域数据是不能访问的。领域自适应与领域泛化也有相似之处，本章将领域自适应作为重点，领域泛化此处不涉及，文献 [6] 从问题定义、理论分析、方法总结、数据集和应用介绍、未来研究方向等几大方面对领域泛化问题进行了详细的概括和总结，读者可以进行学习。

7.1.2 迁移学习基础理论

1. 迁移学习

给定源域 D_s 和学习任务 T_s、目标域 D_t 和学习任务 T_t，迁移学习的目的是获取源域 D_s 和学习任务 T_s 中的知识，以帮助提升目标域 D_t 中的预测函数 $f_t(\cdot)$ 的学习，其中 $D_s \neq D_t$ 或者 $T_s \neq T_t$。

2. 领域

领域由数据空间与数据分布构成。领域中的每个样本包含数据 x、标签 y 及其概率分布 $P(x, y)$，即数据服从概率分布 $(x, y) \sim P(x, y)$，则任意领域可表示为 $D = \{\mathcal{X}, \mathcal{Y}, P(x, y)\}$。对任意样本 (x_i, y_i)，有 $x_i \in \mathcal{X}$，$y_i \in \mathcal{Y}$，式中 $\mathcal{X}$ 表示数据所处的特征空间，$\mathcal{Y}$ 表示数据的标签空间。

3. 任务

任务由标签空间与预测函数组成。任务中的预测函数 $f_t(\cdot)$ 用于预测未知的样本 x^* 的标签 y^*，y^* 来自任务的标签空间 $\mathcal{Y}$，即 $y^* \in \mathcal{Y}$。

4. 问题定义

给定一个源域 $D_s = \{x_i, y_i\}_{i=1}^{N_s}$，$x_i \in \mathcal{X}_s$，$y_i \in \mathcal{Y}_s$，目标域 $D_t = \{x_j, y_j\}_{j=1}^{N_t}$，$x_j \in \mathcal{X}_t$，$y_j \in \mathcal{Y}_t$，且源域和目标域不同，满足以下情形之一：

(1) 特征空间不同，即 $\mathcal{X}_s \neq \mathcal{X}_t$；

(2) 标签空间不同，即 $\mathcal{Y}_s \neq \mathcal{Y}_t$；

(3) 特征和类别空间均相同，概率分布不同，即 $P_s(x, y) \neq P_t(x, y)$。

5. 领域自适应

领域自适应的目标是在特征空间和类别空间均相同 (即 $\mathcal{X}_s \neq \mathcal{X}_t$，$\mathcal{Y}_s \neq \mathcal{Y}_t$)，但联合概率分布不同 ($P_s(x, y) \neq P_t(x, y)$，即 $D_s \neq D_t$)。此时迁移学习的目的就是利用在源域 D_s 和源任务 T_s 中学到的预测函数 $f : x_t \to y_t$，完成在目标域 D_t 上的目标任务 T_t，即使预测函数 f 在目标域上的预测误差最小 (用 α 来衡量)：

$$f^* = \arg\min E_{(x,y) \in D_t} \alpha(f(x), y) \tag{7-1}$$

式中，$\alpha(f(x), y)$ 表示 $f(x)$ 与 y 之间的误差[7]。通常迁移学习中包含不同的源域和目标域，目前大多数学者主要针对两个域之间的迁移学习进行研究。

根据目标域数据是否有标签，领域自适应可以分为以下三种情形：

(1) 有监督领域自适应 (supervised domain adaptation，SDA)，即目标域数据全部有标签的情形 ($D_t = \{x_j, y_j\}_{j=1}^{N_t}$)；

(2) 半监督领域自适应 (semi-supervised domain adaptation，SSDA)，即目标域数据有部分标签的情形 ($D_t = \{x_j, y_j\}_{j=1}^{N_{tu}} \cup \{x_j, y_j\}_{j=1}^{N_{tl}}$，其中 N_{tu} 和 N_{tl} 分别为无标签和有标签的目标域数据个数)；

(3) 无监督领域自适应 (unsupervised domain adaptation，UDA)，即目标域数据完全没

有标签的情形 $(D_t = \{x_j\}_{j=1}^{N_t})$。

显然，无监督领域自适应是三种自适应问题中最具有挑战性的一种。

7.1.3 迁移学习方法分类

到目前为止，迁移学习已得到广泛的关注和发展，针对不同的研究领域和应用情形，各类方法不计其数。整体来说，主流的迁移学习方法可在四个方面进行划分，包括特征空间、监督信息、迁移学习方法以及学习形式，如图 7-3 所示[1]。

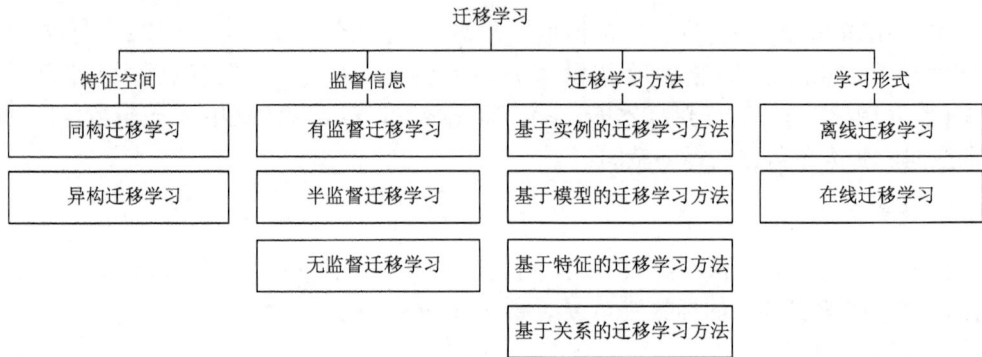

图 7-3　迁移学习研究方法分类

1. 按特征空间分类

按照特征空间，可将迁移学习分为同构迁移学习和异构迁移学习。当源域和目标域数据为同一类型时，称为同构迁移学习；反之，当源域和目标域数据类型不同时，称为异构迁移学习，如从振动信号到图像的迁移学习。目前绝大多数研究均针对同构迁移的场景。

2. 按监督信息分类

按照目标域数据有无标签，可将迁移学习分为有监督迁移学习、半监督迁移学习和无监督迁移学习。当目标域数据带有标签时，称为有监督迁移学习；当目标域数据仅少部分数据带有标签时，称为半监督迁移学习；当目标域数据完全无标签时，称为无监督迁移学习。由于迁移学习最大的应用场景是在少标签和无标签的问题中，因此半监督和无监督问题一直是迁移学习研究的重要方面。

3. 按迁移学习方法分类

按照迁移学习方法，可将迁移学习分为基于实例的迁移学习、基于模型的迁移学习和基于特征的迁移学习。

1) 基于实例的迁移学习方法

基于实例的迁移学习方法也称基于样本的迁移学习方法，其主要将源域样本与目标域样本的相似度作为源域样本对构建目标函数的重要程度，并基于此赋予样本不同的权重，权重大的样本将为目标函数的构建提供更多的"知识"。

TrAdaBoost[8] 算法由 TrAdaBoost 算法演变而来，是常用基于实例的迁移学习方法之一，该方法将 TrAdaBoost 算法应用于迁移学习领域中，在每一轮 Boosting 中，都会调整相应样本的权重，以达到迁移学习的目的。TrAdaBoost 的计算流程中给定包含大量带有标签的源域训练样本 $D_s = \{(x_i, y_i)\}_{i=1}^n$、少量带有标签的目标域训练样本 $D_t = \{(x_j, y_j)\}_{j=1}^m$、用于训练的样本 $T = D_s \cup D_t = \{(x_k, y_k)\}_{k=1}^{m+n}$、待识别的目标域测试数据 S。TrAdaBoost 算法赋予每个训练集样本各自的权重，利用权重来减少与目标域样本分布不同的源域样本，进而提高模型的迁移效果。在每一轮的迭代训练中，如果模型误分类了某个源域样本，那么该样本则被认为与目标域样本具有较大的分布差异，并降低该样本的权重。在下一轮的迭代训练中，这个样本对分类模型的影响就会降低。通过一系列的迭代之后，源域中与目标域最相似的或者对目标域分类有帮助的样本的权重就会提高，而其他的源域样本权重则会降低。TrAdaBoost 算法的伪代码如下。

算法 7-1　TrAdaBoost 算法伪代码

Require: 源域训练样本 D_s，目标域训练样本 D_t，学习模型 L，迭代轮数 N
1　初始化：初始化权重向量 $w^1 = (w_1^1, w_2^1, \cdots, w_{m+n}^1)$
2　**for** $t = 1$ **to** N **do**
3　　设置训练样本的权重分布 $p^t = w^t / (\sum w_i^t)$
4　　调用学习模型 L，利用训练样本 T 进行训练并获得目标域训练样本 D_t 的预测结果 h_t
5　　计算预测结果 h_t 与目标域训练样本 D_t 的真实标签之间的损失 ϵ_t
$$\epsilon_t = \sum_{i=n+1}^{n+m} \frac{w_i^t \cdot |h_t(x_i) - y_i|}{\sum_{i=n+1}^{n+m} w_i^t}$$
6　　设置 $\beta_t = \epsilon_t/(1 - \epsilon_t)^b$
7　　设置新的权重向量
$$w_i^{t+1} = \begin{cases} w_i^t \beta^{|h_t(x_i) - y_i|}, & 1 \leqslant i \leqslant n \\ w_i^t \beta_t^{-|h_t(x_i) - y_i|}, & n+1 \leqslant i \leqslant n+m \end{cases}$$
8　**end for**
Ensure: 最终模型 L

2) 基于模型的迁移学习方法

基于模型的迁移学习方法主要是在源域和目标域之间构建参数共享的模型进行迁移，即对源域上训练的模型保留其结构和绝大部分参数，应用于目标域任务中。目前常用的迁移学习方法预训练-微调就是经典的基于模型的迁移学习方法。传统方法每次训练新模型时，需要大量的训练数据且花费较长的计算时间。预训练-微调的方法中，当源域数据和目标域数据有一定的相似性时，首先利用大量源域数据训练学习模型，训练结束后该模型已经具备了提取浅层基础特征和深层抽象特征的能力。此时冻结模型的初始的几层结构，修改后续几层结构以匹配目标域任务，利用少量的目标域数据对最后几层进行微调，即可得到在目标域任务中表现较好的学习模型，如图 7-4 所示。

3) 基于特征的迁移学习方法

基于特征的迁移学习方法中常用的思路是学习一对映射函数 (特征提取器)，将源域和目标域的数据映射到同一特征空间中，并将源域特征与目标域特征进行对齐，减少源域和目标域特征分布的差异性。基于该特征空间中源域特征训练的目标分类器可对特征

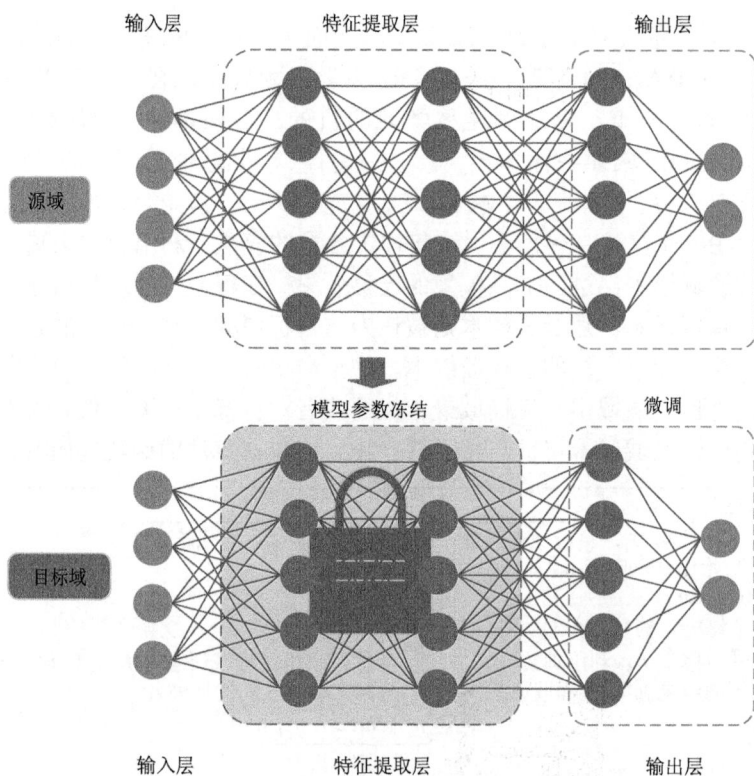

输入层　　　　　　　特征提取层　　　　　　　输出层

源域

模型参数冻结　　　　　　微调

目标域

输入层　　　　　　　特征提取层　　　　　　　输出层

图 7-4　预训练-微调方法示意图

彩图 7-4

空间中的目标域特征进行较好的分类。

4. 按在线方式分类

按照在线方式，可将迁移学习分为离线迁移学习和在线迁移学习。离线迁移学习是指用于训练的源域和目标域是给定的，迁移学习完成之后无法对新获取的数据进行学习；而在线迁移学习则是指数据在训练过程中动态地加入并对学习的模型进行动态的调优。

7.1.4　迁移学习的本质问题

了解了迁移学习的基本理论知识后，将涉及迁移学习的本质问题：何时迁移、何处迁移、如何迁移[2]。根据相关文献的描述，迁移学习完整的生命周期由以上三个问题构成，同时这三个问题相互关联，共同决定了迁移学习的效果和应用的成功与否。

1. 何时迁移

确定何时进行迁移是至关重要的决策，也是迁移学习的第一步，本质上决定了迁移学习能否成功。一般来说，以下几种情况是考虑迁移的时机。

(1) 当新任务的数据量稀少但与已有任务存在相关性时。例如，在医学影像诊断中，对于罕见疾病的诊断，可能只有少量的样本数据，但可以从常见疾病的诊断模型中进行知识迁移。

(2) 当新任务的特征与已有任务的特征具有相似性时。比如，在自然语言处理中，从文本分类任务到情感分析任务，如果它们都依赖于相似的语言结构和语义特征，就可以考虑迁移。

(3) 当时间和计算资源有限，无法从头训练一个全新的模型时。例如，在快速开发一个新的图像识别应用时，利用已有的成熟模型进行迁移可以节省大量的时间和计算成本。

2. 何处迁移

明确从何处迁移对于迁移学习的有效性同样重要。以下是一些常见的考虑方向。

(1) 从相似领域迁移。比如，从人脸识别领域迁移到表情识别领域，因为它们都涉及对人脸特征的分析和理解。

(2) 从大规模通用数据集到小规模特定数据集。例如，从在 ImageNet 上训练的模型迁移到特定的动物物种识别数据集。

(3) 从相关但不完全相同的任务迁移。例如，从文本生成任务迁移到文本摘要任务。

3. 如何迁移

解决"何时迁移"和"何处迁移"的问题，以及确定能够迁移并且找好要迁移的对象后，下一步就是解决如何迁移的问题，这也是目前研究学者产出成果最多的领域，因此这一问题直接对应于众多的迁移学习方法。在 7.1.3 节中对迁移学习方法进行了分类，这里不再赘述。

综上所述，深入理解和解决迁移学习的这三大基本问题，能够充分发挥迁移学习的优势，提高模型的性能和泛化能力，为各种实际应用提供有效的解决方案。

7.2　基于迁移学习的飞行器智能诊断概述

在当今航空领域，飞行器的复杂性和安全性要求不断提高。传统的诊断方法往往依赖于大量的特定飞行器的故障数据进行建模和分析，但在实际应用中，获取全面且准确的特定飞行器故障数据往往面临诸多困难。

首先，新研发的飞行器型号可能没有足够的历史故障数据来支持有效的诊断模型训练。这就导致在面对新的飞行器设计时，传统方法可能无法及时提供准确的诊断结果。其次，不同型号的飞行器之间虽然存在差异，但在系统架构、部件工作原理等方面也有一定的共性。然而，由于数据的独立性和差异性，传统方法难以利用这些共性信息。最后，航空领域的技术更新换代迅速，新的故障模式和潜在问题不断出现，仅依靠针对特定问题的一次性数据收集和分析难以应对未来可能出现的新情况。

7.2.1　迁移学习的意义

近些年来，深度学习技术的兴起为迁移学习领域带来了革命性的变化。与传统的非深度迁移学习相比，深度迁移学习在不同任务上展现出了显著的学习效果提升。这一进步主要得益于深度学习的核心优势：深度学习能够直接从原始数据中学习，自动化地提取出更为丰富和有表现力的特征。此外，深度学习还满足了现代应用对于端到端 (end-to-end) 解决方案的需求，即从输入到输出的整个过程中，无须人工干预，系统能够自主完成复杂的任务处理。这种自动化和端到端的学习特性不仅提高了效率，也为解决实际问题提供了更为灵活和强大的工具。

迁移学习为飞行器智能诊断带来了新的机遇和突破，具有以下重要意义。

1. 提高诊断效率和准确性

迁移学习能够利用已有的相关飞行器的诊断知识和数据，将其应用到新的飞行器或相似的故障场景中。通过借鉴先前的经验和模式，减少了对大量新数据的依赖，从而能够更快速地建立有效的诊断模型，提高诊断的准确性和及时性。例如，从一种成熟型号的飞行器发动机诊断模型中提取关键特征和模式，并将其迁移到新型号的发动机诊断模型中，可以在数据有限的情况下迅速获得有价值的诊断结果。

2. 降低数据收集成本和难度

在航空领域，收集大量的高质量故障数据需要耗费大量的时间、人力和物力。迁移学习允许利用已有的丰富数据资源，避免了为每个新的飞行器或故障情况都进行大规模的数据采集，从而显著降低了数据收集的成本和难度。以飞行器的电子系统为例，不同型号飞行器的电子部件可能具有相似的工作原理和故障模式。通过迁移学习，可以利用已有的电子部件故障数据来辅助诊断新飞行器中的类似问题，无须为新飞行器重新收集大量特定数据。

3. 增强诊断的通用性和适应性

航空业面临着多样化的运行环境和工况变化。迁移学习使得诊断模型能够适应不同的飞行器型号、运行条件和故障类型，具有更强的通用性和适应性。比如，将在正常飞行条件下训练得到的诊断模型通过迁移学习应用到极端气候或特殊飞行任务的飞行器诊断中，能够快速适应新的环境和工况，提供可靠的诊断支持。

4. 促进航空领域的创新和发展

基于迁移学习的飞行器智能诊断方法的研究和应用，将推动航空领域在数据分析、机器学习算法和故障诊断技术等方面的创新和发展。这不仅有助于提高飞行器的安全性和可靠性，还能为航空工程的设计、制造和维护提供了更先进的技术手段，促进整个航空产业的进步。

7.2.2　迁移学习在飞行器领域中的应用研究

飞行器的安全运行对国家经济和人民生命安全至关重要；而航空发动机作为"工业皇冠上的明珠"，是极为精密的机械设备，因此，它的正常运行对飞行器的运行安全起到了至关重要的作用。轴承作为航空发动机的重要部件之一，长时间运行在高温、高压、高速等恶劣工况中，容易产生各种故障，影响航空发动机的正常运行，甚至造成严重的航空事故，带来巨大的人员伤亡和财产损失。对航空发动机及其关键部件进行有效的跨设备诊断是确保飞行器安全的重要手段。

迁移学习作为一种机器学习技术，通过将从一个任务中获得的知识迁移到另一个相关任务中，为飞行器相关领域提供了一种更为高效解决复杂问题的方案。

1. 航空发动机故障诊断

航空发动机故障诊断面临诸多挑战，包括故障类型多样、数据稀缺以及模型训练资源消耗大等问题。传统的故障诊断方法往往需要大量的标签数据和复杂的模型训练过程，这在实际操作中可能难以实现。针对故障数据稀缺问题，Wu 等[9] 提出了一种基于迁移学习的深度学习方法，用于航空发动机故障诊断。在这项研究中，首先利用大量相关数据训练深度神经网络模型，之后将模型迁移到新的发动机故障数据集中。对源模型进行微调即在目标任务的数据集上进一步训练模型，以使其能够适应新的数据环境。训练好的模型能够有效地适应不同类型的发动机故障数据，该方法通过迁移学习显著提高了故障诊断的准确率，尤其是在处理数据稀缺的任务时表现出色。这种方法应用的关键在于迁移学习能够有效利用源任务中获得的知识，从而减少目标任务中对标签数据的依赖。

2. 飞行数据监控与分析

飞行数据监控和异常检测面临的主要挑战包括数据量大、飞行条件复杂以及异常情况的多样性。传统的监控系统往往需要大量标签数据和长时间的训练过程，难以快速适应新的飞行条件。此外，实时处理和分析数据的能力也是一个重要的挑战。在这种情况下，迁移学习提供了有效的解决方案。在 Xie 和 Zhang[10] 的研究中，首先通过历史飞行数据训练了一个深度学习模型，模型通过分析历史数据中的模式和特征，学习到了各种正常和异常的飞行行为，随后，研究团队将这个经过训练的模型迁移到新的飞行数据上，以进行实时监控和分析。这种方法使得模型能够快速适应新的飞行条件，提升了飞行性能监控和异常检测的效率。

3. 飞行器结构健康监测

飞行器的结构健康监测 (structural health monitoring，SHM) 是保障飞行安全和延长飞行器使用寿命的关键技术。随着飞行器结构复杂性的增加，传统的健康监测方法往往依赖于大量的传感器数据和专家经验，这些方法在面对不同使用环境、结构类型或材料时，可能会面临数据稀缺和模型泛化能力不足的问题。而且，在飞行器的实际使用中，结构健康数据的采集往往受到限制，导致可用的标签数据有限，这使得传统的机器学习模型难以进行有效训练，并影响了健康状态预测的准确性。同时，飞行器的不同结构或材料在实际使用中的表现可能存在较大的差异，这种领域间的差异导致了模型的泛化能力不足，影响了对目标域结构健康状态的准确预测。

Chen 和 Wang[11] 通过利用源域的结构损伤数据，成功构建了一个多领域迁移学习模型。在源域 (如实验室测试或模拟数据中)，收集大量关于结构损伤的标签数据，这些数据包括不同类型的损伤情况及其对应的传感器测量值，具有较高的标签精度和丰富的样本信息；在目标域 (如实际飞行数据中)，由于数据采集条件限制，获得的标签数据可能较少且存在噪声。利用领域对抗神经网络对源域和目标域数据进行对齐，以此提高模型对目标域数据的诊断能力。该方法不仅提高了健康状态预测的准确性，还有效应对了数据稀缺带来的挑战。这也展示了迁移学习在处理领域差异方面的巨大潜力。

7.3 跨工况迁移诊断技术

跨工况的迁移学习是指在不同的工作条件或环境下，将从一个工况 (源域) 学习到的知识或模型迁移到另一个不同但相关的工况 (目标域) 的过程。这种方法特别适用于目标工况的数据难以获得或标记成本高昂的情况。跨工况迁移学习的核心在于识别和利用不同工况之间的共同特征或模式，以提高模型在新工况下的泛化能力和性能。明白跨工况下设备迁移诊断技术前，需要先明确一个概念：工况。工况是指在一定的工作环境下，设备或系统所处的状态和工作条件。它通常包括环境温度、湿度、气压、电压、电流、功率、负载等因素。

对跨工况迁移学习的任务要求来说，目标域的工况数据量不足或者难以对发动机轴承在各个工况下的数据进行全面采集，因此，如何减小需求的故障数据量而不改变模型在目标域上的表现成为解决该问题的关键。基于这个出发点，本节将介绍预训练-微调策略在迁移学习中的应用，预训练-微调的方法属于基于模型的迁移方法，该类方法的目的是从源域和目标域中找到它们之间相似的信息，从而实现迁移。

在迁移学习任务中，预训练方法利用源域的大量数据进行训练，利用在源域上学习到的特征表示，来帮助模型更好地泛化到目标域的任务中，从而减少对目标域故障数据的需求。而微调指在预训练模型的基础上，使用新的数据集对模型进行进一步训练，以适应目标域。微调利用预训练后的模型，通过在小规模或特定领域的目标域数据集上进行少量训练，使深度学习模型能更好地适应新的任务。目前，微调是最常用的解决故障数据缺少标签问题的方法[12]。

7.3.1 预训练-微调

机器学习的核心目标在于从给定的数据集 $\mathcal{D}$ 中学习一个目标函数 f 以期风险最小。在这个过程中，通常将待学习的参数表示为 θ，而代价函数则用 $\mathcal{L}$ 来表示。因此，一个典型的机器学习流程可以概括为寻找最优参数 θ^*，使得代价函数 $\mathcal{L}$ 达到最小值。这个过程通常可以表达为

$$\theta^* = \arg \min_{\theta} \mathcal{L}(\mathcal{D}; \theta) \tag{7-2}$$

这里 $f(\theta; \mathcal{D})$ 表示在参数 θ 下，目标函数 f 在数据集 $\mathcal{D}$ 上的表现。通过优化 θ，能够使得 f 在数据集 $\mathcal{D}$ 上的风险最小化。

对预训练-微调进行如下形式的定义。

给定一个待学习数据集 $\mathcal{D}$，预训练-微调旨在通过先验知识来优化参数 θ_0，从而学习到一个能够更好地适应新数据集的由 θ 所表征的函数 f。通过这种方式，可以更高效

地利用已有的模型和知识，以期达到更好的学习效果和泛化能力。这个过程可以描述为

$$\theta^* = \arg\min_{\theta} \mathcal{L}(\theta|\theta_0, \mathcal{D}) \tag{7-3}$$

不同于大多数领域自适应任务要求源域和目标域的类别一致，预训练-微调并不要求两个领域的类别一致。事实上，绝大多数预训练的应用中两个领域的类别均不一致，需要针对性地调整预测函数以最大限度地利用预训练好的网络。

预训练指的是在机器学习过程中，不是从零开始随机初始化参数，而是采用一组通过其他类似 (源域) 数据集训练得到的初始化参数。这些参数记为 $\theta_{\text{pretrained}}$，提供了一个更高的起点，使得模型能够更快地适应新的数据集 $\mathcal{D}$。

对已通过预训练过程学习到丰富特征的模型架构进行一些调整，再继续训练以优化模型参数，得到最优参数 θ^*，使其更好地适应特定的新任务。

在迁移学习领域，当面临新任务 (目标域) 数据量有限而相关任务数据量充足时，预训练的模型可以作为新任务的初始参数，通过微调进一步调整并优化模型，以适应特定的数据集和任务。这种方法可以显著提高学习效率，因为它避免了从头开始的随机搜索过程，这不仅节省了时间，还能提高最终模型的性能。随机初始化参数虽然理论上最终也能收敛到一个好的解，但这个过程往往需要更长的时间，且在实践中可能会遇到更多的局部最优问题。

图 7-5 展示了预训练-微调的过程。当采用的预训练的网络模型比较复杂时，直接从头开始训练会消耗很多的时间成本，同时对于设备的存储和计算能力也是一个考验。对这一网络进行改造，固定前面若干层的参数，仅根据目标任务有针对性地微调若干层网络。这样既可以利用复杂网络模型的基础学习能力，又不用从头开始训练，极大地提升了网络训练速度，并且在目标任务中也会相应取得不错的效果。

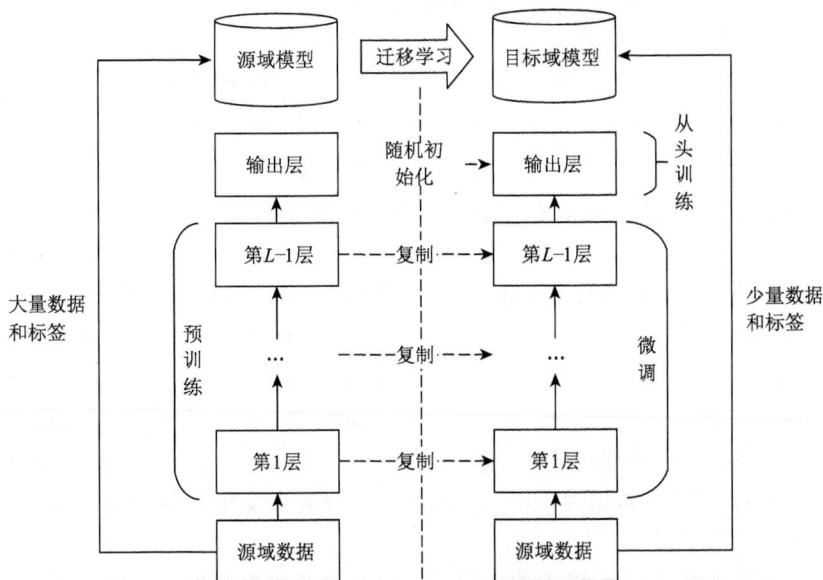

图 7-5　预训练-微调过程

在训练过程中会遇到很普遍的问题：要固定和微调哪些层呢？

预训练好的模型可能会因为任务的差异性、数据集的大小、模型的复杂性以及计算资源的限制等，并不适应新的任务，这时预训练-微调模式就显得格外重要了。通常综合考虑多个因素。

1) 数据集的规模大小

当目标数据集规模较小时，由于数据不足以充分训练复杂的模型，固定更多的层可以利用预训练模型中已经学习到的通用特征，避免在有限的数据上过度拟合。仅微调高层能够在保留底层通用特征的基础上，适应目标任务的特定需求[12]。例如，如果预训练模型是在大规模图像分类任务上训练的，而目标任务是对特定类型的图像进行细粒度分类，可能会固定大部分底层卷积层，仅对最后的全连接层进行微调。

2) 任务相似性

如果目标任务与预训练任务在数据分布、特征类型和任务逻辑等方面具有较高的相似性，那么可能只需对较少的层进行微调[13]。比如，预训练模型用于一般物体识别，而目标任务是识别相似类别物体的不同子类，可能只需微调靠近输出层的部分。

3) 网络层的通用性和特殊性

底层卷积层通常提取的是较为通用的特征，如边缘、纹理等，这些特征在不同的视觉任务中具有一定的通用性。而高层则更多地与特定任务的语义理解和分类决策相关。因此，在迁移学习中，底层更倾向于被固定，以保留通用特征提取能力，而高层根据目标任务的需求进行适当的微调[14]。例如，从图像分类任务迁移到目标检测任务时，底层卷积层可能保持不变，而高层则根据检测任务的要求进行调整。

7.3.2 实例验证

本节用 PyTorch 实现一个深度网络的预训练-微调。

利用两组公开数据进行实例验证，其中所使用的数据为凯斯西储大学的公开轴承数据 (数据集 1、2)[15]。数据集 1 和 2 均为凯斯西储大学提供的预制故障的轴承数据，其试验台如图 7-6 所示。左边的 2hp(1hp=745.7W) 电机驱动转轴转动，轴上装有扭矩传感器和编码器。加速度传感器分别安装在驱动端和风扇端的垂直方向上，用于采集振动信号，采样频率设置为 12kHz。在试验过程中，驱动电机的转速被控制在 1730~1797r/min，测试轴承包括健康轴承、外圈故障、内圈故障和滚子故障四种健康状态。在本实例中，选取驱动端采样频率 12kHz、载荷 0hp、转速 1797r/min、故障尺寸 0.007in(1in=2.54cm) 情况下采集的轴承数据作为源域数据；选取驱动端采样频率 12kHz、载荷 2hp、转速 1750r/min、故障尺寸 0.014in 情况下采集的轴承数据作为目标域数据，用于验证预训练-微调方法在跨工况故障诊断中的有效性。对原始数据进行随机截取以构成数据集 A，总共包含正常状态、内圈故障状态、外圈故障状态三种类型，每种类型截取 100 个样本，每个样本的大小为 1024 个数据点，以 4:1 的比例划分为训练集和测试集，所构建的数据集 1 和 2 详细信息列于表 7-1、表 7-2。

利用卷积神经网络 (CNN) 搭建的迁移学习框架包括特征提取器、判别器。本实例预

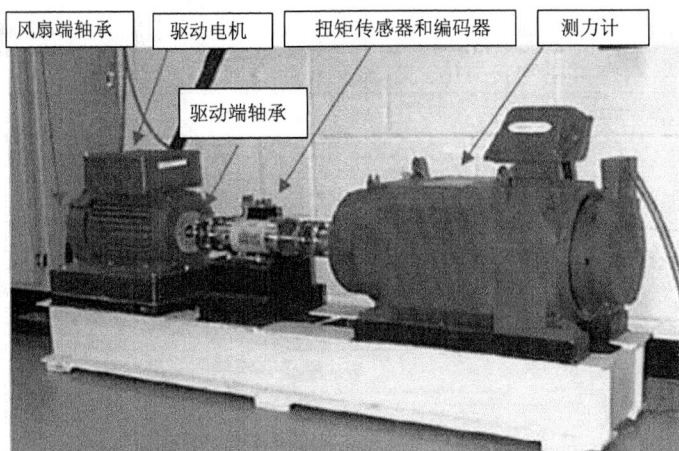

图 7-6 凯斯西储大学轴承试验台

表 7-1 数据集 1 故障测试说明

数据集	组别	健康状态	样本大小	样本个数
1	训练集	正常状态	1024	80
		内圈故障状态	1024	80
		外圈故障状态	1024	80
	测试集	正常状态	1024	20
		内圈故障状态	1024	20
		外圈故障状态	1024	20

表 7-2 数据集 2 故障测试说明

数据集	组别	健康状态	样本大小	样本个数
2	训练集	正常状态	1024	80
		内圈故障状态	1024	80
		外圈故障状态	1024	80
	测试集	正常状态	1024	20
		内圈故障状态	1024	20
		外圈故障状态	1024	20

训练的基础模型没有使用 VGG、ResNet 等复杂的卷积神经网络，而是使用自己搭建的基础卷积网络，具体参数如表 7-3 所示。

在跨工况的深度学习任务中，目标域数据少，但是源域数据和目标域数据有着比较高的相似度。因此，使用微调方法能够减少计算量，同时避免模型不收敛、准确度低、过拟合的问题。

表 7-3　诊断模型信息

网络模块	网络组成	网络结构参数
输入	输入层	输入尺寸
特征提取器	卷积层	Conv1d(16×1×16)
	归一化层	BatchNormal1d(16)
	激活层	ReLU
	池化层	MaxPool1d(2)
	卷积层	Conv1d(32×16×5)
	归一化层	BatchNormal1d(32)
	激活层	ReLU
	池化层	MaxPool1d(2)
	卷积层	Conv1d(64×32×3)
	归一化层	BatchNormal1d(64)
	激活层	ReLU
	池化层	MaxPool1d(2)
	卷积层	Conv1d(128×64×3)
	归一化层	BatchNormal1d(128)
	激活层	ReLU
	卷积层	Conv1d(256×128×3)
	归一化层	BatchNormal1d(256)
	激活层	ReLU
	卷积层	Conv1d(512×256×3)
	展开	Flatten()
	线性层	Linear(512×512)
	归一化层	BatchNormal1d(512)
	激活层	ReLU
判别器	线性层	Linear(512×512)
	激活层	ReLU
	线性层	Linear(512×218)
	激活层	ReLU
	线性层	Linear(128×3)
	激活层	Softmax

　　在本实例中，首先，使用训练集对卷积神经网络模型进行预训练。然后，将预训练好的模型作为基础模型，对新的数据分类任务进行调整。具体来说，冻结了基础模型的参数(不进行更新)，没有添加新的网络层，而是选择解冻了部分网络层，以适应新的分类任务。最后，使用新的数据进行测试，取得了良好的分类准确率。微调策略如下：

（1）在初始训练阶段，使用了较小的学习率进行训练，lr = 0.000005。

（2）初始训练结束后，代码将所有层的参数冻结，仅仅选择性地解冻部分网络层。

（3）调整学习率为 lr = 0.0005，通过较大的学习率来微调第 0 层、第 2 层、第 4 层的参数。

7.3.3　试验结果分析

图 7-7 展示了在训练过程中模型准确率的变化趋势。模型在源域数据上的训练分为 20 轮，每轮训练后通过测试函数计算当前模型的准确率，并绘制成曲线图。结果显示，随着训练的进行，模型的准确率逐渐提高，表明模型在不断学习并优化参数。最终，模型在源域上的准确率接近 90%，反映出预训练模型的有效性。

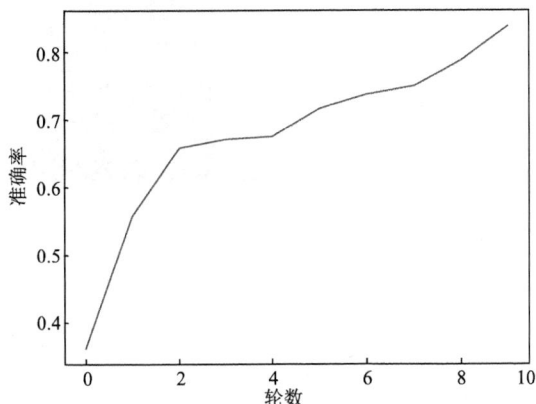

图 7-7　源域数据训练准确率

在预训练好的模型基础上，将除第 0 层、第 2 层、第 4 层外的所有层参数固定，通过微调后的训练，进一步优化模型在目标域上的性能。通过绘制训练过程中准确率的变化情况，图 7-8 显示出微调过程的收敛趋势，证明了微调策略的有效性。

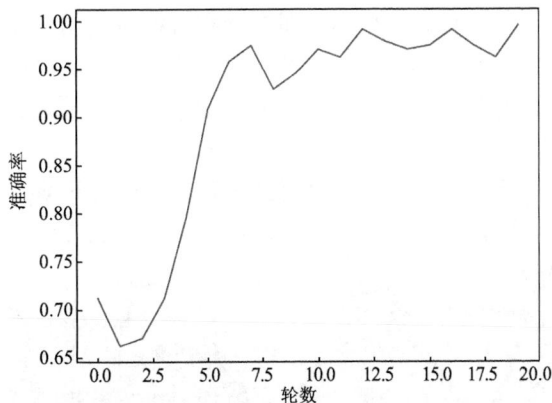

图 7-8　微调后训练准确率

最后，绘制了预训练-微调好的模型在目标域数据上的分类混淆矩阵，如图 7-9 所示。

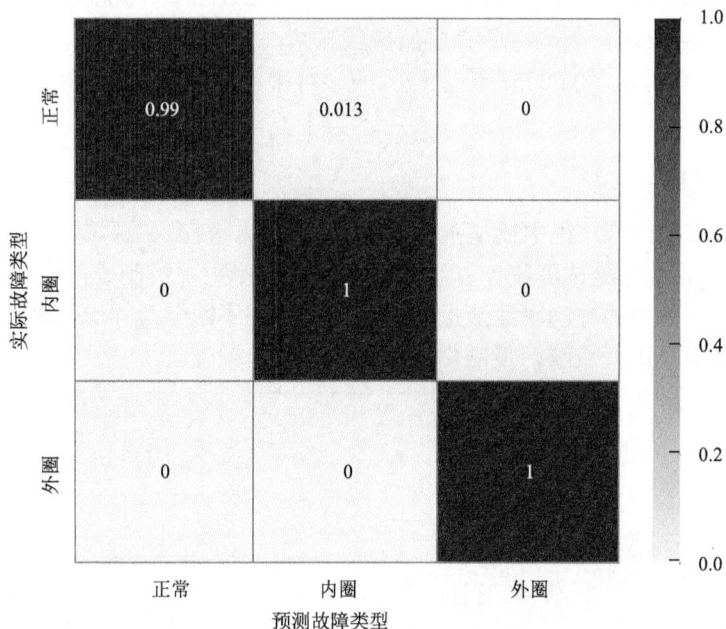

图 7-9　目标域数据分类混淆矩阵

7.4　跨设备迁移诊断技术

　　7.3 节介绍了跨工况的迁移诊断技术，对预训练-微调技术有了基本了解：利用已有的知识，节约了训练时间，提高了学习精度。然而，这一技术存在先天的缺陷：标签依赖和数据分布差异限制。预训练-微调技术无法直接应对训练数据和测试数据分布存在差异的状况，而且，在进行微调时，目标域数据必须具备数据标签。同时，在实际迁移应用中，常常遇到来自不同设备的数据，即源域和目标域数据分布不同的情况。这个时候模型往往会出现过拟合的情况，模型在测试集上的效果不是很理想。

　　如图 7-10 所示，现在有两组数据，一组是手绘的自行车照片，另一组是真实的自行车照片，两组数据的风格明显不同，所以，它们的分布也是存在偏差的。如果直接在手绘的自行车照片上训练一个分类器，然后直接用在真实自行车照片的分类上，性能必然是比较差的。因此，需要进一步针对深度网络研发出更优的方法，从而更好地完成跨设

图 7-10　领域分布不同实例

备的迁移诊断任务，跨设备故障诊断是一种集成多源数据并应用数据分析技术实现不同设备智能维护的方法，它对不同类型设备的状态进行实时监控和综合评估，以预测和识别潜在故障。

目前，领域自适应 (DA) 方法是迁移学习中面对此类问题最常用的方法之一，领域自适应是一种源任务和目标任务一样，但是源域和目标域的数据分布不一样，并且源域有大量的标记好的样本，而目标域只有非常少或没有标记好的样本的迁移学习方法。

领域自适应方法种类繁多，根据文献 [16] 对 DA 进行总结，领域自适应有很多方向。如果源域和目标域数据分布差异过大，就需要进程的多步迁移，将这个跨度很大的迁移划分成一个个的小步迁移，即多步领域自适应 (multi-step DA) 通过选择合适的中间域来转换成一个个单步领域自适应 (one-step DA)。因此，单步领域自适应的迁移成为基础，单步领域自适应又可以根据源域和目标域数据空间分布情况分成同构领域自适应 (homogeneous DA) 和异构领域自适应 (heterogeneous DA) 两种，数据空间相同，但数据分布不同即为同构，数据空间不同即为异构；同构领域自适应迁移根据目标域中有标签数据的数量可以分为有监督的领域自适应 (supervised DA)、半监督领域自适应 (semi-supervised DA) 以及无监督领域自适应 (unsupervised DA)。

通过 7.1 节知道，迁移学习的方法包括基于特征的迁移学习、基于实例的迁移学习、基于模型的迁移学习等，领域自适应方法同样有这些种类，在深度迁移领域，基于特征的领域自适应迁移学习成为学术界研究的主流方法。该方法的主要目的是将源域和目标域数据映射到同一特征空间中，并使各类故障数据的特征在空间中的分布尽可能接近[17]，即寻找一些"共同特征"。例如，在自行车照片中，对于真实的自行车和手绘的自行车，需要提取出两张照片中的共同特征，如车把的形状、车子的结构等，摒弃一些领域自己特有的特征，如图片的背景、车身的颜色等。下面介绍该方法的基本理论。

7.4.1　基于特征的领域自适应方法

给定源域和目标域：

$$D_s = \{x_i, y_i\}_{i=1}^{N_s} \tag{7-4}$$

$$D_t = \{x_j, y_j\}_{j=1}^{N_t} \tag{7-5}$$

式中，$x_i \in \mathcal{X}_s$，$y_i \in \mathcal{Y}_s$，$x_j \in \mathcal{X}_t$，$y_j \in \mathcal{Y}_t$，$\mathcal{X}$ 表示数据所处的特征空间，$\mathcal{Y}$ 表示数据的标签空间。

源域和目标域的数据经验分布不一样，但是任务是相同的：利用训练集中已有的知识 (标签信息) 去学习测试集的样本的类别。

假设现在有一个特征提取器 $f : \mathcal{X} \mapsto \mathcal{Z}$，可以提取出"共同特征"，则根据特征提取器 f，可以构建出两个新的数据集：

$$\mathcal{D}_s = \{z_i^s = f(x_i), y_i\}_{i=1}^{N_s} \tag{7-6}$$

$$\mathcal{D}_t = \{z_i^t = f(x_j), y_j\}_{j=1}^{N_t} \tag{7-7}$$

想要找到一种"共同特征"：$\{z_i^s\}\{z_j^t\}$，称为"领域不变特征"。这些领域不变特征符合共同的经验分布，利用源域中充足的数据训练出一个分类器，然后用训练好的分类器进行目标域数据的分类，即可完成领域自适应的任务。因此，寻找领域不变特征成为关键，提取"领域不变特征"的方法中最重要的一个工具是最大均值差异 (maximum mean discrepancy，MMD)，即找一个核函数，将源域和目标域都映射到与核相关的 Hilbert 空间上，在这个空间上分别取两个域数据做均值之后的差，然后将这个差作为域之间的"距离"。在 MMD 中核函数是固定的，在实现的时候可以选择是高斯核还是线性核，但存在一个问题：如何才能选择一个最优的核函数呢？毕竟单个核函数的 MMD 在表达能力上相对有限，可能无法很好地适应各种复杂的数据分布。针对这个问题，MK-MMD[18] 提出用多个核去构造一个总的核，MK-MMD 通过选择和组合不同的核函数，更好地适应不同的数据特点和任务需求，关于 MK-MMD 更深层次的理论，这里不再展开论述。

MMD 用于检验两组数据是否来源于同一个分布，如果 $MMD^2(\mathcal{X}_s, \mathcal{X}_t) = 0$，则说明源域和目标域的数据分布是一样的；如果 $MMD^2(\mathcal{X}_s, \mathcal{X}_t)$ 很大，则说明源域和目标域数据分布明显是不一致的。

图 7-11 所示为基于 MMD 的领域自适应方法网络示意图，模型的基本结构和常见的深度学习网络无异，包括一个特征提取器 $G_f : \mathcal{X} \mapsto \mathcal{Z}$ 和一个特征分类器 $G_y : \mathcal{Z} \mapsto \mathcal{Y}$。图 7-11 上下两排的网络实际上是一个网络，只是为了更清晰地表示源域和目标域数据的处理过程。该模型训练的结果就是利用源域数据找到一个特征分类器：$f(x) = G_y(G_f(x))$。

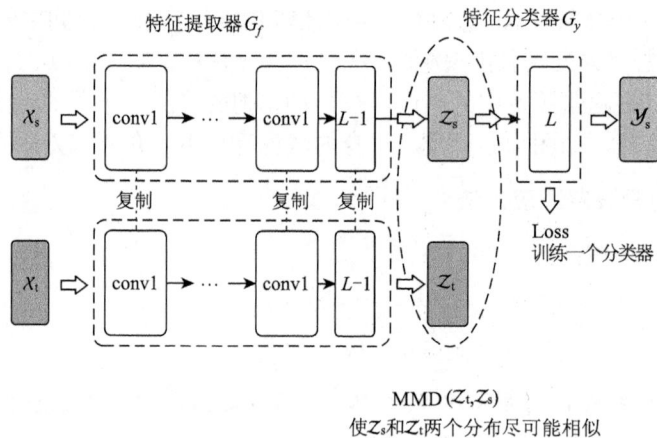

图 7-11 基于 MMD 的领域自适应方法网络示意图

而网络的输入有两类数据：一类是源域数据 $x_i \in \mathcal{X}_s$，经过特征提取器 G_f 变成特征 $z_i^s \in \mathcal{Z}_s$，然后经过 G_y 变成类概率 $\hat{y}_i^s$，源域有真实的标签 $y_i \in \mathcal{Y}_s$，可以构建一个分类 Loss 函数来训练分类器；另一类是目标域数据 $x_j \in \mathcal{X}_t$，目标域数据同样会输入特征提取器 G_f，提取特征 $z_j^t \in \mathcal{Z}_t$，由于源域和目标域数据分布不同，直接利用源域中训练好的分类器对目标域数据进行分类效果势必很差。这时候就可以利用 MMD 方法寻找源域和目标域数据中的"领域不变特征"。

因此可以发现，寻找源域和目标域数据的"领域不变特征"对于领域自适应方法至关重要，经过特征提取器 G_f，把所有的源域数据和目标域数据映射到特征空间：

$$\mathcal{Z}_s = \{z_1^s, z_2^s, \cdots, z_n^s\} \sim P_s(x, y) \tag{7-8}$$

$$\mathcal{Z}_t = \{z_1^t, z_2^t, \cdots, z_m^t\} \sim P_t(x, y) \tag{7-9}$$

目标是寻找"领域不变特征"，使分布 P 和 Q 之间的"距离"越来越小，当某种度量距离的量足够小时，可以说找到了源域和目标域数据的一个共同的表示空间。如图 7-12 所示，可以更为清晰地理解领域自适应要做的事情：领域自适应前，源域和目标域的分布位于两个空间中，特征是没有办法对齐的，基于源域的分类器的边界是无法适应于目标域的；通过领域自适应把两个分布聚在一起（"距离"变小了），即在特征空间中实现了对齐，由此可实现目标域的分类。

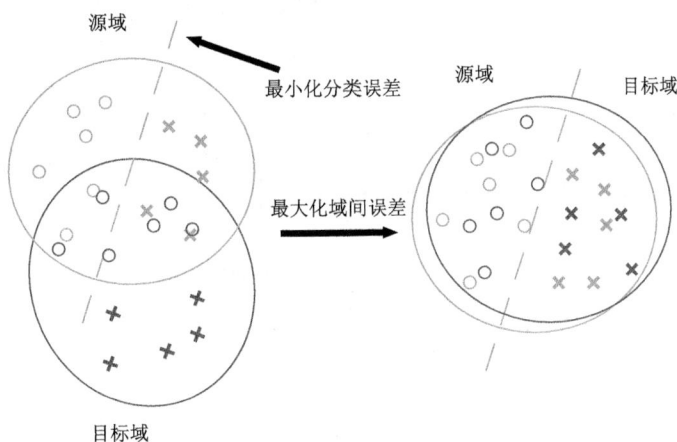

图 7-12　领域自适应

用 MMD 来衡量 P 和 Q 之间的距离，同时还希望在训练过程中 G_f 能学习到"领域不变特征"，使得 MMD 越来越小。因此，可以利用 MMD 构造另一个损失函数。

最后，结合以上两个损失函数，可以训练出来一个深度迁移神经网络模型，实现领域自适应学习。

7.4.2　实例验证

基于 7.4.1 节对基于 MMD 的领域自适应方法的介绍，本节将用 PyTorch 搭建一个深度网络模型，实现跨设备的故障迁移诊断。

试验中采用两组来自不同设备的滚动轴承数据集对所提出的迁移方法进行测试，包括凯斯西储大学轴承数据集（数据集 A）、桑特隆戈瓦尔工程技术研究所机械工程系精密计量实验室提供的开源数据（数据集 B）[19]。其中数据集 A 与 7.3 节预训练-微调中数据集为同一试验台采集，故不在此处重复介绍。

数据集 B 的试验台为滚动轴承试验台，如图 7-13 所示。一台 346W 的交流电动机为转轴提供动力，轴上贴有 2kg 的圆盘。采用杠杆布置的方式在竖直方向上对轴承进行加载，试验台的轴承座下方设置一个压力传感器，用于测量施加的载荷。试验中设置转轴转速为 2050r/min，垂直载荷为 200N，所用轴承为 NU205E 圆柱滚子轴承，包括正常状态、外圈故障、内圈故障和滚子故障四种健康状态，每种故障类型包含四类不同的故障严重程度。

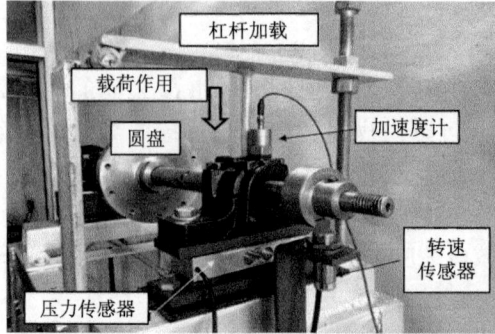

图 7-13 数据集 B 试验台

本实例利用 A、B 两组公开数据集来验证所提方法的有效性，其中数据集 A 选择转速为 1750r/min、故障尺寸为 0.007in、采样频率为 12kHz 下的驱动端数据；数据集 B 选择故障严重程度为 Ⅱ 所对应的数据。两组数据集的轴承参数如表 7-4 所示。

表 7-4 各数据集设置说明

数据集	组别	健康状态	样本大小	样本个数
A	训练集	正常状态	4096	240
		内圈故障	4096	240
		外圈故障	4096	240
	测试集	正常状态	4096	60
		内圈故障	4096	60
		外圈故障	4096	60
B	训练集	正常状态	4096	240
		内圈故障	4096	240
		外圈故障	4096	240
	测试集	正常状态	4096	60
		内圈故障	4096	60
		外圈故障	4096	60

7.4.3 试验结果分析

图 7-14 是训练过程的损失，在训练开始阶段损失下降明显，但随着训练轮数的增加，损失值还有很大的波动，说明在领域自适应过程中模型的性能还需要调整，还有提升的空间。

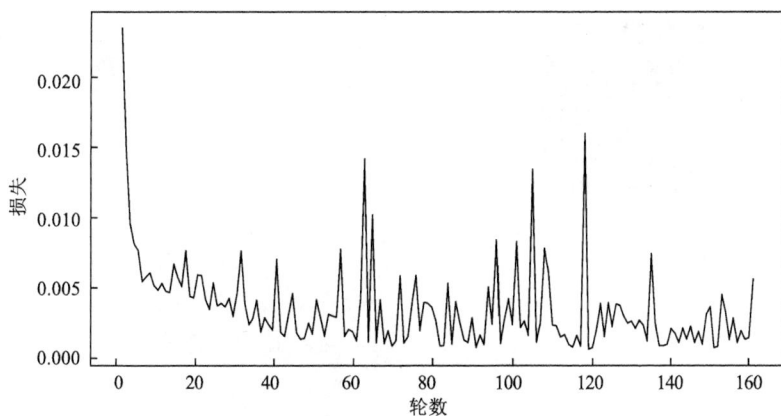

图 7-14　训练过程的损失

通过在训练集和测试集上进行迁移检测模型的迁移性能，通过图 7-15 可以明显地观察到，在训练集上模型有很好的迁移能力，准确率很快达到了 100%，而在测试集进行测试后准确率就发生了严重下降，对于正常的轴承数据模型预测正确，对于内圈和外圈故障预测出现了错位，混淆矩阵图如图 7-16 所示。

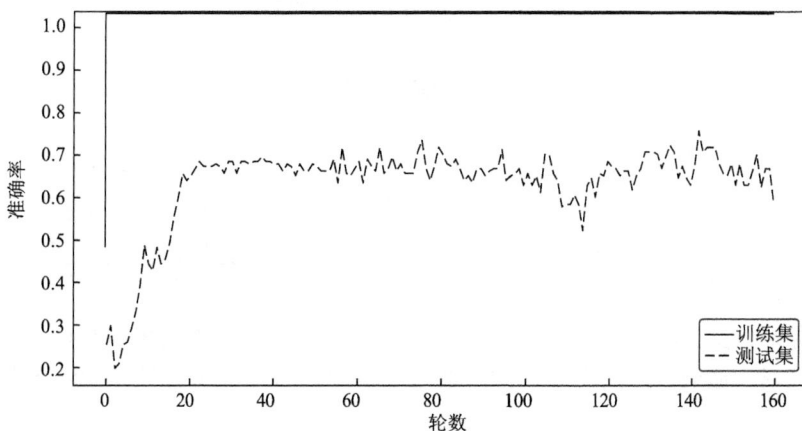

图 7-15　训练过程的准确率

传统的领域自适应希望通过大量数据的不断迭代训练来促进同一故障特征的匹配，属于被动的匹配策略。在训练过程中，特征对齐很可能会迫使不同类型的数据特征对齐。当源域和目标域的数据特征差异较大时，很难通过迭代来纠正错误的对齐数据。这就导致了传统方法在条件分布不同的数据上可能无法有效迁移的问题。这也是在图 7-14 中所出现的问题，解决此类问题一方面需要对模型参数进行微调，尽量通过模型的迭代对齐两类特征，另一方面需要在此方法的基础上构造更加稳定的方法。

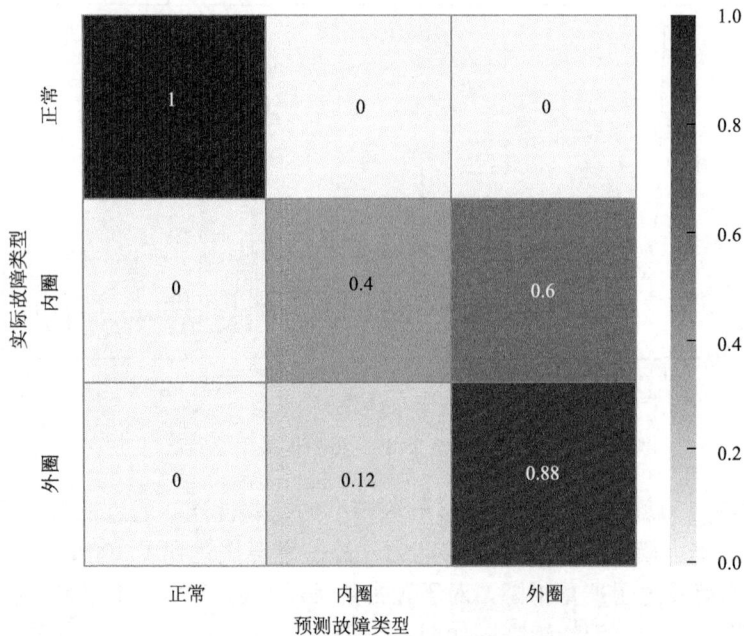

图 7-16　诊断结果的混淆矩阵图

本 章 小 结

　　迁移学习是一类重要的机器学习方法，从迁移的角度为飞行器故障诊断提供新的解决思路。本章主要围绕迁移学习基础理论、跨工况的迁移诊断技术以及跨设备的迁移诊断技术的基础理论与关键技术等进行介绍。迁移学习基础理论涵盖了迁移学习的定义、方法分类、应用要求等范畴。针对跨工况下的迁移学习诊断技术，介绍了预训练-微调方法的基本理论、实例验证并对结果进行分析。针对跨设备下的迁移诊断技术，介绍了基于特征的领域自适应方法的理论，同时通过实例验证方法的可行性并对结果进行分析。

思 考 题

　　7.1　在大数据时代背景下，迁移学习如何解决数据标签不足的问题？

　　7.2　在决定使用迁移学习算法前，应该思考哪几个问题？

　　7.3　生成对抗网络和领域对抗神经网络中对抗的思想有什么异同呢？

　　7.4　在迁移学习中，如何量化评估源域和目标域之间的数据分布差异？

　　7.5　迁移学习在飞行器领域智能诊断领域有什么特殊用途？

　　7.6　利用预训练-微调模型案例中的模型更改数据集，观察效果的变化，是否可以改变微调策略以进行改善？

参 考 文 献

[1] 王晋东, 陈益强. 迁移学习导论[M]. 2 版. 北京: 电子工业出版社, 2022.

[2] PAN S J, YANG Q. A survey on transfer learning[J]. IEEE transactions on knowledge and data engineering, 2010, 22(10): 1345-1359.

[3] JOAQUIN Q C, MASASHI S, ANTON S, et al. Dataset shift in machine learning[M]. Cambridge: The MIT Press, 2009.

[4] PAN S J, TSANG I W, KWOK J T, et al. Domain adaptation *via* transfer component analysis[J]. IEEE transactions on neural networks, 2011, 22(2): 199-210.

[5] VANSCHOREN J. Meta-learning: a survey[J]. arXiv:1810.03548, 2018.

[6] WANG J D, LAN C L, LIU C, et al. Generalizing to unseen domains: a survey on domain generalization [J]. IEEE transactions on knowledge and data engineering, 2023, 35(8): 8052-8072.

[7] 杨强, 张宇, 戴文渊, 等. 迁移学习[M]. 庄福振, 等译. 北京: 机械工业出版社, 2020.

[8] DAI W Y, YANG Q, XUE G R, et al. Boosting for transfer learning[C]. The 24th international conference on machine learning. Corvalis, 2007.

[9] WU J, WANG J, HU J. Transfer learning for aircraft engine fault diagnosis using deep learning[J]. IEEE transactions on industrial electronics, 2020, 67(5): 4064-4072.

[10] XIE L, ZHANG H. Application of transfer learning for aircraft flight data monitoring and analysis[J]. Journal of aerospace engineering, 2019, 32(4): 04019035.

[11] CHEN H, WANG L. Transfer learning for structural health monitoring of aircraft structures[J]. Structural health monitoring, 2021, 20(4): 890-904.

[12] YOSINSKI J, CLUNE J, BENGIO Y, et al. How transferable are features in deep neural networks[C]. Advances in neural information processing systems. Montreal, 2014.

[13] DONAHUE J, JIA Y Q, VINYALS Q, et al. DeCAF: a deep convolutional activation feature for generic visual recognition[C]. The 31st international conference on machine learning. Beijing, 2014.

[14] RAZAVIAN A S, AZIZPOUR H, SULLIVAN J, et al. CNN features off-the-shelf: an astounding base-line for recognition[C]. 2014 IEEE conference on computer vision and pattern recognition workshops. Columbus, 2014.

[15] SMITH W A, RANDALL R B. Rolling element bearing diagnostics using the Case Western Reserve University data: a benchmark study[J]. Mechanical systems and signal processing, 2015, 64-65, 100-131.

[16] WANG M, DENG W H. Deep visual domain adaptation: a survey[J]. Neurocomputing, 2018, 312: 135-153.

[17] ZHAO K, JIA F, SHAO H D. A novel conditional weighting transfer Wasserstein auto-encoder for rolling bearing fault diagnosis with multi-source domains[J]. Knowledge-based systems, 2023, 262: 110203.

[18] GRETTON A, SEJDINOVIC D, STRATHMANN H, et al. Optimal kernel choice for large-scale two-sample tests[C]. Advances in neural information processing systems. Lake Tahoe, 2012.

[19] KUMAR A, ZHOU Y Q, GANDHI C P, et al. Bearing defect size assessment using wavelet transform based deep convolutional neural network (DCNN)[J]. Alexandria engineering journal, 2020, 59(2): 999-1012.

思考题参考答案

读者扫描下面的二维码可以查看并下载思考题的参考答案。

下载参考答案